EUL
VERLAG

Reihe: Rechnungslegung und Wirtschaftsprüfung · Band 46

Herausgegeben von Prof. (em.) Dr. Dr. h. c. Jörg Baetge, Münster, Prof. Dr. Hans-Jürgen Kirsch, Münster, und Prof. Dr. Stefan Thiele, Wuppertal

Dr. Irg Müller

Der Einfluss der Ergänzungsbilanz auf den Unternehmenswert der Personengesellschaft

Mit einem Geleitwort von Prof. Dr. Stefan Thiele, Bergische Universität Wuppertal

Bibliografische Information der Deutschen Nationalbibliothek

Die Deutsche Nationalbibliothek verzeichnet diese Publikation in der Deutschen Nationalbibliografie; detaillierte bibliografische Daten sind im Internet über <http://dnb.d-nb.de> abrufbar.

Dissertation, Bergische Universität Wuppertal, 2013

ISBN 978-3-8441-0297-0
1. Auflage Januar 2014

JOSEF EUL VERLAG GmbH
Brandsberg 6
53797 Lohmar
Tel.: 0 22 05 / 90 10 6-6
Fax: 0 22 05 / 90 10 6-88
E-Mail: info@eul-verlag.de
http://www.eul-verlag.de

Bei der Herstellung unserer Bücher möchten wir die Umwelt schonen. Dieses Buch ist daher auf säurefreiem, 100% chlorfrei gebleichtem, alterungsbeständigem Papier nach DIN 6738 gedruckt.

Geleitwort

Im Schrifttum zur Unternehmensbewertung wird zumeist unterstellt, dass das Bewertungsobjekt die Rechtsform einer Kapitalgesellschaft hat. Diese Grundannahme gilt auch für das bei der Unternehmensbewertung unterstellte Steuerregime. Ist davon abweichend eine Personengesellschaft zu bewerten, so muss sich der Bewertende damit auseinandersetzen, dass Personengesellschaften nach anderen Grundsätzen besteuert werden als Kapitalgesellschaften. Dies betrifft nicht nur die Besteuerung der laufenden Erträge, sondern auch die steuerlichen Folgen des Unternehmenserwerbs.

Im Unterschied zum Zivil- und Handelsrecht wird der Erwerb eines Gesellschaftsanteils an einer Personengesellschaft im Steuerrecht wie ein Asset-Deal behandelt. Aus Sicht des (neuen) Anteilseigners werden die im Kaufpreis vergüteten stillen Reserven in einer Ergänzungsbilanz abgebildet, was in den Folgeperioden durch Abschreibungen zu vorübergehenden Steuerminderungen und *ceteris paribus* zu einer zumindest anfänglichen Erhöhung der zu diskontierenden finanziellen Überschüsse führt. Diesen rechtsformspezifischen Vorteil greift die vorliegende Arbeit auf und untersucht die Frage nach dem Einfluss steuerlicher Ergänzungsbilanzen auf den Unternehmenswert der Personengesellschaft, und zwar sowohl dem Grunde als auch der Höhe nach.

Die in der vorliegenden Untersuchung aufgegriffene Fragestellung ist aus betriebswirtschaftlicher Sicht bisher nur partiell betrachtet worden, obwohl sie theoretisch anspruchsvoll und zugleich von hoher Relevanz für die Bewertungspraxis ist. Die gewählte Methodik und der Aufbau der Untersuchung ermöglichen es dem praktisch tätigen Bewerter zudem, die gewonnenen Erkenntnisse im konkreten Bewertungsfall ohne größere Schwierigkeiten umzusetzen. Die Untersuchung von Irg Müller wird allen, die sich in Theorie oder Praxis mit der Bewertung von Personengesellschaften beschäftigen, wichtige Impulse geben.

Wuppertal, im Dezember 2013 Stefan Thiele

Vorwort

Die vorliegende Arbeit entstand im Rahmen eines externen Promotionsstudiums und berufsgeleitend zu meiner Tätigkeit als Wirtschaftsprüfer und Steuerberater bei Dr. Neumann · Schmeer und Partner, Aachen. Sie wurde im Sommersemester 2013 vom Fachbereich Wirtschaftswissenschaften der Bergischen Universität Wuppertal als Dissertation angenommen. Impulsgebend für das Thema war die bei meiner beruflichen Tätigkeit getroffene Beobachtung, dass der Kaufpreis einer Gesellschaft abhängig von deren Rechtsform ist und Erwerber oft bereit sind, für Personengesellschaften einen höheren Kaufpreis zu entrichten als für Kapitalgesellschaften.

Mein herzlicher Dank gilt an erster Stelle meinem Doktorvater, Herrn Prof. Dr. Stefan Thiele, besonders für das mir entgegengebrachte Vertrauen und die spontane Bereitschaft, die Arbeit zu betreuen. Seine wertvolle Unterstützung sowie die von seiner freundschaftlichen und zugeneigten Art ausgehende Atmosphäre haben maßgeblich zum erfolgreichen Gelingen beigetragen. Mein Dank gilt ferner Herrn Prof. Dr. Nils Crasselt für seine präzisen Hinweise bei gemeinsamen Kolloquien sowie für die bereitwillige Übernahme und die zeitnahe Erstellung seines Gutachtens.

Für die kritische Durchsicht der Arbeit danke ich meinem Freund und Kollegen, Herrn Wirtschaftsprüfer und Steuerberater Christoph Gatz, meinem Bruder, Herrn Dr. Helge Müller und meiner Mutter. Ihr und meinem Vater gilt mein besonderer Dank für ihre Geduld und Unterstützung, die ich mein Leben lang erfahren durfte. Nicht zuletzt danke ich meiner Frau Ruth und meiner Tochter Tessa für ihr Verständnis und ihre Rücksicht.

Aachen, im Dezember 2013 Irg Müller

Inhaltsverzeichnis

Abbildungsverzeichnis

Abkürzungsverzeichnis

Abs.	Absatz
AfA	Absetzung für Abnutzung
AG	Aktiengesellschaft (Rechtsform), Die Aktiengesellschaft (Zeitschrift)
AktG	Aktiengesetz
APV	Adjusted Present Value
Aufl.	Auflage
BB	Betriebs-Berater (Zeitschrift)
Bd.	Band
betr.	betrifft, betreffend
BewG	Bewertungsgesetz
BFH	Bundesfinanzhof
BFH/NV	Sammlung der Entscheidungen des BFH (Zeitschrift)
BFuP	Betriebswirtschaftliche Forschung und Praxis (Zeitschrift)
BGB	Bürgerliches Gesetzbuch
BGBl	Bundesgesetzblatt
BGH	Bundesgerichtshof
BMF	Bundesministerium der Finanzen
BRD	Bundesrepublik Deutschland
Bsp.	Beispiel
bspw.	beispielsweise
bzw.	beziehungsweise
BstBl	Bundessteuerblatt
c.p.	ceteris paribus
CF biz	Corporate Finance biz (Zeitschrift)
Co.	Compagnie
DB	Der Betrieb (Zeitschrift)
DBW	Die Betriebswirtschaft (Zeitschrift)
DStR	Deutsches Steuerrecht (Zeitschrift)
DStRE	Deutsches Steuerrecht Entscheidungsdienst (Zeitschrift)
e.V.	eingetragener Verein
EFG	Entscheidungen der Finanzgerichte (Zeitschrift)

EStDV	Einkommensteuer-Durchführungsverordnung
EStG	Einkommensteuergesetz
EStR	Einkommensteuer-Richtlinien
etc.	et cetera
f.	und die/der folgende (Seite/Paragraph)
FB	FinanzBetrieb (Zeitschrift)
FCF	Free Cashflow
ff.	und die folgenden (Seiten/Paragraphen)
Fn.	Fußnote
FN-IDW	IDW Fachnachrichten (Zeitschrift)
FTE	Flow to Equity
GbR	Gesellschaft bürgerlichen Rechts
gem.	gemäß
GewStG	Gewerbesteuergesetz
GewStR	Gewerbesteuer-Richtlinien
ggf.	gegebenenfalls
GmbH	Gesellschaft mit beschränkter Haftung
GrS	Großer Senat
h.M.	herrschende(r) Meinung
i.d.R.	in der Regel
i.e.S.	im engeren Sinn
i.H.v.	in Höhe von
i.w.S.	im weiteren Sinn
i.S.	im Sinne
i.S.d.	im Sinne des
i.S.v.	im Sinne von
i.V.	in Verbindung
i.V.m.	in Verbindung mit
IDW	Institut der Wirtschaftsprüfer in Deutschland e.V.
IFRS	International Financial Reporting Standard(s)
JoF	The Journal of Finance (Zeitschrift)
KG	Kommanditgesellschaft
KStG	Körperschaftsteuergesetz
m.E.	meines Erachtens

m.w.N.	mit weiteren Nennungen
MHdGesR	Münchener Handbuch des Gesellschaftsrechts
NJOZ	Neue Juristische Online Zeitschrift (Zeitschrift)
NJW	Neue Juristische Wochenschrift (Zeitschrift)
NTJ	National Tax Journal (Zeitschrift)
o.	oder
OHG	Offene Handelsgesellschaft
OLG	Oberlandesgericht
p.a.	per annum
rd.	rund
RESt	Review of Economics and Statistics (Zeitschrift)
Rn.	Randnummer
s.	siehe
S.	Seite
s.u.	siehe unten
sbr	Schmalenbach Business Review (Zeitschrift)
sog.	so genannte(r)
SolzG	Solidaritätszuschlaggesetz
StuB	Unternehmenssteuern und Bilanzen (Zeitschrift)
T€	Tausend Euro
TAB	Tax Amortisation Benefit (zu verstehen als ergänzungsbilanzbedingter Steuervorteil)
TCF	Total Cashflow
u.	und
u.a.	und andere(r)
UmwG	Umwandlungsgesetz
UntStRefG	Unternehmensteuerreformgesetz
vgl.	vergleiche
WACC	Weighted Average Cost of Capital
WPg	Die Wirtschaftsprüfung (Zeitschrift)
ZfB	Zeitschrift für Betriebswirtschaft (Zeitschrift)
ZGR	Zeitschrift für Unternehmens- und Gesellschaftsrecht (Zeitschrift)
zzgl.	zuzüglich

Symbolverzeichnis

$a_{k,t}^{ErgBil}$	=	Abschreibungsbetrag der Periode t aus der Ergäzungsbilanz, bezogen auf das Wirtschaftsgut k
d	=	Quote des abschreibungsfähigen Anteils des Aufstockungsvolumens in der Ergänzungsbilanz
$F\ddot{U}_t$	=	Erwartungswert der finanziellen Überschüsse in Periode t
$F\ddot{U}_t^{bV}$	=	Erwartungswert der finanziellen Überschüsse in Periode t aus dem betriebsnotwendigen Vermögen
$F\ddot{U}_t^{nbV}$	=	Erwartungswert der finanziellen Überschüsse in Periode t aus dem nicht betriebsnotwendigen Vermögen
$F\ddot{U}_{T+1}^{bV}$	=	Erwartungswert des (jährlich gleichbleibenden) finanziellen Überschusses aus dem betriebsnotwendigen Vermögen in der ewigen Rente
i	=	Kapitalisierungszinssatz
i^{nSt}	=	Kapitalisierungszinssatz nach Steuern
k	=	Summenindex
K	=	Anzahl der in der Ergänzungsbilanz enthaltenen Wirtschaftsgüter
n_{HD}	=	(planmäßige) Haltedauer der Beteiligung (in Jahren)
n_k	=	(planmäßige) Nutzungsdauer des Wirtschaftsguts k in der Ergänzungsbilanz
n_{max}	=	zum Bewertungsstichtag bestehende (Rest-)Nutzungsdauer der Ergänzungsbilanz, festzulegen nach der Restnutzungsdauer der (am längsten abschreibungsfähigen) in der Ergänzungsbilanz enthaltenen Wirtschaftsgüter
$\bar{n}$	=	zum Bewertungsstichtag bestehende durchschnittliche (Rest-)Nutzungsdauer der Ergänzungsbilanz
r_D	=	Dividendenrendite des Marktportfolios vor Steuern
r_{EK_j}	=	erwartete Rendite der Eigenkapitalgeber vor Steuern

$r_{EK_j}^{nSt}$	=	erwartete Rendite der Eigenkapitalgeber nach Steuern
r_f	=	Rendite der risikolosen Verzinsung vor Steuern
r_f^{nSt}	=	Rendite der risikolosen Verzinsung nach Steuern
r_K	=	Kursrendite des Martkportfolios vor Steuern
r_M	=	Rendite des Marktportfolios vor Steuern
r_M^{nSt}	=	Rendite des Marktportfolios nach Steuern
$RBF_{nachsch.}$	=	Rentenbarwertfaktor einer nachschüssigen, auf n Perioden zeitlich begrenzten Rente
$RBW_{k_{t=0}}^{GesBil}$	=	bei Bildung der Ergänzungsbilanz vorhandener (Rest-) Buchwert des (aktiven oder passiven) Wirtschaftsguts k in der Gesamthandsbilanz
s_{AbgSt}	=	Abgeltungsteuersatz
s_{eff}	=	effektiver Steuersatz für Kursgewinne
$s_{ESt_{VG}}$	=	für die Besteuerung des Veräußerungsgewinns relevanter Einkommensteuersatz
s_{ESt_t}	=	Einkommensteuersatz des Anteilseigners in Periode t (inklusive Nebensteuern)
$s_{ESt_{const.}}$	=	konstanter Einkommensteuersatz des Anteilseigners
s_{GewSt}	=	Gewerbesteuersatz
$s_{ESt,GewSt}$	=	aus dem Einkommen- und dem Gewerbesteuersatz kombinierter konstanter Steuersatz
SB_{VG}^{ErgBil}	=	aufgrund von Ergänzungsbilanzabschreibungen entstehende Steuerbelastung im Veräußerungszeit-punkt
$SE_{const.}^{ErgBil}$	=	konstante Steuerersparnis einer Periode innerhalb der Abschreibungsdauer der Ergänzungsbilanz, resultierend aus der Abschreibung der Aufstockungsbeträge
$SE_{const.}^{vorl.ErgBil}$	=	konstante Steuerersparnis einer Periode innerhalb der Abschreibungsdauer der vorläufigen Ergänzungsbilanz, resultierend aus der Abschreibung der Aufstockungsbeträge

SE_t^{ErgBil}	=	durch Abschreibungen der in der Ergänzungsbilanz enthaltenen Wirtschaftsgüter resultierende Steuerersparnis im Jahr t
SF	=	Step Up-Faktor
$su_{k_{t=0}}^{ErgBil}$	=	in der Ergänzungsbilanz bei Zugang zu aktivierender Aufstockungsbetrag des abschreibungsfähigen Wirtschaftsguts k (Step Up des einzelnen Wirtschaftsgutes k)
SU^{ErgBil}	=	in der Ergänzungsbilanz bei Zugang zu aktivierendes Aufstockungsvolumen aller in der Ergänzungsbilanz enthaltenen Wirtschaftsgüter (Step Up)
$SU^{vorl.ErgBil}$	=	in der Ergänzungsbilanz bei Zugang zu aktivierendes Aufstockungsvolumen aller in der Ergänzungsbilanz enthaltenen Wirtschaftsgüter (Step Up) auf Basis des vorläufigen Unternehmenswertes
t	=	Periodenindex
T	=	Anzahl der Jahre der Detailplanungsphase
TAB^{ErgBil}	=	Tax Amortisation Benefit bzw. Steuervorteil, resultierend aus der Abschreibungsfähigkeit der in der Ergänzungsbilanz enthaltenen Wirtschaftsgüter
$TAB^{ErgBil\,vorl.}$	=	vorläufiger Tax Amortisation Benefit bzw. (vorläufiger) Steuervorteil, resultierend aus der Abschreibungsfähigkeit der in der vorläufigen Ergänzungsbilanz enthaltenen Wirtschaftsgüter
$TAB^{ErgBil,VG}$	=	Tax Amortisation Benefit bzw. Steuervorteil, resultierend aus der Abschreibungsfähigkeit der in der Ergänzungsbilanz enthaltenen Wirtschaftsgüter unter Einbeziehung einer erhöhten Veräußerungsgewinnbesteuerung

$TAB^{ErgBil,VG,GewSt}$	=	Tax Amortisation Benefit bzw. Steuervorteil, resultierend aus der Abschreibungsfähigkeit der in der Ergänzungsbilanz enthaltenen Wirtschaftsgüter unter Einbeziehung einer erhöhten Veräußerungsgewinnbesteuerung und unter Einbeziehung von Gewerbesteuereffekten
UW	=	Unternehmenswert
UW^{mT}	=	Unternehmenswert unter Einbeziehung des ergänzungsbilanzbedingten Steuervorteils (TAB)
UW^{oT}	=	Unternehmenswert ohne Einbeziehung des ergänzungsbilanzbedingten Steuervorteils (TAB)
z	=	Kapitalisierungszinssatz für die Ermittlung des TAB
β_j	=	Beta-Faktor als Maß für das unternehmensspezifische Risiko der Unternehmung j

1 Einleitung

1.1 Problemstellung

„Bewerten heißt vergleichen“[1] – diese Analogie ist in der Lehre der Unternehmensbewertung heute eine Maxime, welche von *Moxter* bereits im Jahr 1983 erkannt und als Erklärungsansatz verwendet wurde. Ein Unternehmen zu bewerten bedeutet, vereinfachend ausgedrückt, nichts anderes als die Suche nach einer der Investition in das zu bewertende Unternehmen vergleichbaren Alternativinvestition. Der Preis bzw. die erzielbare Rendite dieser Alternativinvestition dient der Bestimmung des Unternehmenswertes, weil der (modelltheoretisch rein finanziell orientierte) Investor zwischen der Investition in das Unternehmen und der Investition in die Alternative indifferent ist.

Beim Vergleich mehrerer Investitionsalternativen ist aus Investorensicht der Zufluss von finanziellen Überschüssen entscheidend, die (potentiell) für Konsumzwecke zur freien Verfügung stehen.[2] Auch wenn dies in der Geschichte der Unternehmensbewertung nicht immer der Fall gewesen ist, so ist heute unstrittig, dass der Unternehmenswert als reiner Zukunftserfolgswert zu verstehen ist,[3] welcher sich aus Sicht eines rational denkenden Shareholder-Value orientierten Investors als Kapitalwert der finanziellen Überschüsse, die den Eigentümern aus der Ertragskraft des Unternehmens in der Zukunft zufließen (Abbildung 1), bestimmen lässt.[4]

---

1 Moxter, Grundsätze ordnungsmäßiger Unternehmensbewertung, S. 123.

2 Vgl. Kruschwitz, Investitionsrechnung, S. 11 f. sowie Drukarczyk, Unternehmensbewertung, S. 116.

3 Vgl. zur geschichtlichen Entwicklung der Unternehmensbewertung: Henselmann, in: Peemöller, Praxishandbuch der Unternehmensbewertung, S. 91 ff.

4 Vgl. IDW S 1 2008, Rn. 4.

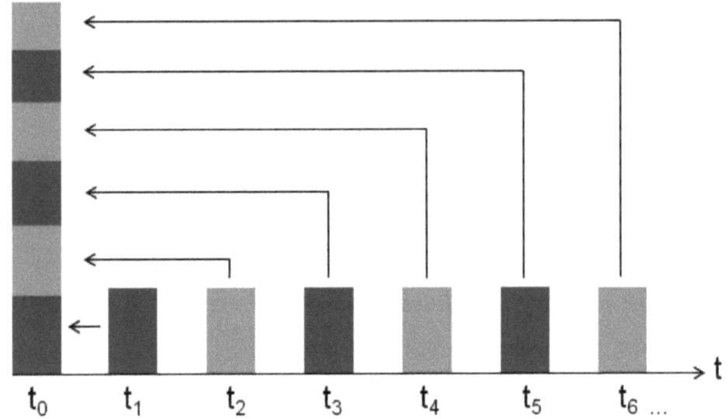

Abbildung 1: **Ermittlung des Unternehmenswertes nach dem Kapitalwertmodell**

Bei der Ermittlung des Unternehmenswertes sind grundsätzlich alle durch die Investition in das zu bewertende Unternehmen verursachten Einflüsse auf die Höhe der finanziellen Überschüsse relevant. Da Steuerzahlungen die Konsummöglichkeit der Unternehmenseigentümer einschränken, dürfen diese bei der Unternehmensbewertung nicht außer Acht gelassen werden.[5] Daher ist es erforderlich, Steuereffekte dann einzubeziehen, wenn und soweit diese Einfluss auf die Höhe der finanziellen Überschüsse haben. Ein solcher Einfluss kann sich – unter anderem – auch aus der steuerlichen Behandlung des Kaufpreises beim Erwerber ergeben.

Dass die steuerliche Behandlung des Kaufpreises beim Erwerber für diesen relevant ist, falls sich hieraus ein Einfluss auf die Höhe der finanziellen Überschüsse ergibt, wird bereits an der Frage deutlich, ob es für den Investor vorteilhafter ist, eine Kapitalgesellschaft im Wege des Anteilskaufs (Share-Deal) oder durch die Übernahme der einzelnen Vermögensgegenstände und

5 Vgl. Ballwieser/Kruschwitz/Löffler, WPg 2007, S. 765; IDW S 1 2008, Rn. 28 ff. und 43 ff.; Mandl/Rabel, in: Peemöller, Praxishandbuch der Unternehmensbewertung, S. 61 m.w.N. In ausgewählten Bewertungsanlässen kann bei Kapitalgesellschaften auf die unmittelbare Einbeziehung von Ertragsteuern verzichtet werden, vgl. hierzu: Wagner/Jonas/Ballwieser/Tschöpel, WPg 2004, S. 897 und IDW S 1 2008, Rn. 30, 45 sowie kritisch Blum, WPg 2008, S. 456 oder Zeidler/Schöniger/Tschöpel, FB 2008, S. 277. Bei der Bewertung von Personengesellschaften sind Ertragsteuern grundsätzlich einzubeziehen. Vgl. hierzu: Dörschell/Franken/Schulte, WPg 2008, S. 445; IDW ES 1 2007 Rn. 47; IDW, WP Handbuch II 2008, Rn. A 109 sowie Hommel/Pauly/Nagelschmitt, BB 2007, S. 2731.

Schulden (Asset-Deal) zu erwerben. Unter der Annahme identischer Kaufpreise wird er sich bei dieser Frage regelmäßig für den Asset-Deal entscheiden.[6]

Dies liegt darin begründet, dass der Käufer beim Asset-Deal Abschreibungsvolumen in Höhe der gesamten Anschaffungskosten erwirbt, wenn und soweit es sich um abnutzbare Vermögensgegenstände handelt. Beim Erwerb von Anteilen einer Kapitalgesellschaft (Share-Deal) ist dies hingegen nicht der Fall. Wird hier ein Kaufpreis entrichtet, welcher über dem Wert des übernommenen Eigenkapitals liegt, so ist der geleistete Differenzbetrag grundsätzlich nicht abschreibungsfähig und wirkt sich nicht steuermindernd aus. Der Veräußerer wird in der Folge beim Asset-Deal versuchen, an dem beim Erwerber entstehenden Vorteil aus der erhöhten Abschreibungsfähigkeit des Kaufpreises zu partizipieren, insbesondere dann, wenn der Asset-Deal für ihn steuerliche Nachteile mit sich bringt.[7] Ist für den Käufer der Asset-Deal wirtschaftlicher als der Share-Deal, so wird er andererseits aber auch bereit sein, diesen Vorteil zu vergüten, solange (noch) eine Steigerung seines Nutzenniveaus eintritt.

Die steuerliche Behandlung des Kaufpreises beim Erwerb unterscheidet sich jedoch nicht nur nach der rechtlichen Qualifikation des Kaufgegenstandes. Ein Einfluss auf den Unternehmenswert, der aus der steuerlichen Behandlung des Kaufpreises beim Erwerber resultiert, kann sich bereits aus der Rechtsform des Unternehmens ergeben. Die Veräußerung eines Gesellschaftanteils an einer Personengesellschaft gilt zivilrechtlich – wie auch die Veräußerung eines Anteils an einer Kapitalgesellschaft – als Share-Deal, da hier ein Recht erworben wird. Auch in der handelsrechtlichen Bilanzierung wird der Anteil an einer Personengesellschaft als Recht behandelt. Die Handelsbilanz differenziert nicht zwischen einem Anteil an einer Personengesellschaft und einem Anteil an einer Kapitalgesellschaft. Im Steuerrecht ist das Gegenteil der Fall. Da sich das Besteuerungssystem der Personengesell-

---

6 Vgl. bspw. Elser, DStR 2007, S. 1827 ff., Pluskat, DB 2001, S. 2216 sowie Kasperzak/Nestler, DB 2007, S. 477.

7 Vgl. Rogall, DStR 2003, S. 750 ff.

schaft[8] grundlegend von dem Besteuerungssystem der Kapitalgesellschaft unterscheidet, entspricht die Veräußerung von Anteilen an einer Personengesellschaft in der steuerlichen Betrachtung im Ergebnis dem Asset Deal.[9]

Entscheidender Unterschied der Personengesellschaft[10] im Vergleich mit der Kapitalgesellschaft ist die Möglichkeit, die im Rahmen einer Anteilsübertragung übergehenden stillen Reserven in einer steuerlichen Ergänzungsbilanz aufzudecken und abzuschreiben. Übernimmt ein Investor einen Anteil an einer Personengesellschaft, so ist mit diesem Anteil ein Kapitalkonto in der Handelsbilanz verbunden, welches seine Beteiligung repräsentiert. Der Saldo dieses Kapitalkontos entspricht i.d.R. jedoch nicht dem entrichteten Kaufpreis, weil zumeist zusätzlich stille Reserven sowie ein Geschäfts- oder Firmenwert bestehen, die ebenfalls einen Kaufpreisbestandteil darstellen und sich im Unternehmenswert niederschlagen. Im Besteuerungssystem der Personengesellschaft wird in diesen Fällen eine gesellschafterindividuelle Ergänzungsbilanz gebildet, in welcher der oberhalb des Kapitalkontos liegende Kaufpreisanteil erfasst und in den Folgeperioden abgeschrieben wird, wenn und soweit er auf abnutzbares Vermögen oder auf einen Geschäfts- oder Firmenwert entfällt.

Die aus der Ergänzungsbilanz resultierenden Abschreibungen[11] können sich bei der Ermittlung des Unternehmenswertes der Personengesellschaft auf die steuerliche Belastung der finanziellen Überschüsse auswirken. Durch die aufgrund der Ergänzungsbilanzabschreibungen geminderte Steuerbelastung steigen die finanziellen Überschüsse in den Folgeperioden an, was sich in einer Nach-Steuer-Betrachtung positiv auf die Höhe des Unternehmenswertes nach dem Kapitalwertmodell auswirken kann (Abbildung 2).

---

8 Gemeint sind grundsätzlich alle Formen steuerlicher Mitunternehmerschaften.

9 Vgl. Beck/Klar, DB 2007, S. 2819; Holzapfel/Pöllath, Unternehmenskauf, S. 123 ff. und Rödder/Hötzel/Mueller-Thuns, Unternehmenskauf, S. 23 Rn. 5.

10 Wie in Abschnitt 2.1.2 noch näher ausgeführt, zielen die Ausführungen auf solche Personengesellschaften ab, deren Gesellschafter als steuerliche Mitunternehmer zu qualifizieren sind.

11 Im Folgenden auch als Ergänzungsbilanzabschreibungen bezeichnet.

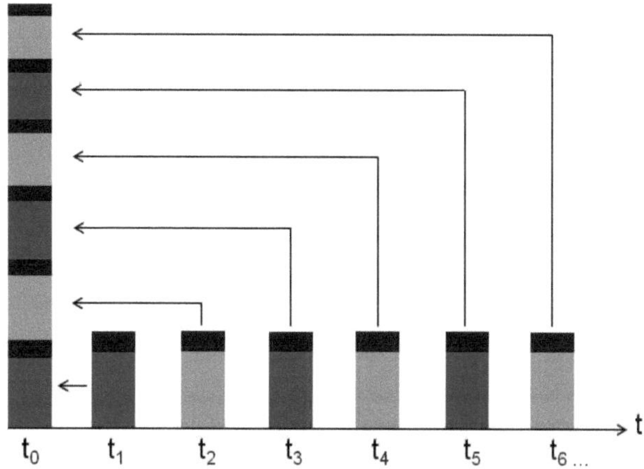

Abbildung 2: **Auswirkung von Ergänzungsbilanzabschreibungen auf den Unternehmenswert nach dem Kapitalwertmodell**

Der diskontierte und über die Nutzungsdauer der in der Ergänzungsbilanz enthaltenen Vermögensgegenstände[12] realisierte Steuervorteil stellt in diesem Fall einen möglichen rechtsformspezifischen Mehrwert der Personengesellschaft gegenüber der Kapitalgesellschaft dar, welcher in Standards[13] und Literatur[14] auch als „Tax Amortisation Benefit (TAB)" [15] bezeichnet wird.

Aus der dargelegten Argumentation folgt die Hypothese, dass Investoren – vergleichbar der Situation beim Asset-Deal – c.p. auch bereit sind, diesen ergänzungsbilanzbedingten Steuervorteil zu vergüten und für einen Anteil an einer Personengesellschaft einen höheren Kaufpreis zu entrichten als für einen Anteil an einer Kapitalgesellschaft.

---

[12] Bzw. des in der Ergänzungsbilanz enthaltenen Geschäfts- oder Firmenwertes.

[13] Vgl. bspw. IDW S 5 2010 Rn. 47 u. 53 oder IDW RS HFA 16 2005 Rn. 38.

[14] Vgl. bspw. Hommel/Dehmel, in: Königsmaier/Rabel, Festschrift Mandl, S. 285 ff. m.w.N., Kasperzak/Nestler, DB 2007, S. 473 ff, Kohl/Schilling, StuB 2007, S. 546 oder Mackenstedt/Fladung/Himmel, WPg 2006, S. 1045, m.w.N.

[15] Im Folgenden ist unter der Abkürzung TAB der ergänzungsbilanzbedingte Steuervorteil zu verstehen.

Dass Investoren tendenziell für Anteile an Personengesellschaften im Vergleich mit Kapitalgesellschaften höhere Kaufreise entrichten, wird durch eigene Beobachtungen des Verfassers gestützt und besonders dann offensichtlich, wenn die Rechtsform des Unternehmens vor einem beabsichtigten Anteilskauf gewechselt wird.

Die Vermutung, dass die Unterschiede im Besteuerungssystem zwischen Personengesellschaft und Kapitalgesellschaft hinsichtlich der Behandlung des Kaufpreises beim Erwerber für diesen Preisunterschied ursächlich sind, ist impulsgebend für die vorliegende Untersuchung. Daraus folgt die den Gegenstand dieser Arbeit bildende, zentrale Forschungsfrage: Beeinflussen die aus der steuerlichen Ergänzungsbilanz resultierenden Abschreibungen den Unternehmenswert der Personengesellschaft und – wenn dies der Fall ist – in welchem Maße?

Der erste Teilaspekt beschäftigt sich mit der Frage, *ob* die aus der Ergänzungsbilanz resultierenden Steuereffekte den Unternehmenswert der Personengesellschaft beeinflussen, ob also ein Einfluss *dem Grunde nach* besteht. Da von dem der Bewertung zugrunde liegenden Anlass abhängt, welche Art von Unternehmenswert zu ermitteln ist und in welcher Funktion der Bewerter tätig wird[16] und daher der richtige Unternehmenswert nur ein anlassbezogener Wert sein kann,[17] ist bei der Beurteilung des Einflusses zwischen den unterschiedlichen Bewertungsanlässen und -funktionen zu differenzieren. Ob Ergänzungsbilanzabschreibungen den Unternehmenswert der Personengesellschaft beeinflussen, kann je nach Bewertungsanlass und Funktion des Bewerters unterschiedlich sein. Daneben ist – unabhängig von Bewertungsanlass und -funktion – fraglich, ob Gründe bestehen, die gegen eine Einbeziehung von Ergänzungsbilanzabschreibungen dem Grunde nach sprechen.

Ist geklärt, ob ein Einfluss dem Grund nach vorliegt, stellt sich als zweites Teilproblem die Frage nach der quantitativen Auswirkung dieses Einflusses, also die Betrachtung des Einflusses *der Höhe* nach.

---

16 Vgl. IDW S 1 2008, Rn. 8 ff.
17 Vgl. Moxter, Grundsätze ordnungsmäßiger Unternehmensbewertung, S. 6.

Ein Endogenitätsproblem ergibt sich aus der Interdependenz von Unternehmenswert und Ergänzungsbilanzabschreibungen. Durch Ergänzungsbilanzabschreibungen wird die Höhe des Unternehmenswertes beeinflusst. Je größer dieser Einfluss ist, desto stärker wirkt sich der Unternehmenswert wiederum auf die Höhe der Ergänzungsbilanzabschreibungen aus. Vorab ist zu klären, ob die ergänzungsbilanzbedingten Steuerersparnisse mit dem quasisicheren Zins zu diskontieren sind oder ob zusätzlich eine Risikoprämie aufzuschlagen ist.

Liegen Erkenntnisse bezüglich des Einflusses der Ergänzungsbilanzabschreibungen auf den Unternehmenswert der Personengesellschaft in qualitativer und in quantitativer Hinsicht vor, steht man – besonders in der praktischen Anwendung – vor dem Problem, ob einzelne der wertbeeinflussenden Variablen den ergänzungsbilanzbedingten Steuervorteil in besonderem Maße beeinflussen und ob dieser Einfluss ggf. von der jeweiligen Ausprägung der einzelnen Variablen abhängig ist. Die Kenntnis der wertprägenden Variablen ist für den Bewerter deshalb von besonderer Bedeutung, weil diese bei der praktischen Ermittlung des Unternehmenswertes einer besonders sorgfältigen Analyse bedürfen. Je unwesentlicher der Einfluss einer einzelnen Variablen ist, desto mehr Ungenauigkeit kann im Rahmen der praktischen Bewertung bei der Bestimmung ihrer Größe akzeptiert werden.

1.2 Relevanz

Die Rechtsform der Personengesellschaft entsteht gem. § 705 BGB durch den vertraglichen Zusammenschluss mehrerer Personen zur gemeinsamen Zweckerreichung. Bekannteste Vertreter dieser Rechtsform sind die OHG, die KG[18] und die GbR.[19]

Aufgrund der enormen wirtschaftlichen Bedeutung der Personengesellschaft in Deutschland ist davon auszugehen, dass – insofern ein entsprechender

18 Einschließlich der Sonderform der GmbH & Co. KG.

19 Zur Abgrenzung der Personengesellschaft vgl. Vogl, in: Beck'sches Steuer- und Bilanzrechtslexikon, „Personengesellschaft“, Rn. 1 ff.

Einfluss der Ergänzungsbilanz besteht – die Erkenntnisse dieser Untersuchung für eine Vielzahl von Bewertungsfällen relevant sind. Mit 435.620 Unternehmen stellt die Personengesellschaft mit einem relativen Anteil von 12 % nach der Kapitalgesellschaft (619.029 Unternehmen oder 17 %) und dem Einzelunternehmen (2.307.745 Unternehmen oder 64 %) die beliebteste Rechtsform in der Bundesrepublik Deutschland dar.

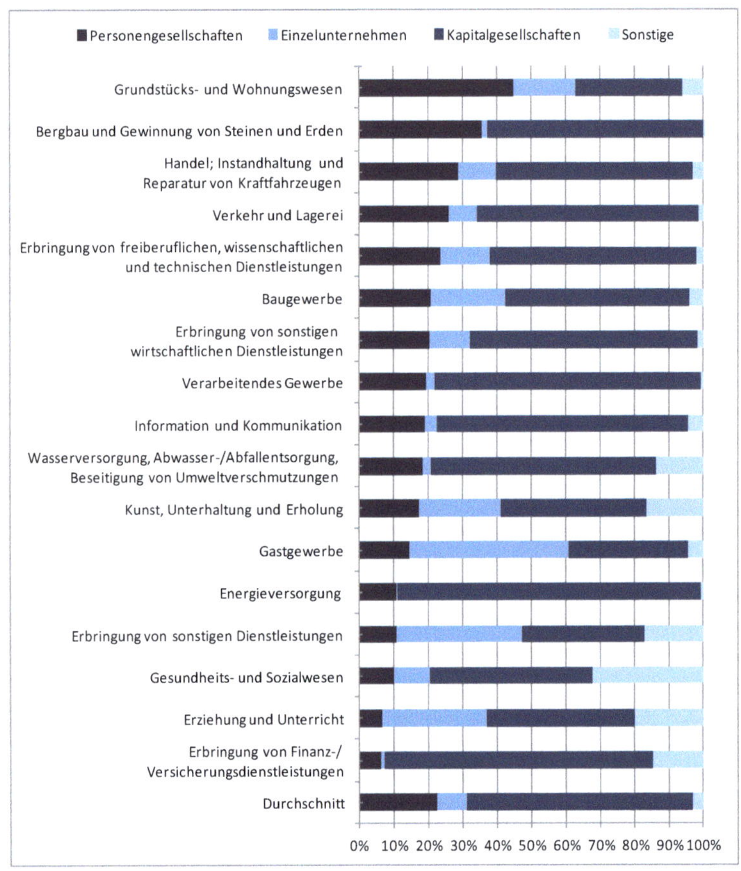

Abbildung 3: **Verteilung der Rechtsformen nach Umsatzerlösen und Branchen im Jahr 2009**[20]

[20] Selbsterstellte graphische Darstellung, Werte und Branchenbezeichnungen basierend auf einer auf Anfrage des Verfassers individuell erstellten Auswertung. Statistisches

Die Personengesellschaften beschäftigen 4.536.312 sozialversicherungspflichtige Beschäftigte (18 % der sozialversicherungspflichtigen Beschäftigten aller Rechtsformen) und erwirtschaften einen jährlichen Umsatz i.H.v. 1.122 Milliarden Euro, was – wie aus Abbildung 3 ersichtlich – 23 % des Gesamtumsatzes aller Rechtsformen entspricht.[21]

Der Anteil der von den Personengesellschaften erwirtschafteten Leistungen unterscheidet sich – wie aus Abbildung 3 ersichtlich ist – je nach der Branche. Die Rechtsform der Personengesellschaft erfreut sich insbesondere in der Wohnungswirtschaft, in der Kraftfahrzeugbranche, in der Verkehrsbranche und bei Freiberuflern einer großen Beliebtheit.

Neben der aufgezeigten wirtschaftlichen Bedeutung der Personengesellschaft in der Bundesrepublik Deutschland sind die Erkenntnisse dieser Untersuchung nicht nur für eine Vielzahl möglicher Bewertungsfälle relevant, sondern insbesondere auch deshalb, weil die Höhe des Einflusses der Ergänzungsbilanzabschreibungen auf den Unternehmenswert der Personengesellschaft von wesentlicher Bedeutung sein kann. Im Zusammenhang mit der Ermittlung von Entscheidungswerten oder der Bewertung immaterieller Vermögenswerte bereits vorgenommene Berechnungen zeigen nämlich, dass sich – unter realistischen Annahmen – durch die Einbeziehung des abschreibungsbedingten Steuervorteils eine Werterhöhung um bis zu 20 % ergeben kann.[22] Vor dem Hintergrund dieser Wertrelevanz ist offenkundig, dass eine nähere Betrachtung nicht nur theoretisch gerechtfertigt, sondern auch – für den oft vom Gesichtspunkt der Wesentlichkeit geleiteten Praktiker – geboten erscheint.

Bundesamt, Unternehmensregister - System 95, Wiesbaden 2012, E102/35211120-AUSW, Stand: 30. April 2011.

21 Auf Anfrage des Verfassers individuell erstellte Auswertung. Statistisches Bundesamt, Unternehmensregister – System 95, Wiesbaden 2012, E102/35211120-AUSW, Stand: 30. April 2011.

22 Vgl. bspw. Wagner, WPg 2007, S. 935 f. oder Kasperzak/Nestler, DB 2007, S. 475.

1.3 Forschungsstand

Zwar hat sich die Intensität der betriebswirtschaftlichen Forschung auf dem Gebiet der Unternehmensbewertung in jüngster Zeit deutlich gesteigert, doch bilden immer noch Kapitalgesellschaften den Schwerpunkt der veröffentlichten Beiträge und Arbeiten.[23] Personengesellschaften und Einzelunternehmen bleiben – trotz ihrer enormen volkswirtschaftlichen Bedeutung[24] – tendenziell eher unbeachtet.

Auch die Rechtsprechung beschäftigt sich mit der Bewertung von Personengesellschaften eher selten und dann überwiegend mit der Frage der anzuwendenden Bewertungsmethode (Buchwert, Substanzwert, Ertragswert, etc.) und nicht mit einzelnen, methodischen Bewertungsfragen.[25] Dennoch hat das Schrifttum erkannt, dass die grundlegenden Unterschiede im Besteuerungssystem von Kapital- und Personengesellschaften auch Einfluss auf den Unternehmenswert haben können. Da die Rendite der Alternativinvestition aus Börsennotierungen von Kapitalgesellschaften abgeleitet wird, wird aus Gründen der Äquivalenz befürwortet, Steuereffekte bei der Bewertung von Personengesellschaft stets und unmittelbar einzubeziehen.[26]

Die Auswirkungen ergänzungsbilanzbedingter Steuervorteile auf den Unternehmenswert wurden bisher nicht umfassend untersucht. Die meisten der vorhandenen Beiträge lassen sich vereinfachend in zwei große Gruppen einteilen. Zum einen sind es im Zusammenhang mit einer vorzunehmenden Kaufpreisallokation auftretende Fragen[27], insbesondere hinsichtlich der Auswirkungen aus einem derivativen Geschäfts- oder Firmenwert oder der Fair Value-Ermittlung immaterieller Vermögenswerte[28]. Zum anderen handelt es sich um die Frage nach dem Einfluss des TAB bei der Ermittlung von Ent-

---

23 Vgl. Wagner, WPg 2007, S. 929 sowie WPg 2008, S. 834 m.w.N.

24 Vgl. hierzu Abschnitt 1.2.

25 Vgl. Popp, WPg 2008, S. 935.

26 Vgl. Dörschell/Franken/Schulte, WPg 2008, S. 445; IDW ES 1 2007 Rn. 47; IDW, WP Handbuch II 2008, Rn. A 109 sowie Hommel/Pauly/Nagelschmitt, BB 2007, S. 2731.

27 Vgl. bspw. Castello/Klingbeil/Schröder, WPg 2006, S. 1033.

28 Vgl. bspw. IDW S 5 2010, Rn. 47; Kohl/Schilling, StuB 2007, S. 546; Mackenstedt/Fladung/Himmel, WPg 2006 S. 1045, m.w.N. oder Kasperzak/Nestler, DB 2007, S. 473 ff.

scheidungswerten.[29] Nicht entscheidungsorientierte Bewertungssituationen, wie sie im Falle des objektivierten Unternehmenswertes vorliegen, werden nach Kenntnis des Verfassers hingegen nicht umfassend betrachtet. Eine grundlegende und systematische Untersuchung des Einflusses von Ergänzungsbilanzabschreibungen auf den Unternehmenswert der Personengesellschaft, welche nach Bewertungszweck bzw. -funktion, Bewertungsanlass und Steuerart differenziert, liegt bislang nicht vor.

1.4 Methodisches Vorgehen und Aufbau der Untersuchung

Die Frage nach dem Einfluss der Ergänzungsbilanz auf den Unternehmenswert der Personengesellschaft erfordert zunächst ein grundlegendes Verständnis für das Besteuerungssystem der Personengesellschaft, welches nur wenige Parallelen zum Besteuerungssystem der Kapitalgesellschaft aufweist. Die von der Personengesellschaft erwirtschafteten finanziellen Überschüsse unterliegen auf Ebene der Gesellschaft nur der Gewerbesteuer. Im Gegensatz zur Kapitalgesellschaft fällt keine Körperschaftsteuer an. Kompensierend belastet die Anteilseigner aber eine zumeist[30] höhere Einkommensteuer. Zu unterscheiden ist zwischen den beiden für die Belastung der finanziellen Überschüsse einer Personengesellschaft relevanten Steuerarten: der Einkommen- und der Gewerbesteuer. Innerhalb der Steuerarten ist für die weitere Diskussion eine Differenzierung nach laufenden Ergebnissen und Veräußerungsgewinnen vorzunehmen. Die Besonderheiten der Besteuerung der Personengesellschaft bilden den Gegenstand von Kapitel 2, wobei eine Konzentration auf die Auswirkungen der Ergänzungsbilanz stattfindet. Zur weiteren Veranschaulichung und zum Vergleich mit der Rechtsform der Kapitalgesellschaft endet dieses Kapitel mit einem beispielhaften Steuerbelastungsvergleich.

Eine nach Bewertungsanlass und Funktion des Bewerters differenzierende Analyse des qualitativen Einflusses von Ergänzungsbilanzabschreibungen

---

29 Vgl. bspw. Hommel/Dehmel, in: Königsmaier/Rabel, Festschrift Mandl, S. 285 ff. m.w.N.

30 Ob eine höhere Steuerbelastung eintritt, hängt vom persönlichen Steuersatz des Gesellschafters ab.

setzt die Kenntnis der erforderlichen Grundlagen der Unternehmensbewertung voraus. Auf diese geht Kapitel 3 detailliert ein und klärt gleichzeitig auch, wann und wie Steuerwirkungen bei der Ermittlung von Unternehmenswerten zu behandeln sind.

Nachdem in den Kapiteln 2 und 3 ein Verständnis für das Besteuerungssystem der Personengesellschaft und für die notwendigen Grundlagen der Unternehmensbewertung geschaffen wurde, widmet sich Kapital 4 dem ersten Teilproblem der zentralen Forschungsfrage und klärt, *ob* und – falls ja – *unter welchen Voraussetzungen* Ergänzungsbilanzabschreibungen den Unternehmenswert der Personengesellschaft beeinflussen. Es geht also um den Einfluss der Ergänzungsbilanzabschreibungen dem Grunde nach bzw. unter qualitativen Aspekten. Diese Frage ist – wie in Abschnitt 1.3 beschrieben – bisher kaum problematisiert und nicht einheitlich beantwortet worden. Methodisches Ziel ist es daher, ein theoretisches Gerüst zu erarbeiten, welches darlegt, in welchen Fällen ein Einfluss dem Grunde nach vorliegt. Die in der Literatur genannten Argumente sind sorgfältig darauf zu prüfen, ob sie der entwickelten Theorie hinderlich oder förderlich sind.

Ist ein Einfluss dem Grunde nach gegeben, so stellt sich die Frage, wieweit dieser den Unternehmenswert beeinflusst, also um den Einfluss der Höhe nach bzw. in quantitativer Hinsicht. Dieser in Abschnitt 1.1 als zweites Teilproblem bezeichneten Frage widmet sich Kapitel 5. Zur Quantifizierung des TAB liegen vereinzelt Lösungsansätze vor, die sich vorrangig mit der Bewertung von immateriellen Vermögenswerten beschäftigen und deren Validität hinsichtlich der Bewertung von Personengesellschaft kritisch zu prüfen ist. Aufbauend auf den sich ergebenden Erkenntnissen ist – soweit möglich – algorithmisch das formale Kapitalwertmodell zu modifizieren. Hierbei ist ein besonderes Augenmerk darauf zu richten, dass alle (wesentlichen) Einflussfaktoren Berücksichtigung finden.

Um eine Differenzierung in eine unüberschaubare Vielzahl von Konstellationen zu vermeiden, unterliegt die Betrachtung einigen Restriktionen, die (überwiegend) auch auf die meisten Unternehmensbewertungen in der Praxis zutreffen. Insofern eine Aufgabe des Eigentums an der Gesellschaftsbeteiligung angenommen wird, wird unterstellt, dass die Übertragung entgeltlich erfolgt und dass die Beteiligten subjektiv von der Gleichwertigkeit ihrer Leistungen ausgehen. Für den Gesellschaftsanteil wird annahmegemäß ferner stets ein Kaufpreis unterstellt, der auch stille Reserven und/oder einen Geschäfts- oder Firmenwert vergütet. Der entrichtete Kaufpreis liegt daher oberhalb des Wertes des übernommen Kapitalkontos. Stille Lasten bzw. ein Badwill sollen (per Saldo) also nicht bestehen. So ist gegeben, dass es zur Bildung einer positiven Ergänzungsbilanz kommt. Bei den Beteiligten soll es sich – insofern kein gesonderter Hinweis erfolgt – um natürliche Personen handeln, welche in Deutschland unbeschränkt einkommensteuerpflichtig sind. Im Rahmen der objektivierten Unternehmensbewertung entspricht diese Annahme nicht nur langjähriger Bewertungspraxis, sondern steht auch im Einklang mit der deutschen Rechtsprechung.[31]

In den Kapiteln 4 und 5 wird deutlich, dass sich eine Vielzahl von Variablen auf die Höhe des TAB auswirken. Ob im Rahmen dieser Multivariabilität einzelne Einflussfaktoren den TAB in Abhängigkeit von ihrer Ausprägung besonders beeinflussen, soll methodisch durch eine Sensitivitätsanalyse gelöst werden, welche Gegenstand von Kapitel 6 ist. Diese Sensitivitätsanalyse liefert dem praxisorientierten Bewerter gleichzeitig die gewünschten ersten Anhaltspunkte für die problematisierte Schwerpunktbildung im konkreten, praktischen Bewertungsfall.

Zum Ende der Arbeit resümiert Kapitel 7 kritisch die Beantwortung der Forschungsfrage und fasst die Ergebnisse kurz zusammen. Daneben erfolgt ein Ausblick auf die sich aus dieser Untersuchung ergebenden Fragen, die Gegenstand folgender Arbeiten sein können.

---

[31] Dies gilt zumindest für gesellschaftsrechtliche und vertragliche Bewertungsanlässe, vgl. IDW S 1 2008, Rn. 31.

2 Die Ergänzungsbilanz im Besteuerungssystem der Personengesellschaften

2.1 Einkommensteuer

2.1.1 Einkommensteuerpflicht der Personengesellschaft und ihrer Gesellschafter

Wie in Kapitel 1 bereits skizziert und im Folgenden noch näher aufgezeigt, sind für den Unternehmenswert sowohl Steuern auf Ebene der Gesellschaft als auch auf Ebene des Gesellschafters[32] relevant, weshalb zunächst das Besteuerungssystem der Personengesellschaft darzustellen und vom Besteuerungssystem der Kapitalgesellschaft abzugrenzen ist.

Personengesellschaften unterliegen nicht der Körperschaftsteuerpflicht, weil sie nicht zu den in § 1 Abs. 1 KStG abschließend aufgeführten Personenvereinigungen zählen. Da § 1 Abs. 1 EStG ausschließlich natürliche Personen erfasst, unterliegen sie – als Personengesellschaft – auch nicht der Einkommensteuerpflicht. Vielmehr wird das von der Personengesellschaft erzielte Einkommen nicht als Einkommen der Gesellschaft selbst, sondern als unmittelbar von den einzelnen Gesellschaftern erzieltes Einkommen qualifiziert.[33]

Eine Steuerpflicht besteht auf Ebene der Gesellschaft deshalb nicht, weil die Gewinne oder Verluste der gemeinschaftlichen Tätigkeit, erzielt durch die Personengesellschaft, den Gesellschaftern anteilig als originäre Einkünfte zugerechnet werden.[34] Ist der Gesellschafter eine natürliche Person, so unterliegt er der Einkommensteuer (§§ 1, 2 EStG), ist er eine juristische Person, so unterliegt er der Körperschaftsteuer (§§ 1, 2 KStG).

32 Gegenstand der weiteren Untersuchung bilden aus den in Kapitel 1 genannten Gründen ausschließlich solche Gesellschafter, bei denen es sich um natürliche, unbeschränkt steuerpflichtige Personen handelt.

33 Vgl. BFH, Beschluss vom 03. Juli 1995, GrS 1/93, BStBl II 1995, S. 617.

34 Vgl. BFH, Beschluss vom 03. Juli 1995, GrS 1/93, BStBl II 1995, S. 617.

Ist an einer Personengesellschaft eine weitere Personengesellschaft beteiligt, so unterliegen wiederum deren Gesellschafter der Steuerpflicht. Somit sind die – über eine weitere Personengesellschaft – mittelbar beteiligten Gesellschafter den unmittelbar beteiligten gleichgestellt (§ 15 Abs. 1 Satz 1 Nr. 2 EStG).[35] Während es also für die weitere Betrachtung keine Rolle spielt, ob die Beteiligung an einer Personengesellschaft vom Gesellschafter unmittelbar oder mittelbar über eine weitere Personengesellschaft gehalten wird, erzeugt andererseits eine zwischengeschaltete Kapitalgesellschaft eine Abschirmwirkung.

Ungeachtet dessen bleibt die Personengesellschaft insoweit Steuerrechtssubjekt, als sie im Zusammenschluss ihrer Gesellschafter Besteuerungstatbestände verwirklicht, welche anschließend den Gesellschaftern im Rahmen der einheitlichen und gesonderten Feststellung zugerechnet werden und so für deren persönliche Besteuerung Relevanz erlangen.[36]

Die Einkommensbesteuerung der Gesellschafter ist davon abhängig, ob die Personengesellschaft betrieblich oder vermögensverwaltend tätig ist. Bei einer vermögensverwaltenden Personengesellschaft besteht für steuerliche Zwecke – insbesondere für die Bestimmung der Einkunftsart – die Fiktion, dass die Wirtschaftsgüter anteilig den Gesellschaftern zugerechnet werden (§ 39 Abs. 2 Nr. 2 AO).[37] Die Gesellschafter beziehen hier Einkünfte aus solchen Einkunftsarten, die ihnen auch ohne die Existenz der Gesellschaft zugeflossen wären, was dazu führt, dass eine Personengesellschaft, welche nur vermögensverwaltend tätig ist, im steuerlichen Sinne – mit Ausnahme von verfahrensrechtlichen Aspekten – quasi-irrelevant ist.[38] Daher beschränkt sich die Untersuchung im Weiteren auf solche Personengesellschaften, die nicht vermögensverwaltend, sondern betrieblich tätig sind. Hierzu zählen alle Personengesellschaften, die durch das Betreiben eines gewerblichen Unternehmens als steuerliche Mitunternehmerschaft zu qualifi-

---

[35] Vgl. BFH, Urteil vom 26. Januar 1995, IV R 23/93, BStBl II 1995, S. 467.

[36] Vgl. BFH, Beschluss vom 03. Juli 1995, GrS 1/93, BStBl II 1995, S. 617 sowie BFH, Urteil vom 31. Juli 1991, VIII R 23/89, BStBl II 1992, S. 375.

[37] Vgl. Weber-Grellet, in: Schmidt, EStG, § 17 Rn. 10.

[38] Vgl. Lüdike, in: Lüdike/Sistermann, Unternehmenssteuerrecht, § 1 Rn. 20.

zieren oder wie eine solche zu behandeln sind[39], einschließlich der vermögensverwaltenden Personengesellschaften, wenn diese gewerbliche geprägt ist[40] und aus diesem Grund den betrieblich tätigen Personengesellschaft gleichzustellen ist.

2.1.2 Die steuerliche Mitunternehmerschaft

2.1.2.1 Mitunternehmerschaft, Mitunternehmer und Gesellschafter

Der Begriff der steuerlichen Mitunternehmerschaft ist nicht legal definiert. Vielmehr handelt es sich um einen Typusbegriff[41], der dadurch gekennzeichnet ist, dass er sich durch eine größere und unbestimmte Anzahl charakteristischer Merkmale definiert. Nach der Rechtsprechung des BFH liegt eine Mitunternehmerschaft dann vor, wenn mehrere Personen gemeinsam eine unternehmerische Initiative (Mitunternehmerinitiative) entfalten und dabei unternehmerisches Risiko (Mitunternehmerrisiko) tragen,[42] wobei diese beiden Hauptmerkmale in unterschiedlicher Ausprägung und mit unterschiedlichem Gewicht auftreten können.[43] Das Vorliegen einer Mitunternehmerschaft ist daher insgesamt und nach dem Gesamtbild der Verhältnisse zu bestimmen.

Entgegen der engen, wörtlichen Auslegung des Gesetzes (§ 15 Abs. 1 Satz 1 Nr. 2 EStG), welches die Mitunternehmerschaft im Zusammenhang mit einer *anderen Gesellschaft* parallel zur KG und zur OHG aufzählt, handelt es sich bei dem Begriff der Mitunternehmerschaft um einen Oberbegriff, dem sowohl die in § 15 Abs. 1 Satz 1 Nr. 2 EStG genannten Personengesellschaf-

---

39 Hierunter fallen die freiberuflichen sowie die land- und forstwirtschaftlichen Personengesellschaften, die - mit Ausnahme der Einkunftsart - aufgrund gesetzlicher Regelung in § 13 Abs. 7 und § 18 Abs. 4 EStG wie eine Mitunternehmerschaft zu behandeln sind.

40 Eine Personengesellschaft ist gewerblich geprägt, wenn sie keine gewerbliche Tätigkeit ausübt, ausschließlich Kapitalgesellschaften als Gesellschafterinnen persönlich haften und nur diese oder Nicht-Gesellschafter zur Geschäftsführung berechtigt sind (§ 15 Abs. 3 Nr. 2 EStG); hierzu näher: Wacker, in: Schmidt, EStG, § 15 Rn. 200 ff.

41 Vgl. BFH, Urteil vom 1. August 1996, VIII R 12/94, BStBl II 1997, S. 272 sowie BFH, Urteil vom 25. April 2006, VIII R 74/03, DStRE 2006, S. 912.

42 Vgl. BFH, Beschluss vom 25. Juni 1984, GrS 4/82, BStBl II 1984 II, S. 751.

43 Vgl. BFH, Urteil vom 25. April 2006, VIII R 74/03, DStRE 2006, S. 912.

ten (KG und die OHG) als auch die *andere Gesellschaften* unterzuordnen sind,[44] wenn die erforderlichen Voraussetzungen erfüllt sind.

Notwendige Voraussetzung der Mitunternehmerschaft ist, dass die Gesellschaft einen Gewerbebetrieb unterhält, also durch die gemeinsame Betätigung ihrer Gesellschafter ein gewerbliches Unternehmen i.S.v. § 15 Abs. 1 Satz 1 Nr. 1 EStG i.V.m. § 15 Abs. 2 EStG betreibt. Eine Personengesellschaft, die keinen Gewerbebetrieb unterhält, ist keine Mitunternehmerschaft, es sei denn, sie ist gewerblich geprägt. Allerdings werden die Regelungen der Mitunternehmerschaft bei den anderen Gewinneinkunftsarten – also bei den Einkünften aus selbständiger Tätigkeit (§ 18 Abs. 4 Satz 2 EStG) und bei den Einkünften aus Land- und Forstwirtschaft (§ 13 Abs. 7 EStG) – analog angewendet.

Unter einem Gewerbebetrieb im Sinne des Ertragsteuerrechts versteht man jede nachhaltige und mit Gewinnerzielungsabsicht unternommene Betätigung, die sich als Beteiligung am allgemeinen wirtschaftlichen Verkehr darstellt und nicht als freiberufliche, land- und forstwirtschaftliche oder vermögensverwaltende Tätigkeit zu qualifizieren ist (§ 15 Abs. 2 Satz 1 EStG).

Da der steuerrechtliche Begriff des Gewerbebetriebs nicht mit dem handelsrechtlichen Begriff des Handelsgewerbes (§ 1 Abs. 2 HGB) deckungsgleich ist,[45] können auch Personenhandelsgesellschaften andere Einkünfte als solche aus Gewerbebetrieb erzielen. Trotz der expliziten gesetzlichen Erwähnung in § 15 Abs. 1 Satz 1 Nr. 2 EStG kann auch bei den genannten Rechtsformen der Personengesellschaft nicht zwangsläufig vom Bestehen einer Mitunternehmerschaft ausgegangen werden, so dass auch bei Personengesellschaften anhand der konkreten Umstände des Einzelfalls stets zu prüfen ist, ob die Voraussetzungen der Mitunternehmerschaft vorliegen.

Neben dem Erfordernis, dass die Gesellschaft ein gewerbliches Unternehmen betreibt bzw. aufgrund ihrer land- und forstwirtschaftlichen oder freibe-

---

[44] Vgl. Reiß, in: Kirchhoff/Söhn/Mellinghoff, EStG, § 15 Rn. A 23.
[45] Vgl. BFH, Urteil vom 09. Juli 1964, IV 427/62 U, BStBl III 1964, S. 530.

ruflichen Tätigkeit der Mitunternehmerschaft entsprechend behandelt wird, ist ferner für jeden Gesellschafter einzeln zu prüfen, ob dieser steuerlicher Mitunternehmer ist. Zum einen kann ein Gesellschafter einer Personengesellschaft deshalb nicht Mitunternehmer sein, weil die Gesellschaft keinen Gewerbebetrieb unterhält. Aber selbst dann, wenn die Personengesellschaft eine gewerbliche Tätigkeit ausübt, impliziert dies nicht, dass jeder Gesellschafter automatisch die Voraussetzungen des steuerlichen Mitunternehmers erfüllt, denn zum anderen kann die Mitunternehmerstellung dem einzelnen Gesellschafter auch versagt werden, weil er selbst die Merkmale eines Mitunternehmers (Mitunternehmerinitiative und Mitunternehmerrisiko) nicht in ausreichendem Maße erfüllt, und daher nicht mitunternehmerisch tätig ist.

Ein Gesellschafter, der nicht Mitunternehmer ist, erzielt keine Einkünfte aus Gewerbebetrieb und fällt unter die übrigen Einkunftsarten. Eine land- und forstwirtschaftlich oder freiberuflich tätige Personengesellschaft unterhält zwar per Definition keinen Gewerbebetrieb, wird aber durch gesetzliche Regelung [46] mit der Ausnahme der Einkunftsart der Mitunternehmerschaft gleichgestellt.

Es bleibt festzuhalten, dass jeder steuerliche Mitunternehmer zivilrechtlicher Gesellschafter einer Personengesellschaft ist,[47] umgekehrt aber der zivilrechtliche Gesellschafter einer Personengesellschaft nur dann Mitunternehmer ist, wenn er Mitunternehmerrisiko trägt und Mitunternehmerinitiative entfalten kann.

---

46 § 13 Abs. 7 sowie § 18 Abs. 4 Satz 2 EStG.

47 Vgl. BFH, Urteil 29. April 1992, XI R 58/89, BFH/NV 1992, S. 803. In engen Ausnahmen kann es vorkommen, dass auch ein nicht originärer Gesellschafter als Mitunternehmer zu qualifizieren ist, so bspw. bei der verdeckten bzw. faktischen Mitunternehmerschaft (vgl. hierzu: Wacker, in: Schmidt, EStG, § 15 Rn. 280 ff.) oder bei der in Vollzug gesetzten fehlerhaften Gesellschaft (hierzu: BFH, Urteil vom 18. April 2000, VIII R 68/98, BStBl II 2001, S. 359).

2.1.2.2 Mitunternehmerrisiko

Mitunternehmerrisiko ist definiert als die gesellschaftsrechtliche oder eine dieser wirtschaftlich vergleichbare Partizipation am Erfolg oder Misserfolg eines gewerblich tätigen Unternehmens.[48] Merkmale des Mitunternehmerrisikos sind die Teilhabe am Gewinn und Verlust, die Beteiligung an den stillen Reserven einschließlich des Geschäfts- oder Firmenwerts und die zivilrechtliche Ausgestaltung der Haftung.

Eine Gewinnerzielungsabsicht muss also nicht bloß auf Ebene der Gesellschaft bestehen, um dort zunächst überhaupt einen Gewerbebetrieb zu begründen, auch der einzelne Mitunternehmer selbst muss die Absicht haben, Gewinne zu erzielen,[49] was sich darin zeigt, dass er objektiv in der Lage und darüber hinaus subjektiv willens ist, am Erfolg zu partizipieren.[50] Eine Qualifizierung als Mitunternehmer scheidet folglich aus, wenn ein Gesellschafter weder am Gewinn noch am Verlust beteiligt ist.[51]

Ist hingegen nur die Beteiligung am Verlust ausgeschlossen, kann dies bei Vorliegen anderer, entsprechend ausgeprägter Merkmale im Einzelfall ausreichend sein,[52] bspw. dann, wenn ein Gesellschafter im Innenverhältnis vom Verlust ausgeschlossen ist, sich im Außenverhältnis als persönlich haftender Gesellschafter einer Inanspruchnahme für die Schulden der Gesellschaft aber nicht entziehen kann und so zumindest ein potentielles Risiko trägt.[53] Im Umkehrfall ist die persönliche Haftung für die Schulden der Gesellschaft kein notwendiges Kriterium für die Annahme eines Mitunternehmerrisikos.[54]

Stellt man mit Blick auf die Gesamtdauer der unternehmerischen Tätigkeit auf den Totalgewinn und nicht nur auf den laufenden Gewinn ab, so kann

---

48 Vgl. BFH, Beschluss vom 25. Juni 1984, GrS 4/82, BStBl II 1984, S. 751.
49 Vgl. BFH, Beschluss vom 24.01.2001, VIII B 59/00, BFH/NV 2001, S. 895
50 Vgl. BFH, Beschluss vom 23.04.1999, IV B 147/98, BFH/NV 1999, S. 1336.
51 Vgl. Zimmermann/Reyder/Holtmann, Die Personengesellschaft im Steuerrecht, S. 65.
52 Vgl. BFH, Urteil vom 16. Dezember 1997, VIII R 32/90, BStBl II 1998, S. 480.
53 Vgl. BFH, Urteil vom 15.12.1992, VIII R 42/90, BStBl II 1994, S. 702. Stuhrmann vertritt im Falle eines unbegrenzten Freistellungsanspruches eine andere Auffassung. Vgl. Stuhrmann, in: Blümich, EStG/KStG/GewStG, § 15 EStG Rn. 350.
54 Vgl. Brönner, Die Besteuerung der Gesellschaften, S. 101.

sich ein Mitunternehmerrisiko auch aus der Beteiligung an den stillen Reserven ergeben.[55] Wird ein Gesellschafter im Falle seines Ausscheidens oder im Falle der Liquidation der Gesellschaft nicht an den stillen Reserven des Anlage- und Umlaufvermögens sowie am Geschäfts- oder Firmenwert beteiligt, spricht dies gegen das Vorliegen eines Mitunternehmerrisikos. Unschädlich ist hingegen, wenn eine Abfindung sich nur im Falle eines freiwilligen Ausscheidens (z.B. bei Eigenkündigung) am Buchwert orientiert.[56] Bei starker Ausprägung der Mitunternehmerinitiative, bspw. bei Vorliegen einer alleinigen Geschäftsführungskompetenz, kann jedoch auch bereits die bloße Beteiligung am laufenden Gewinn ausreichend sein.[57]

2.1.2.3 Mitunternehmerinitiative

Die Mitunternehmerinitiative ist neben dem Mitunternehmerrisiko das zweite Hauptkriterium zur Bestimmung der Mitunternehmerstellung eines Gesellschafters. Unter Mitunternehmerinitiative versteht man die Möglichkeit der Mitwirkung an den unternehmerischen Entscheidungen in der Form, dass der Gesellschafter den Erfolg des Unternehmens durch seine eigenen Entscheidungen oder durch das Verhindern von Entscheidungen mitbestimmen kann.[58]

Bestimmungsmerkmale der Mitunternehmerinitiative sind der Umfang der Geschäftsführungsbefugnis, der Vertretungsmacht, der Stimmrechtsausgestaltung, der Widerspruchs- und Kontrollrechte einschließlich der Zustimmungserfordernisse sowie auch der Umfang der betrieblichen Mitarbeit.[59] Entspricht der Umfang der Rechte mindestens den gesetzlichen Kontroll-, Stimm- und Widerspruchsrechten eines Kommanditisten[60] oder kommt diesen zumindest nahe,[61] wird dem Tatbestandsmerkmal der Mitunternehmerinitiative (noch) entsprochen.

---

55 Vgl. Düll, in: Sudhoff, GmbH & Co. KG, § 4 Rn. 16.
56 Vgl. BFH, Urteil vom 5. Juli 1979, IV R 27/76, BStBl II 1979, S. 670.
57 Vgl. Schulze zur Wiesche, DB 1997, S. 244.
58 Vgl. BFH, Urteil vom 16. Dezember 2003, VIII R 6/93, BFH/NV 2004, S. 1080.
59 Vgl. zur Mitunternehmerinitiative: Schulze zur Wiesche, DB 1997, S. 244 ff.
60 Vgl. BFH, Beschluss vom 25. Juni 1984, GrS 4/82, BStBl II 1984, S. 751.
61 Vgl. BFH, Urteil vom 07. November 2000, VIII R 16/97, BStBl II 2001, S. 186.

Dementsprechend erfüllt der im Rahmen dispositiven Rechts in seinen Rechten beschnittene Kommanditist ebenso wenig die Anforderungen der Mitunternehmerinitiative in ausreichendem Maß wie der typisch stille Gesellschafter oder der lediglich über eine typische Unterbeteiligung Partizipierende. Der alleinig persönlich haftende Gesellschafter einer KG hingegen übt unabhängig von der Leistung einer Einlage stets Mitunternehmerinitiative aus, weil seine Vertretungsbefugnis nicht eingeschränkt werden kann.[62]

2.1.3 Additive Gewinnermittlung

Für die Besteuerung sind (lediglich) die dem Mitunternehmergesellschafter[63] zuzurechnenden Einkünfte aus der Personengesellschaft relevant. Die Höhe des Gewinns der Personengesellschaft selbst oder des Gesamtgewinns der Mitunternehmerschaft sind unbedeutend, weil weder die Gesellschaft noch die Gesamtheit der Gesellschafter Einkommensteuersubjekt sind.[64]

Die dem einzelnen Mitunternehmergesellschafter zuzurechnenden Einkünfte werden im Rahmen eines zweistufigen Verfahrens ermittelt. Auf der ersten Stufe wird zunächst auf der Grundlage der aus der Handelsbilanz abgeleiteten Steuerbilanz der Anteil des Gesellschafters am Gewinn oder Verlust der Gesellschaft festgestellt. Der Steuerbilanzgewinn wird um die Ergebnisse aus etwaigen Ergänzungsbilanzen modifiziert, welche – wie in Abschnitt 2.1.4 und Abschnitt 2.1.5 dargestellt – aus notwendigen Korrekturen der gesellschafterbezogenen, individuellen Wertansätze in der Steuerbilanz resultieren. Dies erfolgt bereits auf der ersten Stufe der additiven Gewinnermittlung, da es sich um eine Korrektur der Wertansätze in der gesamthänderischen Steuerbilanz handelt.[65] Auf der zweiten Stufe wird dieser Anteil um

62 Vgl. BFH, Urteil vom 28. November 2002, III R 1/01, BStBl II 2003, S. 250.

63 Der Begriff Mitunternehmergesellschafter bezieht sich auf originäre Gesellschafter einer Personengesellschaft, welche die Voraussetzungen eines steuerlichen Mitunternehmers erfüllen. Soweit sie nur deshalb nicht als Mitunternehmer zu qualifizieren sind, weil die Personengesellschaft keinen Gewerbebetrieb ausübt (also bspw. bei Freiberuflergesellschaften), sei auf die analoge Anwendung für Gesellschafter einer freiberuflich tätigen (§ 18 Abs. 4 Satz 2 EStG) oder land- und forstwirtschaftlich tätigen (§ 13 Abs. 7 EStG) Personengesellschaft verwiesen.

64 Vgl. Reiß, in: Kirchhoff/Söhn/Mellinghoff, EStG, § 15 Rn. E 49.

65 Vgl. Reiß, in: Kirchhoff/Söhn/Mellinghoff, EStG, § 15 Rn. E 51.

das Ergebnis aus etwaigen Sonderbilanzen der einzelnen Gesellschafter ergänzt. Zum gesellschafterbezogen zu ermittelnden Sonderbilanzergebnis i.S.v. § 15 Abs. 1 Satz 1 Nr. 2 EStG zählen:[66]

a) die Aufwendungen und Erträge der aktiven und passiven Wirtschaftsgüter des Sonderbetriebsvermögens (bspw. Miete für ein im rechtlichen Eigentum des Gesellschafters stehendes und an die Gesellschaft überlassenes Grundstück),
b) die Sondervergütungen, die ein Gesellschafter von der Gesellschaft erhält (bspw. Tätigkeitsvergütungen),
c) die sonstigen Sonderbetriebseinnahmen und -ausgaben,
d) der Gewinn aus der Veräußerung des Mitunternehmeranteils i.S.v. § 16 Abs. 1 Nr. 2 EStG.

Die Steuerbilanz der Gesamthand[67], die eventuellen Ergänzungsbilanzen sowie die Sonderbilanzen der einzelnen Gesellschafter sind im Rahmen der additiven Gewinnermittlung zusammenzufassen[68] und werden als additive Gesamtbilanz bezeichnet, welche die Grundlage für den einheitlich und gesondert festzustellenden Anteil der einzelnen Mitunternehmer am Gesamtgewinn der Mitunternehmerschaft bildet.[69]

2.1.4 Einkommensteuerliche Behandlung der Veräußerung von Anteilen an Personengesellschaften

2.1.4.1 Zivilrechtliche Formen des Gesellschafterwechsels

Ein Gesellschafterwechsel kann sich bei einer Personengesellschaft auf verschiedene Weise vollziehen. Lässt man die unentgeltliche Übertragung unbeachtet und beschränkt die Ausführungen zudem auf die Übertragung unter Lebenden, so kommen neben der Veräußerung an einen Dritten oder an ei-

---

66 Vgl. Wacker, in: Schmidt, EStG, § 15 Rn. 401.

67 Im Folgenden auch als (steuerliche) Gesamthandsbilanz oder Gesellschaftsbilanz bezeichnet.

68 Vgl. Reiß, in: Kirchhoff/Söhn/Mellinghoff, EStG, § 15 Rn. E 62 ff.

69 Vgl. Gschwendtner, DStR 1995, Seite 915 sowie Wacker, in: Schmidt, EStG, § 15 Rn. 403.

nen bisherigen Gesellschafter (Anteilserwerb) auch das Ausscheiden eines bestehenden oder der Eintritt eines neuen Gesellschafters in Betracht.

Beim Ausscheiden wächst der Geschäftsanteil des ausscheidenden Gesellschafters den verbleibenden Gesellschaftern zu.[70] Die verbleibenden Gesellschafter schaffen somit (anteilig) einen neuen Geschäftsanteil an. Wenn der ausscheidende Gesellschafter eine Barabfindung erhält, wird ein Ausscheiden – mit Ausnahme der technischen Abwicklung – steuerlich wie eine Veräußerung behandelt. Für den Eintritt eines neuen Gesellschafters[71] gilt umgekehrt nichts anderes, weil der Anteil dem neuen Gesellschafter zu- und den bisherigen Gesellschaftern abwächst.[72]

Da die handels- und steuerbilanzielle Behandlung beim Ausscheiden[73] und Eintreten[74] eines Gesellschafters zu Besonderheiten führt, die für das weitere Verständnis der Untersuchung hinderlich sind, unterstellt die folgende Betrachtung eine entgeltliche Veräußerung.

2.1.4.2 Steuerliche Konsequenzen für den Erwerber

Zivilrechtlich wird beim Wechsel des Gesellschaftsanteils einer Personengesellschaft ein der selbständigen Verfügung fähiges Recht vom veräußernden

---

70 § 738 Abs. 1 S.1 BGB, für die OHG i.V.m. § 105 Abs. 3 HGB und für die KG i.V.m. § 105 Abs. 3, § 61 Abs. 2 HGB. Vgl. auch Schäfer/Ulmer, in: Säcker/Rixecker, BGB, § 738, Rn. 6 ff. sowie im Zusammenhang mit Steuerwirkungen: Brönner, Die Besteuerung der Gesellschaften, S. 471 f.

71 Schrifttum und Rechtsprechung verwenden die Begriffe Eintritt, Aufnahme oder Beitritt synonym.

72 Vgl. beispielhaft für den Eintritt in die OHG: Piehler/Schulte, in: Gummert/Weipert, MHdGesR Bd. 1, § 72 Rn. 1 ff.

73 Beim Ausscheiden eines Gesellschafters und gleichzeitiger Anwachsung bei den verbleibenden Gesellschaftern ist in der Regel in Höhe des Abfindungsteilbetrages, der dem abgefundenen Buchwert des Eigenkapitals entspricht, das Eigenkapital herabzusetzen und gegen eine Verbindlichkeit zu buchen. Der Abfindungsteilbetrag, der oberhalb des Buchwerts des Eigenkapitals liegt, ist aufzustocken. Im Gegensatz zur Veräußerung erfolgt die Aufstockung nicht durch Bildung einer steuerlichen Ergänzungsbilanz (vgl. Abschnitt 2.1.4.2), sondern unmittelbar in der steuerlichen Gesamthandsbilanz der verbleibenden Gesellschafter und bildet dort zusätzliches Abschreibungspotential.

74 Die handelsrechtliche Bilanzierung richtet sich nach den ggf. durch den Aufnahmevertrag modifizierten Regelungen im Gesellschaftsvertrag. In welchen Fällen für steuerliche Zwecke eine positive oder negative Ergänzungsbilanz bei Neu- und Altgesellschaftern zu bilden ist, ist abhängig von der Bilanzierung in der steuerlichen Gesamthandsbilanz und der Ausübung von steuerlichen Wahlrechten. Hierzu sei verwiesen auf: BMF, Erlass vom 11. November 2011, IV C 2 – S 1978-b/08/10001, Rn. 24.01 ff., BStBl I 2011, S. 1314.

an den erwerbenden Gesellschafter übertragen.[75] Im Unterschied hierzu wird steuerlich beim entgeltlichen Gesellschafterwechsel unterstellt, dass der erwerbende Gesellschafter die einzelnen Wirtschaftsgüter quotal anschafft.[76]

Beim entgeltlichen Gesellschafterwechsel übernimmt der in die Gesellschaft eintretende Gesellschafter das Kapitalkonto des ausscheidenden Gesellschafters in der steuerlichen Gesamthandsbilanz und entrichtet hierfür einen Kaufpreis. Das Kapitalkonto des ausscheidenden Gesellschafters spiegelt seinen quotalen Wertanteil an den einzelnen Wirtschaftsgütern der Gesamthand zu Buchwerten wider.

Wenn der frei vereinbarte Kaufpreis aber nach anderen Faktoren bemessen wird als nach Buchwerten, was mit Ausnahme der Buchwertabfindung die Regel ist, wird dieser der Höhe nach regelmäßig vom Kapitalkonto abweichen. Da aber der steuerlichen Fiktion nach anteilige Wirtschaftsgüter erworben werden, müssen diese in Konsequenz mit den Anschaffungskosten des Erwerbers bewertet werden.

Liegt der Kaufpreis für den Geschäftsanteil höher als der Wert des eingeräumten Kapitalkontos, so werden die Anschaffungskosten in der steuerlichen Gesamthandsbilanz nur teilweise abgebildet. Zur Berücksichtigung der Differenz ist eine (positive) steuerliche Ergänzungsbilanz aufzustellen, in welcher der Mehrbetrag auf die einzelnen Wirtschaftsgüter verteilt wird.[77] Diese werden im Verhältnis der ihnen zuzurechnenden stillen Reserven aufgestockt, bis der Mehrbetrag vollständig verteilt ist. Soweit eine vollständige

---

75 Vgl. beispielhaft für die Übertragung von Geschäftsanteilen an einer OHG: Piehler/Schulte, in: Gummert/Weipert, MHdGesR Bd. 1, § 73 Rn. 1 ff. Die Frage, ob ein Gesellschafterwechsel bei einer Personengesellschaft durch Veräußerung und Übertragung des Geschäftsanteils stattfinden kann, war lange umstritten, weil es an einer gesetzlichen Regelung mangelte, wird aber mittlerweile bejaht. Die Übertragbarkeit der Mitgliedschaft setzt jedoch die Zustimmung der übrigen Gesellschafter durch gesellschaftsvertragliche Regelung oder durch Beschluss voraus. Die Übertragung erfolgt entsprechend § 413 BGB identisch der Übertragung von Forderungen.

76 Vgl. Koss/Wohlgemuth, in: Pelka/Niemann, Jahres- und Konzernabschluss, Band A, Rn. 313 K sowie BFH, Urteil vom 8. September 2005, IV R 52/03, BStBl II 2006, S. 128.

77 Bei dem Sonderfall, dass der Kaufpreis die Summe der Teilwerte der materiellen und immateriellen Wirtschaftsgüter und des Geschäfts- oder Firmenwertes übersteigt, kann es sich um eine Fehlmaßnahme handeln und sofort abzugsfähiger Aufwand vorliegen. Vgl. hierzu Adolf, in: Brück/Sinewe, Unternehmenskauf, S. 160.

Verteilung nicht möglich ist, weil die Teilwerte der einzelnen Wirtschaftsgüter erreicht sind, wird in Höhe der verbleibenden Differenz ein Geschäfts- oder Firmenwert angesetzt.[78]

Individuell zu entscheiden ist, in welcher Reihenfolge die stillen Reserven der angeschafften Wirtschaftsgüter aufgedeckt werden. Hierbei sind verschiedene von der Literatur entwickelte Varianten anwendbar. Entweder werden zunächst bei den bereits bilanzierten und erst dann bei den bisher nicht bilanzierten Wirtschaftsgütern die stillen Reserven aufgestockt (einfache Stufentheorie)[79] oder die Aufstockung erfolgt parallel, also durch gleichzeitige Aufdeckung bei den bilanzierten und den nicht bilanzierten Wirtschaftsgütern (modifizierte Stufentheorie), wobei bei beiden Varianten ein Geschäfts- oder Firmenwert nur dann gebildet wird, soweit eine weitere Aufstockung der einzelnen Wirtschaftsgüter nicht möglich ist. Daneben wird als dritte Variante die Gleichverteilungstheorie vorgestellt, bei der der Geschäfts- oder Firmenwert parallel zu den Wirtschaftsgütern aufgestockt wird.[80]

Liegt der Kaufpreis unterhalb des eingeräumten Kapitalkontos, so entsteht eine negative Ergänzungsbilanz, die dadurch gekennzeichnet ist, dass die einzelnen Wirtschaftsgüter nach objektiven Maßstäben abgestockt werden.[81] Der Ansatz eines negativen Geschäfts- oder Firmenwertes ist nicht zulässig, vielmehr ist ein erfolgsneutraler Ausgleichsposten zu bilden, der gegen spätere Verlustanteile oder bei Beendigung der Mitgliedschaft aufzulösen ist.[82]

2.1.4.3 Steuerliche Konsequenzen für den Veräußerer

Korrespondierend zur Behandlung des eintretenden Gesellschafters veräußert der ausscheidende Gesellschafter zwar zivilrechtlich einen Geschäftsan-

---

78 Vgl. Kozikowski/Staudacher, in: Ellrott/Förschle/Kozikowski/Winkeljohann, BBK, § 247 Rn. 749.

79 Gelegentlich in der Literatur auch als Dreistufentheorie bezeichnet.

80 Vgl. zu den Aufstockungsmethoden ausführlich: Brönner, Die Besteuerung der Gesellschaften, S. 497 oder Adolf, in: Brück/Sinewe, Unternehmenskauf, S. 159 ff.

81 Vgl. Koss/Wohlgemuth, in: Pelka/Niemann, Jahres- und Konzernabschluss, Band A, Rn. 313 K m.w.N.

82 Vgl. Wacker, in: Schmidt: EStG, § 15 Rn. 463.

teil, steuerlich wird hingegen unterstellt, dass ein Anteil an den einzelnen Wirtschaftsgütern der Gesamthand sowie ggf. zusätzlich das Eigentum an einzelnen Wirtschaftsgütern seines Sonderbetriebsvermögens veräußert wird.[83]

Abhängig von der Höhe der erhaltenen Gegenleistung erzielt der veräußernde Gesellschafter einen Veräußerungsgewinn, welcher vom Gesetzgeber als der Betrag definiert ist, um den der Veräußerungspreis nach Abzug der Veräußerungskosten den Wert des Anteils am Betriebsvermögen im Zeitpunkt der Veräußerung übersteigt (§ 16 Abs. 2 Satz 1 EStG). Der Wert des Anteils am Betriebsvermögens ist nach den allgemeinen Vorschriften über die Gewinnermittlung festzustellen, also nach den gem. § 4 Abs. 1 bzw. nach § 5 EStG anzusetzenden steuerlichen Buchwerten. Bestehen keine Sonder- oder Ergänzungsbilanzen auf Ebene des veräußernden Gesellschafters, so entspricht dieser Wert dem Wert des steuerlichen Kapitalkontos des Veräußerers in der Gesamthandsbilanz. Soweit die Wertansätze in der steuerlichen Gesamthandsbilanz durch eine (noch vorhandene) Ergänzungsbilanz des Veräußerers korrigiert wurden, ist auch diese in die Berechnung einzubeziehen. Entsprechend ist zu verfahren für den Fall, dass daneben Sonderbetriebsvermögen Gegenstand der Veräußerung ist.[84]

Vereinfachend ausgedrückt handelt es sich beim steuerlich relevanten Veräußerungsgewinn um die Differenz aus Veräußerungspreis und steuerlichem Eigenkapital des Gesellschafters in der Gesamtbilanz (ermittelt im Rahmen der additiven Gewinnermittlung) abzüglich etwaiger Veräußerungskosten. Der Veräußerungsgewinn ist nach wirtschaftlichen Kriterien auf den Zeitpunkt der Veräußerung zu ermitteln (§ 16 Abs. 2 Satz 1 EStG) und zählt zu den Einkünften aus Gewerbebetrieb (§ 16 Abs. 1 Satz 1 Nr. 2 EStG). Er unterliegt

---

[83] Vgl. Wacker, in: Schmidt, EStG, § 16 Rn. 451 f.

[84] Ist Sonderbetriebsvermögen vorhanden und wird dieses zurückbehalten, so ist zu prüfen, ob eine automatische Überführung ins Privatvermögen vorliegt, da hierbei ein sog. Aufgabegewinn entstehen kann, welcher zusammen mit dem Veräußerungsgewinn als einheitlicher Vorgang zu besteuern wäre. Vgl. BFH, Urteil vom 24. August 1989, IV R 67/86, DB 1989, S. 88.

somit bei natürlichen Personen ebenso wie der laufende Gewinn der Einkommensteuer (§ 2 Abs. 1 Satz 1 Nr. 2 EStG).

An dieser Stelle wird nochmals deutlich, aus welchem Grund die Eingrenzung der Personengesellschaften auf Mitunternehmerschaften erforderlich ist. Im Gegensatz zu den Mitunternehmerschaften ist bei vermögensverwaltenden Personengesellschaften ein Veräußerungsgewinn nicht grundsätzlich steuerpflichtig, da hier keine Einkünfte aus Gewerbebetrieb erzielt werden. Vielmehr ist die Steuerpflicht abhängig von der Einkunftsart. Verwaltet die Personengesellschaft bspw. ausschließlich Immobilienbesitz, so ist der Gewinn aus der Veräußerung des Gesellschaftsanteils dann nicht steuerpflichtig, wenn die Anteile an der Gesellschaft im Privatvermögen gehalten wurden und sich der Immobilienbesitz zehn Jahre oder mehr im Eigentum der vermögensverwaltenden Personengesellschaft befand (§ 23 Abs. 1 S.1 Nr. 1 EStG).

Ein Veräußerungsgewinn i.S.d. § 16 Abs. 1 EStG wird steuerlich begünstigt, wenn der Steuerpflichtige das 55. Lebensjahr vollendet oder im sozialversicherungsrechtlichen Sinne dauernd berufsunfähig ist. Zum einen wird dem Veräußerer ein Freibetrag i.H.v. 45.000 € gewährt, welcher aber bei höheren Veräußerungsgewinnen um den Betrag abschmilzt, um den der Veräußerungsgewinn den Betrag von 136.000 € übersteigt (§ 16 Abs. 4 Satz 1 EStG). Zum anderen wird für die Besteuerung des Veräußerungsgewinns ein ermäßigter Einkommensteuertarif angewendet. Dieser beträgt gemäß § 34 Abs. 3 S. 1 EStG 56 % des Steuersatzes, der sich ohne Tarifvergünstigung ergeben würde, mindestens jedoch 14 %. Allerdings können Freibetrag und Tarifvergünstigung von jedem Steuerpflichtigen nur einmal im Leben und nur für einen Veräußerungsgewinn beansprucht werden (§ 16 Abs. 4 S. 2 bzw. § 34 Abs. 3 S. 4, 5 EStG).

Unabhängig vom Erfordernis des Lebensalters oder einer Berufsunfähigkeit ist es jedoch immer und beliebig oft möglich, einen Veräußerungsgewinn (i.S.d. § 16 EStG) als außerordentliche Einkünfte zu behandeln und nach der sogenannten Fünftelregelung i.S.v. § 34 Abs. 1 EStG tarifbegünstigt zu versteuern. Diese Regelung zielt darauf ab, die entstehende Steuerprogression abzumildern, indem nur ein Fünftel der außerordentlichen Einkünfte in die Progression einbezogen und die auf dieses Fünftel entstehende Steuer anschließend mit dem Faktor fünf multipliziert wird.[85] Die Entlastungswirkung der Fünftelregelung wirkt sich somit nicht mehr aus, sobald der Spitzensteuersatz[86] erreicht ist oder bereits durch anderweitiges Einkommen erreicht war. Die i.d.R. vorteilhaftere Besteuerung nach § 34 Abs. 3 S. 1 EStG (Tarifermäßigung) schließt die gleichzeitige Anwendung der Fünftelregelung aus.

Wird der Mitunternehmeranteil nur teilweise veräußert, führt dies nicht zu einem Veräußerungsgewinn i.S.d. § 16 Abs. 1 EStG, sondern es handelt sich um laufende Einkünfte aus Gewerbebetrieb (§ 16 Abs. 1 Satz 1 Nr. 2 EStG).[87]

2.1.5 Einkommensteuerliche Behandlung laufender Ergebnisse

2.1.5.1 Besteuerung ausgeschütteter und thesaurierter Ergebnisse

Der Einkommensteuer unterliegt – wie bereits in Abschnitt 2.1.1 und 2.1.3 dargestellt – der einzelne Gesellschafter und nicht die Personengesellschaft. Dieses als Transparenzprinzip bezeichnete Merkmal unterscheidet die Personengesellschaft grundlegend von der Kapitalgesellschaft, für die sowohl in gesellschaftsrechtlicher als auch in steuerrechtlicher Hinsicht das Trennungsprinzip gilt.[88] Demnach ist die Kapitalgesellschaft als juristische Person selbst Steuersubjekt und unterliegt mit ihrem erzielten Einkommen der Körperschaftsteuer (als Substitut zur Einkommensteuer). Besonderes steuerliches Unterscheidungsmerkmal zwischen der Beteiligung an einer Personengesellschaft und der Beteiligung an einer Kapitalgesellschaft ist die zeitliche

---

85 Zur genauen Systematik der Berechnung aus Sicht der Finanzverwaltung und des BFH vgl. Eggesiecker/Ellerbeck, DStR 2007, S. 1281 ff.

86 Für 2012 ist gem. § 32a EStG für ein zu versteuerndes Einkommen ab 52.882 € ein Steuersatz von 42 % und ab 250.731 € ein Steuersatz von 45 % (sog. Reichensteuersatz) anzuwenden. Im Einzelnen sei auf Abschnitt 2.1.5.2 verwiesen.

87 Vgl. Wacker, in: Schmidt, EStG, § 16 Rn. 417.

88 Vgl. Lambrecht, in: Gosch, KStG, § 1 Rn. 20 ff.

Komponente der Besteuerung,[89] welche sich konsequenterweise aus den unterschiedlichen Besteuerungsprinzipien (Transparenz- und Trennungsprinzip) ergibt.

Das Einkommen der Kapitalgesellschaft ist von dieser zu versteuern und bis zum Zeitpunkt der Ausschüttung der Gesellschaftssphäre zuzuordnen. Somit entstehen erst – und nur dann – auf Ebene des Anteilseigners Einkünfte, wenn Gewinnanteile zur Ausschüttung gelangen.[90] Zur Vermeidung einer Doppel- oder Mehrfachbelastung sind die Steuersätze auf Ebene der Gesellschaft und des Gesellschafters aufeinander abgestimmt, so dass im Regelfall eine ungefähr gleich hohe Steuerbelastung bei Kapital- und Personengesellschaften auftritt.[91] Dies wird auch anhand eines Beispiels in Abschnitt 2.3 veranschaulicht.

Im Unterschied zur Kapitalgesellschaft ist den Gesellschaftern einer Personengesellschaft das Periodenergebnis steuerlich in dem Veranlagungszeitraum zuzurechnen, in dem es bei der Gesellschaft entstanden ist und grundsätzlich unabhängig von einer etwaigen Thesaurierung.[92] Diese Vorgehensweise ist folgerichtige Konsequenz des Transparenzprinzips, das eine unmittelbare Zurechnung der Einkünfte auf der Ebene der Gesellschafter erforderlich macht. Entspricht das Wirtschaftsjahr der Personengesellschaft dem Kalenderjahr, so ist das bei der Gesellschaft entstandene Periodenergebnis im selbigen Veranlagungszeitraum bei den Gesellschaftern zu versteuern. Anderenfalls fällt das Ergebnis beim Gesellschafter i.d.R. in den Veranlagungszeitraum, in dem das Wirtschaftsjahr der Personengesellschaft endet.

2.1.5.2 Einkommensermittlung und Steuertarif

Der im Rahmen der additiven Gewinnermittlung einheitlich und gesondert festzustellende Anteil des Mitunternehmers am Gesamtgewinn oder -verlust

---

[89] Vgl. Hallerbach, Die Personengesellschaft im Einkommensteuerrecht, S. 143.

[90] Vgl. Rödding, in: Lüdicke/Sistermann, Unternehmensteuerrecht, § 3 Rn. 24.

[91] Vgl. Rödding, in: Lüdicke/Sistermann, Unternehmensteuerrecht, § 3 Rn. 25.

[92] Zu den Besonderheiten der Thesaurierungsbegünstigung nach § 34a EStG vgl. Abschnitt 2.1.5.7.

der Mitunternehmerschaft stellt Einkünfte aus Gewerbebetrieb (§ 2 Abs. 1 Satz 1 Nr. 2 i.V.m. § 15 Abs. 1 EStG) dar, welche – wie aus der folgenden Abbildung 4 ersichtlich – in voller Höhe die Summe und den Gesamtbetrag der Einkünfte (§ 2 Abs. 1, 3 EStG), das Einkommen (§ 2 Abs. 4 EStG) und das zu versteuernde Einkommen (§ 2 Abs. 5 EStG) beeinflussen.

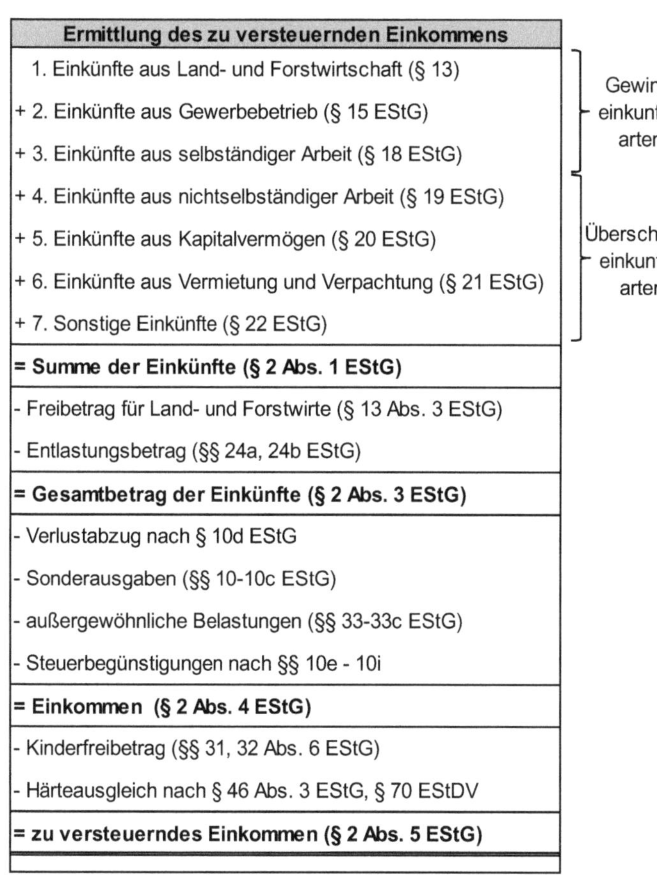

Ermittlung des zu versteuernden Einkommens
1. Einkünfte aus Land- und Forstwirtschaft (§ 13)
+ 2. Einkünfte aus Gewerbebetrieb (§ 15 EStG)
+ 3. Einkünfte aus selbständiger Arbeit (§ 18 EStG)
+ 4. Einkünfte aus nichtselbständiger Arbeit (§ 19 EStG)
+ 5. Einkünfte aus Kapitalvermögen (§ 20 EStG)
+ 6. Einkünfte aus Vermietung und Verpachtung (§ 21 EStG)
+ 7. Sonstige Einkünfte (§ 22 EStG)
= Summe der Einkünfte (§ 2 Abs. 1 EStG)
- Freibetrag für Land- und Forstwirte (§ 13 Abs. 3 EStG)
- Entlastungsbetrag (§§ 24a, 24b EStG)
= Gesamtbetrag der Einkünfte (§ 2 Abs. 3 EStG)
- Verlustabzug nach § 10d EStG
- Sonderausgaben (§§ 10-10c EStG)
- außergewöhnliche Belastungen (§§ 33-33c EStG)
- Steuerbegünstigungen nach §§ 10e - 10i
= Einkommen (§ 2 Abs. 4 EStG)
- Kinderfreibetrag (§§ 31, 32 Abs. 6 EStG)
- Härteausgleich nach § 46 Abs. 3 EStG, § 70 EStDV
= zu versteuerndes Einkommen (§ 2 Abs. 5 EStG)

Abbildung 4: **Ermittlung des zu versteuernden Einkommens**

Somit verrechnet der Mitunternehmer einer Personengesellschaft negative Einkünfte aus einem Gewerbebetrieb entweder (auf der Ebene der Einkunftsart) mit positiven Einkünften aus anderen Gewerbebetrieben oder (auf der Ebene der Summe der Einkünfte) mit positiven Einkünften aus anderen Einkunftsarten und mindert so sein zu versteuerndes Einkommen.[93] Sofern eine Verrechnung nicht in dem Jahr möglich ist, in dem die negativen Einkünfte entstanden sind, besteht nach § 10d EStG ein Wahlrecht, nicht ausgeglichenen negativen Einkünfte ins Vorjahr rückzutragen. Soweit dieses Wahlrecht nicht in Anspruch genommen wird, werden nicht ausgeglichene negative Einkünfte in die unbegrenzte Zukunft vorgetragen, so dass sich – unter der Annahme künftiger positiver Einkünfte – die negativen Einkünfte in späteren Veranlagungszeiträumen in jedem Fall steuermindernd auswirken.

Vorgenannte Möglichkeiten der Verlustnutzung hat der Gesellschafter einer Kapitalgesellschaft im Rahmen der laufenden Ergebnisse der Gesellschaft nicht. Laufende Verluste bleiben bei der Kapitalgesellschaft durch die Sphärentrennung auf der Gesellschaftsebene eingeschlossen und sind dort nur mit späteren positiven Ergebnissen verrechenbar. Sind die laufenden Ergebnisse der Gesellschaft negativ, so liegt hierin (üblicherweise) ein steuerlicher Vorteil der Personengesellschaft gegenüber der Kapitalgesellschaft.[94]

Das nach der in Abbildung 4 dargestellten Systematik ermittelte zu versteuernde Einkommen dient als Bemessungsgrundlage für die Anwendung des Einkommensteuertarifs. Dieser ist nach der progressiven Staffel des § 32a EStG abhängig von der Höhe des zu versteuernden Einkommens. Der Teil des zu versteuernden Einkommens oberhalb des Grundfreibetrages von 8.004 € wird mit einem ansteigenden Grenzsteuersatz belastet, der bei 15 % beginnt und für zu versteuernde Einkommen ab 52.882 € bei 42 % endet. Für zu versteuernde Einkommen oberhalb von 250.731 € gilt die erstmalig für den Veranlagungszeitraum 2007 eingeführte, sogenannte Reichensteuer mit einem Grenzsteuersatz von 45 %.[95] Unter bestimmten Voraussetzungen wird

---

93 Verluste aus bestimmten gewerblichen Einkünften sind nur mit identischen Gewinnen verrechnungsfähig. Dies betrifft Verluste aus gewerblicher Tierzucht oder gewerblicher Tierhaltung, Verluste aus betrieblichen Termingeschäften und Verluste aus stillen Gesellschaften, Unterbeteiligungen und sonstigen Innengesellschaften an Kapitalgesellschaften, bei denen der Gesellschafter/Beteiligte eine Kapitalgesellschaft ist und als Mitunternehmer anzusehen ist (§ 15 Abs. 4 EStG).

94 Vgl. Rödding, in: Lüdicke/Sistermann, Unternehmensteuerrecht, § 3 Rn. 38.

95 Jeweils für das Veranlagungsjahr 2012.

der Steuertarif ermäßigt, bspw. wie in Abschnitt 2.1.4.3 dargestellt bei außerordentlichen Einkünften oder auf Antrag des Steuerpflichtigen bei Veräußerungsgewinnen i.S. des § 16 Abs. 1 i.V.m. Abs. 4 EStG.

Die nach Anwendung des Steuertarifs berechnete tarifliche Einkommensteuer ergibt jedoch nicht gleichzeitig die festzusetzende Einkommensteuer. Abweichungen können aus einer Vielzahl von Ermäßigungs- und Hinzurechnungstatbeständen resultieren.[96] Von diesen ist lediglich die Gewerbesteueranrechnung nach § 35 EStG, die eine Doppelbelastung der gewerblichen Einkünfte mit Einkommen- und Gewerbesteuer vermeiden soll und Gegenstand von Abschnitt 2.2.4 ist, für das weitere Verständnis notwendig.

2.1.5.3 Der Einfluss der Ergänzungsbilanz auf die Höhe der Einkünfte

Weicht der im Rahmen des entgeltlichen Erwerbs entrichtete Kaufpreis von dem Buchwert des eingeräumten Kapitalkontos in der steuerlichen Gesamthandsbilanz ab, so wird – wie in Abschnitt 2.1.4.2 dargelegt – der Differenzbetrag in einer steuerlichen Ergänzungsbilanz erfasst. Dies geschieht durch Verteilung des Differenzbetrages auf die einzelnen Wirtschaftsgüter im Wege der Aufstockung sowie durch Bildung eines Geschäfts- oder Firmenwert in Höhe des bei den einzelnen Wirtschaftsgütern nicht mehr aufstockungsfähigen Restbetrages.[97]

Da im steuerlichen Sinne anteilige Wirtschaftsgüter angeschafft werden, sind die in der steuerlichen Ergänzungsbilanz enthaltenen Wirtschaftsgüter bzw. Aufstockungsbeträge ebenso wie der Geschäfts- oder Firmenwert in den dem Erwerb folgenden Perioden abzuschreiben; dabei führen die Abschreibungen zu einem negativen Ergänzungsbilanzergebnis, welches wiederum den steuerlichen Gesamtgewinn des erwerbenden Mitunternehmers mindert. In der Folge sinken der einheitlich und gesondert festzustellende Gewinnanteil i.S.d. § 15 Abs. 1 Nr. 2 Satz 2 EStG sowie die Einkünfte aus Gewerbebe-

[96] Zur genauen Systematik bei der Ermittlung der festzusetzenden Einkommensteuer und der Vielzahl der Ermäßigungstatbestände vgl. im Detail bspw. Maier, in: Beck'sches Steuer- und Bilanzrechtslexikon, Einkommen, Rn. 4 ff.

[97] Vgl. Abschnitt 2.1.4.2.

trieb, was letztlich zu einer Verringerung der tariflichen Einkommensteuer führt.

2.1.5.4 Abschreibungsmethode und Nutzungsdauer in der Ergänzungsbilanz

Fraglich ist, ob für die in der Ergänzungsbilanz erfassten Wirtschaftsgüter bzw. gebildeten Aufstockungsbeträge neue Abschreibungsreihen gebildet werden müssen. Nach mittlerweile h.M. sind die in der Ergänzungsbilanz ausgewiesenen Wirtschaftsgüter hinsichtlich AfA-Methode und Restnutzungsdauer grundsätzlich korrespondierend zur steuerlichen Gesamthandsbilanz abzuschreiben,[98] was tendenziell kürzere Abschreibungszeiträume und somit eine frühere Nutzung des durch die Ergänzungsbilanz entstehenden Abschreibungsvolumens ermöglicht.

Hinsichtlich der Bestimmung der erforderlichen steuerlichen Restnutzungsdauern sowie der Abschreibungsmethoden können vier Kategorien von Wirtschaftsgütern unterschieden werden.

Die erste Kategorie bilden die bereits in der steuerlichen Gesamthandsbilanz der Personengesellschaft bilanzierten Wirtschaftsgüter. Zur Abschreibung dieser Wirtschaftsgüter hat zuletzt das Niedersächsische Finanzgericht die Auffassung vertreten, dass in Ergänzungsbilanzen die Aktiva in gleicher Weise abzuschreiben seien wie in der steuerlichen Gesamthandsbilanz der Gesellschaft.[99]

Zur zweiten Kategorie gehören solche Wirtschaftsgüter, die ebenso in der Gesamthandsbilanz enthalten, jedoch dort bis auf einen Erinnerungswert bereits vollständig abgeschrieben sind, und bei denen somit quasi-ausschließlich stille Reserven erworben werden.[100] In diesem Fall liegt sofort

---

[98] Vgl. Stuhrmann, in: Blümich EStG/KStG/GewStG, § 15 EStG Rn. 556a m.w.N. Hierzu kritisch u.a.: Wacker, in: Schmidt EStG, § 15 Rn. 464 ff. Zur höchstrichterlichen Auffassung vgl. BFH, Urteil vom 10. März 2005, II R 69/03, BFH/NV 2005, Seite 1499.

[99] Vgl. Niedersächsisches Finanzgericht, Urteil vom 20. Oktober 2009, 8 K 323/05, EFG 2010, S. 558 (Revision anhängig, BFH, IV R 1/11).

[100] Als Untergruppe sind der zweiten Kategorie insbesondere die in der Steuerbilanz der Gesamthand sofort abgeschriebenen geringwertigen Wirtschaftsgüter zuzuordnen. Nach

abziehbarer Aufwand vor, weil die Aufwendungen des Erwerbers nur die anteiligen stillen Reserven des betreffenden Wirtschaftsguts widerspiegeln und keine nachträglichen Anschaffungs- oder Herstellungskosten vorliegen.[101]

Die dritte Kategorie bilden die nicht in der Gesamthandsbilanz erfassten Wirtschaftsgüter, insbesondere selbst geschaffene immaterielle Vermögensgegenstände des Anlagevermögens. Hier sind zwangsläufig neben dem Teilwert auch die Abschreibungsmethode und die Nutzungsdauer neu festzulegen.

Die vierte Gruppe betrifft den als Residuum neu entstehenden Geschäfts- oder Firmenwert, der entsprechend der gesetzlichen Regelung in § 7 Abs. 1 Satz 3 EStG in der Ergänzungsbilanz über einen Zeitraum von 15 Jahren abzuschreiben ist. Hiervon streng zu unterscheiden ist ein nicht neu entstehender, sondern bereits vorhandener Geschäfts- oder Firmenwert, der in der Vergangenheit vom Veräußerer gebildet wurde. Ist also beim Veräußerer noch eine Ergänzungsbilanz vorhanden, in der zum Veräußerungszeitpunkt ein nicht vollständig abgeschriebener Geschäfts- oder Firmenwert enthalten ist, so wird dieser als selbständiges Wirtschaftsgut an den Erwerber veräußert. Ein bereits aus Sicht des Veräußerers bilanzierter, derivativer Geschäfts- oder Firmenwert ist m.E. aus den im Folgenden genannten Gründen vom Erwerber über die verbleibende Restnutzungsdauer des Veräußerers abzuschreiben. Somit kann es vorkommen, dass in der Ergänzungsbilanz des Erwerbers zwei Geschäfts- oder Firmenwerte mit unterschiedlichen Nutzungsdauern zu aktivieren sind. Dem Grundsatz, dass der Mitunternehmer nicht anders behandelt werden darf als der Einzelunternehmer[102] würde sonst nicht entsprochen, denn auch beim Einzelunternehmer käme es zum Ausweis beider Geschäfts- oder Firmenwerte als unterschiedliche Wirtschaftsgüter. Außerdem stellt die Ergänzungsbilanz lediglich ein Korrektiv zur Steuerbilanz der Gesamthand dar. Auch ein in der Steuerbilanz ausgewiese-

---

h.M. ist auch in der Ergänzungsbilanz die Sofortabschreibung möglich, vgl. Wacker, in: Schmidt, EStG, § 15 Rn. 468.

[101] Kolbe, StuB 2010, S. 398.

[102] Zur Gleichbehandlungsthese vgl. BFH, Urteil vom 28. April 1983, IV R 131/79, BStBl II 1983, S. 668.

ner, allen Gesellschaftern zuzuordnender derivativer Geschäfts- oder Firmenwert würde im Falle eines Gesellschafterwechsels hinsichtlich der Restnutzungsdauer unverändert abgeschrieben werden.

2.1.5.5 Der Einfluss der Ergänzungsbilanz auf die Einkunftsart

Die Ergänzungsbilanzabschreibungen beeinflussen nicht nur die Höhe der Einkünfte, sie können auch Einfluss auf die Stellung des Gesellschafters als Mitunternehmer haben. Wie in Abschnitt 2.1.2.2 erwähnt, ist das Mitunternehmerrisiko notwendige Voraussetzung für das Bestehen einer Mitunternehmerstellung, weshalb nicht nur auf Ebene der Gesellschaft, sondern auch auf Ebene des Gesellschafters die subjektive Absicht, Gewinn zu erzielen, vorliegen muss. Hierbei handelt es sich um eine steuerliche Anforderung, so dass auf den steuerlichen Gewinn abzustellen ist, der gesellschafterindividuell im Rahmen der additiven Gewinnermittlung ermittelt wird.

Da Ergänzungsbilanzabschreibungen Einfluss auf die Höhe des steuerlichen Gewinns haben, ist es m.E. nur folgerichtig, auch diese bei der Frage der Gewinnerzielungsabsicht einzubeziehen. Bereits Einflüsse aus etwaigem Sonderbetriebsvermögen, die auf der zweiten Stufe der additiven Gewinnermittlung berücksichtigt werden, schließen das Mitunternehmerrisiko aus, falls ein Gesellschafter durch diese dauerhaft keinen positiven Gesamtgewinn erzielen kann.[103] Ergänzungsbilanzen stellen ein Korrektiv zu den Wertansätzen der steuerlichen Gesamthandsbilanz dar und sind aus diesem Grund auch Bestandteil der ersten Stufe der additiven Gewinnermittlung; erst recht sind sie daher für die Frage der subjektiven Gewinnerzielungsabsicht und für die Qualifikation der Einkünfte des Gesellschafters relevant.

2.1.5.6 Begrenzung der Verlustverrechnung bei beschränkter Haftung

Wie in Abschnitt 2.1.5.2 beschrieben, ist der Gesellschafter der Personengesellschaft gegenüber dem Gesellschafter der Kapitalgesellschaft hinsichtlich

[103] Vgl. Groh, DB 1984, S. 2427.

der Möglichkeit, Verluste aus dem laufenden Betrieb der Gesellschaft zur Verrechnung mit positiven Einkünften aus der gleichen oder aus anderen Einkunftsarten zu nutzen, im Vorteil. Diese Möglichkeit hat der Gesetzgeber jedoch durch § 15a EStG für den beschränkt haftenden Gesellschafter, also insbesondere für den Kommanditisten, auf den Betrag beschränkt, mit dem dieser auch wirtschaftlich belastet ist.[104] Wenn und soweit das Kapitalkonto des Kommanditisten oder eines ihm hinsichtlich der Gesellschafterrechte vergleichbaren Gesellschafters negativ wird, werden Verluste nur mit künftigen Gewinnen aus der identischen Beteiligung verrechnet.[105] Dennoch sind die Verluste korrespondierend der handelsrechtlichen Vorgehensweise[106] auch steuerlich weiterhin dem beschränkt haftenden Gesellschafter zuzurechnen und seinem Kapitalkonto zu belasten.[107]

Eine Verlustverrechnung ist nach der gesetzlichen Regelung allerdings nur dann zulässig, wenn und soweit im Zeitpunkt der Entstehung des Verlustes dieser gemeinsam mit den bisher entstandenen Verlusten das Kapitalkonto des Gesellschafters nicht aufgezehrt hat. Darüber hinaus können Verluste beim Kommanditisten nur dann verrechnet werden, wenn und soweit eine sogenannte erweiterte Außenhaftung besteht.

Eine erweiterte Außenhaftung[108] liegt vor, wenn die Haftsumme des Kommanditisten seine geleistete Einlage übersteigt und somit eine weitere Inanspruchnahme droht, der er sich nicht entziehen kann. Dies setzt voraus, dass der Kommanditist im Handelsregister eingetragen ist, das Bestehen der Haftung nachgewiesen wird und eine aufgrund der Haftung eintretende Vermögensminderung nicht durch Vertrag ausgeschlossen oder nach Art und Weise des Geschäftsbetriebs unwahrscheinlich ist (§ 15a Abs. 1 Satz 3 EStG).

---

[104] Vgl. Heuermann, in: Blümich, EStG/KStG/GewStG, EStG § 15a Rn.1. Selbiges gilt, wenn sich der negative Saldo des Kapitalkontos erhöht.

[105] Vgl. BFH, Urteil vom 9. Mai 1996, BStBl II 1996, S. 474.

[106] Zur handelsrechtlichen Vorgehensweise vgl. detailliert: Neubauer/Herchen, in: Gummert/Weipert, MHdGesR Bd. 1, § 30.

[107] Vgl. Heuermann, in Blümich, EStG/KStG/GewStG,§ 15a EStG Rn. 2.

[108] In Schrifttum und Rechtsprechung auch als „überschießende Außenhaftung“ bezeichnet.

Das aus der Fortschreibung von Ergänzungsbilanzen resultierende Ergebnis wirkt sich unmittelbar auf den im Rahmen der additiven Gewinnermittlung ermittelten Gewinn der ersten Stufen aus und beeinflusst folglich auch das Kapitalkonto des Mitunternehmers i.S.d. § 15a EStG.[109]

Sonderbetriebsergebnisse hingegen sind zwar Einkünfte aus Gewerbebetrieb, berühren jedoch den Gewinn aus dem Gesellschaftsvermögen nicht und stehen somit auch nicht einer möglichen Haftung gegenüber, auf welches § 15a EStG abzielt. Daher wirken sich Sonderbetriebsergebnisse nicht auf das Kapitalkonto und auf die Verlustverrechnung i.S.v. § 15a EStG aus.[110]

2.1.5.7 Thesaurierungsbegünstigung nach § 34a EStG

Bis zur Schaffung der sogenannten Thesaurierungsbegünstigung nach § 34a EStG durch die Unternehmensteuerreform 2008 waren die Personengesellschaften den Kapitalgesellschaften gegenüber benachteiligt, weil die thesaurierten Gewinne unterschiedlich hohen Steuersätzen unterlagen.

Während Kapitalgesellschaften in den Veranlagungszeiträumen seit 2008 lediglich einer 15-prozentigen Körperschaftsteuer unterworfen werden, wird der Gewinn der Personengesellschaft – unabhängig von seiner Verwendung – mit dem individuellen Einkommensteuersatz der Gesellschafter versteuert, welcher ab einem zu versteuernden Einkommen von 52.552 € bei 42 %[111] liegt. Aufgrund des in der Gesellschaftssphäre entstehenden Steuerstundungseffektes waren daher die steuerlichen Rahmenbedingungen für die Innenfinanzierung der Kapitalgesellschaft tendenziell vorteilhafter.[112]

---

[109] Vgl. Wacker, in: Schmidt, EStG, § 15 Rn. 469 unter Ableitung aus BFH, Urteil vom 28. September 1995, IV R 57/94, BStBl II 1996, S. 68 sowie Urteil vom 25. April 2006, VIII R 52/04, DStR 2006, S. 1408.

[110] Vgl. Heuermann, in: Blümich, EStG/KStG/GewStG, EStG § 15a Rn. 49 u. Rn. 75.

[111] Veranlagungsjahr 2012; zusätzlich zur Einkommen- und Körperschaftsteuer wird ein Solidaritätszuschlag in Höhe von 5,5 % bemessen auf die zu entrichtende Einkommen- bzw. Körperschaftsteuer erhoben (§§ 1, 4 SolzG).

[112] Vgl. Fabian/Farle, in: Gummert/Weipert, MHdGesR Bd. 1, § 77 Rn. 35.

Die vom Gesetzgeber beabsichtigte rechtsformunabhängige Annäherung der Steuerbelastung wurde in § 34a EStG technisch durch Einführung eines zweigeteilten Systems aus Tarifermäßigung und Nachversteuerung umgesetzt.[113]

Auf Antrag des Gesellschafters wird der thesaurierte Anteil am Gewinn gem. § 32a Abs. 1 Satz 1 EStG statt mit dem persönlichen Steuersatz mit einem einheitlichen Sondertarif von 28,25 % besteuert. Dieser Satz liegt zwar über dem aktuellen Körperschaftsteuersatz von 15 %. Berücksichtigt man aber, dass die Einkommensteuer – wie in Abschnitt 2.2.4 dargestellt – teilweise durch die Gewerbesteueranrechnung egalisiert wird, ergibt sich wiederum eine vergleichbare Steuerbelastung.[114] Bei späterer Entnahme unterliegt der entnommene Betrag einer Nachversteuerung zum Steuersatz von 25 % (§ 34a Abs. 4 Satz 2 EStG).

Die Vorteilhaftigkeit der Thesaurierungsbegünstigung ergibt sich nicht unmittelbar, sondern erst im Laufe der Zeit. Bei einer zur Thesaurierung zeitlich nahen Entnahme beträgt der effektive Steuersatz rd. 46 % und liegt damit (zunächst) sogar oberhalb des Spitzensteuersatzes.[115] Die Vorteilhaftigkeit der Thesaurierungsbegünstigung ist somit abhängig von dem Zeitraum, über den die dem Sondertarif unterliegenden Beträge thesauriert bleiben sowie von der Höhe des individuellen Einkommensteuersatzes und des Zinssatzes.[116] Aufgrund gesetzlicher Regelung kann die Thesaurierungsbegünstigung nicht für Veräußerungsgewinne im Sinne des § 16 Abs. 1 EStG in Anspruch genommen werden (§ 34a Abs.1 Satz 1 2. Halbsatz EStG).

---

113 Vgl. Grashoff, Steuerrecht, Rn. 221.

114 Vgl. Grashoff, Steuerrecht, Rn. 221 sowie ergänzend hierzu anhand eines beispielhaften Steuerbelastungsvergleichs Rn. 379.

115 Vgl. Grashoff, Steuerrecht, Rn. 226.

116 Zur Vorteilhaftigkeit unter statischer und dynamischer Berechnung vgl. Schanz/Kollruss/Zipfel, DStR 2008, S. 1706.

Da neben den genannten noch weitere gesetzliche Voraussetzungen[117] erfüllt werden müssen, gilt die Thesaurierungsbegünstigung als komplex und wird in der Literatur kritisiert.[118] Ob sich das Wahlrecht nach § 34a EStG in der Praxis durchsetzen wird, bleibt abzuwarten.[119]

2.2 Gewerbesteuer

2.2.1 Gewerbesteuerpflicht der Personengesellschaft und ihrer Gesellschafter

Im Gegensatz zur einkommensteuerlichen Behandlung[120] ist im System der Gewerbesteuer die Gesellschaft selbst Steuersubjekt (§ 5 Abs. 1 Satz 1 GewStG)[121] und schuldet als solche die Gewerbesteuer, soweit die Gesellschaft im Inland einen Gewerbebetrieb unterhält.

Anders als bei der Kapitalgesellschaft, welche kraft Rechtsform immer einen Gewerbebetrieb unterhält (§ 2 Abs. 2 Satz 1 GewStG), ist dies bei der Personengesellschaft nur dann der Fall, wenn sie sich gewerblich betätigt. Die Anforderungen an den Gewerbebetrieb sind deckungsgleich mit denen des EStG, auf welches das GewStG in § 2 Abs. 1 Satz 2 verweist.[122] Gewerblich geprägte Personengesellschaften stehen den originär gewerblich tätigen gleich.

Neben der explizit gesetzlichen genannten Anforderung, im Inland einen Gewerbebetrieb zu unterhalten (§ 15 Abs. 3 Nr. 1 EStG i.V.m. § 2 Abs. 1 GewStG), unterliegen Personengesellschaft – entsprechend der Beurteilung

---

117 Dies ist bspw. eine Mindestbeteiligung des den Sondertarif in Anspruch nehmenden Gesellschafters i.H.v. 10 % sowie das Erfordernis, dass die Gesellschaft ihren Gewinn nach § 4 Abs. 1 EStG ermittelt.

118 Anstatt vieler vgl. etwa: Breithecker, in: Breithecker/Förster/Förster/Klapdor, UntStRefG, § 34a Rn. 25 ff. mit Rechenbeispiel.

119 Fabian/Farle, in: Gummert/Weipert, MHdGesR Bd. 1, § 77 Rn. 35.

120 Vgl. zur Frage des Steuersubjektes der Einkommensteuer Abschnitt 2.1.1.

121 Etwas anderes gilt für die atypisch stille Gesellschaft als reine Innengesellschaft. Vgl. R.5.1 Abs. 2 GewStR sowie Pyszka/Brauer, in: Kessler/Kröner/Köhler, Konzernsteuerrecht, § 3 Rn. 524.

122 Zu den Anforderungen und zur Abgrenzung des Gewerbebetriebes sei verwiesen auf die Ausführungen in Abschnitt 2.1.2.1.

der Einkunftsart bei der Einkommensteuer – nur dann der Gewerbesteuerpflicht, wenn ihre Gesellschafter als Mitunternehmer zu qualifizieren sind.[123]

2.2.2 Gewerbesteuerliche Behandlung laufender Ergebnisse

2.2.2.1 Ermittlung des Gewerbeertrags und der Gewerbesteuer

Bemessungsgrundlage der Gewerbesteuer ist der Gewerbeertrag (§ 6 GewStG), soweit er den für Personengesellschaften geltenden Freibetrag i.H.v. 24.500 € (§ 11 Abs. 1 Satz 1 Nr. 1 GewStG) übersteigt. Ausgangspunkt der Ermittlung des Gewerbeertrags ist das im Rahmen der einkommensteuerlichen Gewinnermittlung zweistufig ermittelte Einkommen, zusammengefasst in der additiven Gesamtbilanz,[124] in der sich auch Ergänzungsbilanzeffekte niederschlagen und somit auch auf den Gewerbeertrag auswirken.

Das übernommene Einkommen wird für gewerbesteuerliche Zwecke um Hinzurechnungen und Kürzungen modifiziert (§ 7 S. 1 i.V.m. §§ 8, 9 GewStG), weil es sich bei der Gewerbesteuer um eine Objektsteuer handelt, die nicht die Leistungsfähigkeit des Gewerbetreibenden, sondern dessen Gewerbebetrieb der Besteuerung unterwirft.[125] Die Hinzurechnungen und Kürzungen dienen vorrangig dazu, Doppelerfassung zu vermeiden und eine finanzierungsunabhängige Leistungsfähigkeit des Gewebebetriebs zu betrachten, was jedoch nur teilweise gelingt.[126] Da sich die gewerbesteuerlichen Hinzurechnungs- und Kürzungstatbestände nicht auf den Untersuchungsgegenstand dieser Arbeit auswirken, wird auf nähere Ausführungen verzichtet.

Die zu zahlende Gewerbesteuer wird ermittelt, indem der Gewerbeertrag mit der Gewerbesteuermesszahl i.H.v. 3,5 % (§ 11 Abs. 2 GewStG) multipliziert wird und der so entstehende Gewerbesteuermessbetrag mit dem gemeindeindividuellen Hebesatz vervielfältigt wird. Somit ist der effektive Gewerbe-

---

123 Vgl. Brönner, Die Besteuerung der Gesellschaften, S. 307.
124 Im Einzelnen vgl. Abschnitt 2.1.3.
125 Vgl. zur Kritik am Objektsteuercharakter von Twickel, in: Blümich, EStG/KStG/GewStG, GewStG § 7 Rn. 20 ff. m.w.N.
126 Vgl. Lüdicke, in: Lüdicke/Sistermann, Unternehmensteuerrecht, § 1 Rn. 82 ff.

steuersatz abhängig von der Höhe des Hebesatzes und liegt bei üblichen Hebesätzen zwischen 350 % bis 500 %[127] in einer Bandbreite von 12,25 % bis 17,5 %.

2.2.2.2 Auswirkungen von Ergänzungsbilanzabschreibungen

Ergänzungsbilanzabschreibungen wirken sich – wie in Abschnitt 2.2.2.1 erläutert – gewerbeertragmindernd aus. Sie sind ein gesellschafterindividuelles Korrektiv zu den Wertansätzen in der steuerlichen Gesamthandsbilanz. Wäre der als Mitunternehmer an der Personengesellschaft beteiligte Gesellschafter Einzelunternehmer, so würde eine Minderung der Gewerbesteuerbelastung durch zusätzliches, aufstockungsbedingtes Abschreibungspotential ausschließlich ihm alleine zu Gute kommen. Bei der Beteiligung an der Personengesellschaft verhält es sich (nach der gesetzlichen Regelung) anders. Da diese selbst Steuersubjekt ist, mindern Ergänzungsbilanzabschreibungen grundsätzlich die Gewerbesteuerbelastung der Gesellschaft, was sich mittelbar zum Vorteil aller Gesellschafter auswirkt. Im Gegenzug kann es zum Nachteil der übrigen Gesellschafter werden, wenn negative Ergänzungsbilanzen vorhanden sind. Entsprechend wirken sich auch Effekte aus Sonderbilanzen auf die Gewerbesteuerbelastung der Gesellschaft aus.

In der Konsequenz kann dies im Einzelfall dazu führen, dass – bspw. bei der (gewerblichen) Vermietung eines Grundstücks durch einen Gesellschafter an die Gesellschaft – der Vermietende effektiv durch eine geringere Gewerbesteuer belastet würde, als wenn er an einen gesellschaftsfremden Dritten vermieten würde, da die übrigen Gesellschafter an der Gewerbesteuerbelastung beteiligt werden.

Um diese Folgen zu vermeiden, wird durch gesellschaftsvertragliche Regelungen eine verursachungsgerechte Aufteilung ergänzungs- und sonderbi-

[127] Zur Streuung der Gewerbesteuerhebesätze vgl. Statistisches Bundesamt Deutschland, Realsteuervergleich 2011, S. 43 ff.

lanzbedingter Gewerbesteuereffekte herbeigeführt.[128] Durch solche in der Praxis üblichen[129] gesellschaftsvertraglichen Auffangklauseln wird auch erreicht, dass Ergänzungsbilanzabschreibungen nicht nur einkommensteuerlich (wie in Abschnitt 2.1.5.3 beschrieben), sondern auch in voller Höhe gewerbesteuerlich[130] durch den die Ergänzungsbilanz bildenden Gesellschafter genutzt werden können.

Fraglich ist, ob sich aus der verursachungsgerechten Aufteilung der Gewerbesteuer im Rahmen der Gewinnverteilung und der daraus folgenden Kostentragung durch einzelne Gesellschafter Konsequenzen auf die Unternehmerfiktion des § 5 Abs.1 Satz 2 GewStG ergeben, weil Steuerschuldner so mittelbar einzelne Gesellschafter werden. Dies wird bisher jedoch verneint.[131]

Ist gesellschaftsvertraglich hingegen keine verursachungsgerechte Aufteilung der Gewerbesteuer geregelt, so partizipiert jeder als Mitunternehmer an der Gesellschaft Beteiligte in Höhe seiner Beteiligungsquote an den ergänzungsbilanzbedingten Gewerbesteuereffekten. Der positive Effekt für den Erwerber reduziert sich daher gegenüber dem Einzelunternehmer oder dem durch gesellschaftsrechtliche Auffangklauseln geschützten Gesellschafter auf die Höhe seiner Beteiligungsquote.

2.2.3 Gewerbesteuerliche Behandlung der Veräußerung von Anteilen an Personengesellschaften

Veräußert eine natürliche Person als Mitunternehmer einen Gesellschaftsanteil einer Personengesellschaft, so ist ein hieraus resultierender Veräuße-

[128] Zu gesellschaftsvertraglichen Auffangklauseln vgl. Möllmann, BB 2010, S. 2999 ff.; Levedag, GmbHR 2009, S. 13 ff. sowie derselbe, in: Gummert/Weipert, MHdGesR Bd. 2, § 58 Rn. 57.

[129] Zur Üblichkeit sowie zur sinnvollen Ausgestaltung der Auffangklauseln unter Berücksichtigung von § 35 EStG vgl. Neu, DStR 2010, S. 1936; Levedag, in: Gummert/Weipert, MHdGesR Bd. 2, § 58 Rn. 57 und Ottersbach, DStR 2002, S. 2023 ff.

[130] Unter Einbeziehung der Gewerbesteueranrechnung nach § 35 EStG (vgl. Abschnitt 2.2.4) ist das Potential der Gewerbesteuerreduzierung für Gesellschafter in Form natürlicher Personen ohnehin geringfügig, wie in Abschnitt 2.2.4 beschrieben und beispielhaft in Abschnitt 2.3 zu erkennen ist.

[131] Vgl. Gosch, in: Blümich, EStG/KStG/GewStG, § 5 GewStG Rn. 22 sowie Selder, in: Glanegger/Güroff, GewStG, § 5 Rn. 21 f.

rungsgewinn nicht Bestandteil des Gewerbeertrags und somit nicht gewerbesteuerpflichtig (§ 7 Satz 2 GewStG).

Ist hingegen eine Personengesellschaft (Obergesellschaft) Gesellschafterin einer Personengesellschaft (Untergesellschaft), so zählt der Gewinn aus der Veräußerung von Anteilen an der Untergesellschaft zum Gewerbeertrag der Obergesellschaft.[132] Die (zivilrechtlich) mittelbare Beteiligung einer natürlichen Person an einer Personengesellschaft über eine zwischengeschaltete weitere Personengesellschaft (doppelstöckige Personengesellschaft) ist somit bei Veräußerung der Untergesellschaft von Nachteil. Hier stehen – anders als bei der Einkommensteuer[133] – die mittelbar beteiligten Gesellschafter den unmittelbar beteiligten Gesellschaftern nicht gleich.

Immer wenn und soweit er auf eine Kapitalgesellschaft entfällt, zählt der Gewinn aus der Veräußerung eines Gesellschaftsanteils zum Gewerbeertrag der Personengesellschaft. Ähnlich wie bereits in Abschnitt 2.1.1 für die Frage der Einkommensteuerpflicht beschrieben, entfaltet die mittelbare Beteiligung an einer Personengesellschaft (Untergesellschaft) über eine Kapitalgesellschaft (Obergesellschaft) auch bei der Gewerbesteuer eine Abschirmwirkung.[134]

Wird der Gesellschaftsanteil nicht vollständig, sondern nur partiell veräußert, so unterliegt die Veräußerung korrespondierend zur einkommensteuerlichen Behandlung nach h.M. stets – also auch bei unmittelbar an der Personengesellschaft beteiligten, natürlichen Personen – als laufender Geschäftsvorfall der Gewerbesteuer.[135]

Da es aber für den gewerbesteuerlich begünstigten Veräußerungsgewinn ausreichend ist, lediglich die funktionalen Wirtschaftsgüter zu übertragen,

---

[132] Vgl. von Sothen, in: Sudhoff, Unternehmensnachfolge, § 51 Rn. 236.
[133] Vgl. Abschnitt 2.1.1.
[134] Vgl. § 7 Satz 2 GewStG, der den Veräußerungsgewinn nur bei unmittelbarer Beteiligung nicht zum Gewerbeertrag zählt.
[135] Vgl. von Twickel, in: Blümich, EStG/KStG/GewStG, § 7 GewStG Rn. 151b m.w.N.

kann es im Einzelfall dazu kommen, dass kein Veräußerungsgewinn i.S.d. EStG, wohl aber ein Veräußerungsgewinn i.S.d. GewStG vorliegt.[136]

2.2.4 Gewerbesteueranrechnung nach § 35 EStG

Um eine Doppelbelastung der gewerblichen Einkünfte eines Mitunternehmers mit Einkommen- und mit Gewerbesteuer im Ergebnis zumindest teilweise zu vermeiden, hat der Gesetzgeber im Einkommensteuerrecht den Ermäßigungstatbestand nach § 35 EStG geschaffen,[137] welcher eine pauschale Anrechnung der Gewerbesteuer auf die Einkommensteuer des Gesellschafters ermöglicht.

In der Vorgehensweise sind zunächst das zu versteuernde Einkommen und die Einkommensteuerbelastung[138] zu ermitteln.[139] Dann ist von der Einkommensteuerbelastung der Teilbetrag zu separieren, der bereits mit Gewerbesteuer belastet ist. Dies geschieht, indem die positiven und bereits gewerbesteuerlich belasteten Einkünfte ins Verhältnis zur Summe aller positiven Einkünfte gesetzt werden und die sich ergebende Verhältniszahl mit der tariflichen Einkommensteuer[140] multipliziert wird (§ 35 Abs. 1 Satz 2, 3 EStG). Auf diese so ermittelte anteilige Einkommensteuerbelastung wird die Gewerbesteuerbelastung pauschal angerechnet. Die Anrechnung beträgt (maximal) das 3,8-fache des auf den einzelnen Mitunternehmergesellschafter entfallenden anteiligen Gewerbesteuermessbetrags der Personengesellschaft (§ 35 Abs. 1 Satz 1 Nr. 1 EStG) und ist auf die tatsächlich zu zahlende (anteilige) Gewerbesteuer begrenzt (§ 35 Abs. 1 Satz 5 EStG). Die Anrechnung ist außerdem beschränkt auf den bereits gewerbesteuerlich belasteten Teilbetrag der Einkommensteuer.

---

136 Vgl. von Sothen, in: Sudhoff, Unternehmensnachfolge, § 51 Rn. 232.

137 Vgl. Danelsing, in: Blümich, EStG/KStG/GewStG, § 35 EStG Rn. 21 sowie zur Verfassungsmäßigkeit: Levedag, in: Gummert/Weipert, MHdGesR Bd. 2, § 58 Rn. 12 m.w.N.

138 Die sonstigen Steuerermäßigungstatbestände sind mit Ausnahme der §§ 34f, 34g und 35a EStG zusätzlich zu berücksichtigen.

139 Vgl. Abschnitt 2.1.5.2.

140 Korrigiert um den Abzug von Beträgen aus der Anwendung zwischenstaatlicher Abkommen und nach Anrechnung der ausländischen Steuern nach § 34c Absatz 1 und 6 EStG und § 12 des Außensteuergesetzes (§ 35 Abs. 1 Satz 2, 4 EStG).

Da die zu beobachtenden Gewerbesteuersätze[141] zumeist oberhalb des pauschalen Anrechnungsbetrages von 3,8 bzw. 380 % liegen, verbleibt in der Regel eine effektive Gewerbesteuerteilbelastung, die sich mit steigenden Gewerbesteuerhebesätzen überproportional erhöht. Für den Fall niedrigerer Hebesätze als 380 % bewirkt die Beschränkung auf die tatsächlich zu zahlende Gewerbesteuer[142], dass keine grundlose Entlastung auftritt.

Liegt die anteilige Einkommensteuer unterhalb des Ermäßigungs- bzw. Anrechnungsbetrages, so ermäßigt sie sich auf null. Eine Ermäßigung der nicht gewerbesteuerlich vorbelasteten Einkünfte tritt somit nicht ein.

Für Körperschaften wird die Regelung nicht angewendet, weil es sich um eine Vorschrift des EStG handelt und das KStG weder eine Parallele noch einen Verweis enthält. Demnach kann eine Kapitalgesellschaft als Gesellschafterin der Personengesellschaft die Gewerbesteuer nicht auf die von ihr zu entrichtende Körperschaftsteuer anrechnen.

Im Falle der mehrstöckigen Personengesellschaften wird der mittelbar beteiligte Gesellschafter hinsichtlich des Gewerbesteueranrechnungsvolumens ebenso behandelt wie der unmittelbar beteiligte Gesellschafter. Ihm stehen deshalb die Anrechnungsbeträge beider Gesellschaften zu, auch wenn auf der Ebene einer Gesellschaft negative Einkünfte erzielt werden.[143] Ihm fließen Einkünfte aber nur aus der Obergesellschaft zu, weshalb sich Nachteile bei der Ermittlung des Ermäßigungshöchstbetrages ergeben, wenn nicht ausreichend positive gewerbliche Einkünfte bestehen.[144]

---

[141] Vgl. Abschnitt 2.2.2.1 sowie Statistisches Bundesamt Deutschland, Fachserie 14, Reihe 10.1, Finanzen und Steuern, Realsteuervergleich 2010, S. 49 ff.

[142] Vgl. § 35 Abs. 1 Satz 1 Nr. 2 EStG nach Änderung durch das UntStReformG 2008 vom 14. August 2007, BGBl I 2007, S. 1912.

[143] Vgl. BMF, Schreiben betr. Steuerermäßigung bei Einkünften aus Gewerbebetrieb gem. § 35 EStG vom 24. Februar 2009, IV C 6 - S 2296 - a/08/10002, BStBl I 2009, S. 440 i.V.m. Änderungen durch BMF, Schreiben betr. Steuerermäßigung nach § 35 EStG bei mehrstöckigen Personengesellschaften vom 25. November 2010, IV C 6 - S 2296 - a/09/10001, BStBl I 2010, S. 1312.

[144] Vgl. hierzu mit Beispielen: Korn, DStR 2011, S. 903 f.

2.3 Steuerbelastungsvergleich zwischen Personen- und Kapitalgesellschaft

2.3.1 Zugrunde liegende Annahmen

Ziel der folgenden Berechnungen ist es, dem Leser die Einzelheiten der in den vorhergehenden Abschnitte 2.1 und 2.2 erläuterten Auswirkungen der Ergänzungsbilanz auf die Steuerbelastung der Gesellschaft und des Gesellschafters anhand vereinfachender Beispielrechnungen zu veranschaulichen. Hierzu sind einige Annahmen zu treffen, die einheitlich für die nachfolgenden Berechnungen Anwendung finden:

- der Anteileigner ist Mitunternehmer i.S.d. EStG
- der Anteilseigner ist eine unbeschränkt steuerpflichtige, natürliche Person, die das 55. Lebensjahr noch nicht erreicht hat,
- der Einkommensteuersatz entspricht dem Spitzensteuersatz (45 %),
- der Grundfreibetrag und die Einkommensteuerprogression bleiben ebenso wie der Solidaritätszuschlag und die Kirchensteuer unberücksichtigt,
- der Gewerbesteuerhebesatz beträgt 450 %,
- gewerbesteuerliche Hinzurechnungen oder Kürzungen bestehen nicht,
- der Gewerbesteuerfreibetrag i.H.v. 24.500 € für Personengesellschaft bleibt unberücksichtigt,
- Sonderbetriebseinnahmen und -ausgaben liegen nicht vor,
- der erwirtschaftete Gewinn der Gesellschaft beträgt 100 T€ p.a. und wird vollständig ausgeschüttet, eine Veränderung des Unternehmenswertes im Zeitablauf findet nicht statt,
- der Erwerber steigt nach Ablauf von mindestens zehn Jahren aus der Gesellschaft wieder aus und erzielt für seinen Gesellschaftsanteil einen Preis von 1.250 T€,
- die Beteiligung an der Kapitalgesellschaft beträgt weniger als 1 % (Streubesitzfiktion) und ist Privatvermögen,
- alle Wertangaben erfolgen in T€.

Für die Betrachtung ohne Einbeziehung von Ergänzungsbilanzeffekten gilt zusätzlich:

- Der Erwerber zahlt für den übernommenen Gesellschaftsanteil einen Preis von 1.250 T€ und übernimmt ein steuerliches Kapitalkonto in der Gesamthandsbilanz i.H.v. 1.250 T€, so dass kein Ergänzungsbilanzkapital entsteht.

Für die Betrachtung unter Einbeziehung von Ergänzungsbilanzeffekten gilt stattdessen zusätzlich:

- Der Erwerber zahlt für den übernommenen Gesellschaftsanteil einen Preis von 1.250 T€ und übernimmt ein steuerliches Kapitalkonto in der Gesamthandsbilanz i.H.v. 500 T€, so dass ein Ergänzungsbilanzkapital i.H.v. 750 T€ entsteht,
- der in der Ergänzungsbilanz abgebildete Aufstockungsbetrag i.H.v. 750 T€ ist zu zwei Dritteln abschreibungsfähig, wobei die (mittlere) Restnutzungsdauer zehn Jahre beträgt,[145]
- ergänzungsbilanzbedingte Gewerbesteuereffekte werden verursachungsgerecht verteilt.

2.3.2 Vergleich der Steuerbelastung bei laufenden Ergebnissen

2.3.2.1 Steuerliche Belastung laufender Ergebnisse ohne Einbeziehung von Ergänzungsbilanzeffekten

Ohne die Einbeziehung von Ergänzungsbilanzeffekten ist die kumulative Steuerbelastung der laufenden Ergebnisse im Vergleich zwischen Kapital- und Personengesellschaft in der beispielhaften Berechnung (Abbildung 5) nahezu rechtsformunabhängig.

[145] In dieser Variante ist der laufende Erfolg der Gesellschaft vor Abschreibungen c.p. geringer als in der Variante ohne Einbeziehung von Ergänzungsbilanzeffekten. Dies liegt darin begründet, dass den stillen Reserven kein Abschreibungsvolumen in der Gesamthandsbilanz gegenübersteht und die Abschreibungen geringer ausfallen. Beträgt das laufende Ergebnis jedoch stets 100 T€, so genügt ein im Vergleich geringeres Ergebnis vor Abschreibungen. Da im Rahmen dieser Arbeit der rechtsformspezifische Vorteil zu untersuchen ist, ist lediglich der Unterschied zwischen Kapital- und Personengesellschaft relevant.

		Kapital-gesellschaft	Personen-gesellschaft
Ebene Gesellschaft	Jahresüberschuss vor Ertragsteuern	100,00	100,00
	Körperschaftsteuer (15%)	15,00	
	Gewerbesteuer (Hebesatz 450%)	15,75	15,75
	Jahresüberschuss nach Ertragsteuern	*69,25*	*84,25*
Ebene Anteileigner	Ausschüttung vor Einkommensteuer	69,25	84,25
	Einkommensteuer (25%/45 %)	17,31	45,00
	Gewerbesteueranrechnung nach. § 35 EStG		-13,30
	Ausschüttung nach Einkommensteuer	*51,94*	*52,55*

Abbildung 5: Steuerliche Belastung laufender Ergebnisse ohne Einbeziehung von Ergänzungsbilanzeffekten

Zum Verständnis ist darauf hinzuweisen, dass gem. § 4 Abs. 5b EStG die Gewerbesteuer als nicht abzugsfähige Betriebsausgabe sowohl bei der Berechnung der Körperschaftsteuer der Kapitalgesellschaft als auch bei der Berechnung der Einkommensteuer des Gesellschafters der Personengesellschaft der Bemessungsgrundlage hinzuzurechnen ist.

2.3.2.2 Steuerliche Belastung laufender Ergebnisse unter Einbeziehung von Ergänzungsbilanzeffekten

Durch die Bildung einer steuerlichen Ergänzungsbilanz ergibt sich zusätzliches Abschreibungsvolumen i.H.v. 500 T€ (2/3 von 750 T€). Aufgrund der Restnutzungsdauer von zehn Jahren beträgt das linear berechnete, jährliche Abschreibungsvolumen in den auf den Erwerb folgenden zehn Jahren 50 T€ p.a., wodurch sich die gewerbesteuerliche und die einkommensteuerliche Bemessungsgrundlage von 100 T€ auf 50 T€ vermindert. In Folge reduziert sich der Gewerbesteueraufwand der Gesellschaft von 15,75 T€ auf 7,88 T€ sowie die Einkommensteuer des Gesellschafters von 45 T€ auf 22,50 T€. Aufgrund des geminderten Gewerbesteuermessbetrags beträgt die Gewerbesteueranrechnung nach § 35 EStG allerdings nun nicht mehr 13,30 T€ sondern lediglich 6,65 T€.

		Kapital-gesellschaft	Personen-gesellschaft
Ebene Gesellschaft	Jahresüberschuss vor Ertragsteuern	100,00	100,00
	Körperschaftsteuer (15%)	15,00	
	Gewerbesteuer (Hebesatz 450%)	15,75	7,88
	Jahresüberschuss nach Ertragsteuern	*69,25*	*92,13*
Ebene Anteileigner	Ausschüttung vor Einkommensteuer	69,25	92,13
	Einkommensteuer (25%/45 %)	17,31	22,50
	Gewerbesteueranrechnung nach. § 35 EStG		-6,65
	Ausschüttung nach Einkommensteuer	*51,94*	*76,28*

Abbildung 6: Steuerliche Belastung laufender Ergebnisse unter Einbeziehung von Ergänzungsbilanzeffekten

In Summe ergibt sich – wie aus Abbildung 6 ersichtlich – aufgrund der ergänzungsbilanzbedingten Auswirkungen auf der Ebene des Nach-Steuer-Zuflusses beim Anteilseigner ein rechtsformspezifischer Vorteil i.H.v. 23,73 T€ p.a. in den ersten zehn Jahren nach Anteilserwerb, welcher in Höhe von 22,50 T€ auf eine Minderung der Einkommensteuerbelastung und in Höhe von 1,23 T€ auf eine Minderung der Gewerbesteuerbelastung (inklusive der Anrechnung nach § 35 EStG) entfällt. Dieser Vorteil schmilzt allerdings ab, wenn der Steuersatz des Anteilseigners unterhalb des im Beispiel gewählten Steuersatzes liegt.

2.3.3 Vergleich der Steuerbelastung bei Veräußerungsgewinnen

2.3.3.1 Steuerliche Belastung des Veräußerungsgewinns ohne Einbeziehung von Ergänzungsbilanzeffekten

Unter der Prämisse, dass das steuerliche Kapitalkonto in der Gesamthandsbilanz unverändert ist und keine Ergänzungsbilanz besteht, entsprechen die für die Personengesellschaft anzusetzenden historischen Anschaffungskosten dem bei Erwerb entrichteten Kaufpreis.

		Kapital-gesellschaft	Personen-gesellschaft
Zufluss beim Gesellschafter	Veräußerungspreis	1.250,00	1.250,00
	./. historische Anschaffungskosten	1.250,00	1.250,00
	./. Einkommensteuer (s. u.)	0,00	0,00
	Veräußerungsgewinn nach Steuern	*0,00*	*0,00*
Berechnung der Est	Veräußerungspreis	1250,00	1250,00
	./. fortgeführte steuerliche Anschaffungskoste	1250,00	1250,00
	= steuerpflichtiger Veräußerungsgewinn	0,00	0,00
	Einkommensteuer (25%/45%)	*0,00*	*0,00*

Abbildung 7: Steuerliche Belastung des Veräußerungsgewinns ohne Einbeziehung von Ergänzungsbilanzeffekten

Hinzuweisen ist allerdings darauf, dass – im Falle eines positiven Veräußerungsgewinns – in der höheren Steuerbelastung des Veräußerungsgewinns grundsätzlich ein Nachteil der Personengesellschaft liegt, weil hier nicht die abgeltende Einkommensteuer i.H.v. 25 %, sondern der persönliche Steuersatz des Gesellschafters Anwendung findet. Relativierend ist jedoch zu ergänzen, dass, wie in Abschnitt 2.1 beschrieben, zahlreiche Effekte bestehen, die diesen Nachteil im Einzelfall überkompensieren können. Zu nennen sind hier bspw. die Vergünstigungsbestände des § 16 Abs. 1 und des § 34 Abs. 3 EStG oder die diversen Möglichkeit der Verlustverrechnung. Außerdem sei darauf hingewiesen, dass durch Annahme des Einkommensteuersatzes von 45 % in Abbildung 7 bereits das Maximum dieses Nachteils aufgezeigt ist.

2.3.3.2 Steuerliche Belastung des Veräußerungsgewinns unter Einbeziehung von Ergänzungsbilanzeffekten

Wenn der Erwerber seinen Gesellschaftsanteil an der Personengesellschaft wieder zum Preis von 1.250 T€ veräußert, ist nach Ablauf von zehn oder mehr Jahren sein Kapitalkonto in der Ergänzungsbilanz durch die vorgenommenen Abschreibungen um 500 T€ auf den Betrag von 250 T€ vermindert. Unter der Voraussetzung, dass sein steuerliches Kapitalkonto in der

Gesamthandsbilanz unverändert ist, erzielt er somit einen steuerbaren Veräußerungsgewinn i.H.v. 500 T€, welcher dem Grunde und der Höhe nach den bisher vorgenommenen Ergänzungsbilanzabschreibungen entspricht.

		Kapital-gesellschaft	Personen-gesellschaft
Zufluss beim Gesellschafter	Veräußerungspreis	1.250,00	1.250,00
	./. historische Anschaffungskosten	1.250,00	1.250,00
	./. Einkommensteuer (s. u.)	0,00	225,00
	Veräußerungsgewinn nach Steuern	*0,00*	*-225,00*
Berechnung der Est	Veräußerungspreis	1250,00	1250,00
	./. fortgeführte steuerliche Anschaffungskoste	1250,00	750,00
	= steuerpflichtiger Veräußerungsgewinn	0,00	500,00
	Einkommensteuer (25%/45%)	*0,00*	*225,00*

Abbildung 8: Steuerliche Belastung des Veräußerungsgewinns unter Einbeziehung von Ergänzungsbilanzeffekten

Wie aus Abbildung 8 ersichtlich entspricht die bei einer Veräußerung entstehende Einkommensteuerbelastung in Höhe von 225,00 T€ der Steuerersparnis, die in den ersten zehn Jahren nach Anteilserwerb durch die Berücksichtigung von Ergänzungsbilanzabschreibungen entsteht (zehn Jahre à 22,50 T€ p.a.), wobei der Veräußerungsgewinn gewerbesteuerlich hingegen unbelastet bleibt.

2.3.4 Gegenüberstellung der Ergebnisse des Belastungsvergleichs

Das Besteuerungssystem der Personengesellschaft bietet dem Erwerber – wie umfassend erläutert und beispielhaft gezeigt – (bei Erwerb oberhalb des Buchwertes) einerseits den Vorteil, durch Bildung einer Ergänzungsbilanz die laufende Einkommen- und Gewerbesteuerbelastung positiv zu beeinflussen. Andererseits mindern sich jedoch durch die Ergänzungsbilanzabschreibungen die fortgeführten Anschaffungskosten im Zeitablauf. Hieraus ergeben sich c.p. negative Einflüsse auf die Steuerlast des Erwerbers im Zeitpunkt der Beendigung seiner Mitgliedschaft, weil sinkende fortgeführte Anschaffungskosten den Veräußerungsgewinn erhöhen und auf Ebene des Gesellschafters eine Steuerlatenz anwächst.

Die ergänzungsbilanzbedingte Steuerersparnis des Anteilseigners einer Personengesellschaft beträgt bei der Einkommensteuer in den ersten zehn Jahren 22,5 T€ p.a. und insgesamt über die Zeit von zehn Jahren 225,0 T€; bei der Gewerbesteuer 1,2 T€ p.a. und insgesamt 12,3 T€ (jeweils unter Einbeziehung der Anrechnung nach § 35 EStG).

Da der Veräußerungsgewinn nicht der Gewerbesteuer unterliegt, erhöht sich die Steuerbelastung des Veräußerungsgewinns bei der Einkommensteuer um den Betrag von 225 T€ im Jahr der Veräußerung. Der ergänzungsbilanzbedingte Vorteil liegt also in einer effektiv geminderten Gewerbesteuerbelastung und in der Stundung der Einkommensteuer.

3 Grundlagen der Unternehmensbewertung und Berücksichtigung persönlicher Steuern

3.1 Funktionale Unternehmensbewertung

3.1.1 Konzeption der funktionalen Unternehmensbewertungstheorie

3.1.1.1 Objektive Unternehmensbewertung

Nach der objektiven Bewertungstheorie verfügt jedes Unternehmen über *einen* konkreten Wert, der ihm „wie eine Eigenschaft anhaftet“[146] und der in seiner Höhe unabhängig von der Person des Bewertungsinteressenten sein soll.[147] Folglich handelt es sich also um einen *objektbezogenen* und *entpersonifizierten* Wertansatz.[148]

Hauptkritikpunkt an der objektiven Unternehmensbewertung war und ist ihre fehlende Eignung zur Entscheidungsunterstützung. Da parteibezogene, subjektive Wertvorstellungen und Interessen für die Ermittlung des objektiven Unternehmenswertes unbeachtlich sind, entstehen keine Grenzpreise und somit kein Einigungsbereich. In Folge würde es daher jeglicher Verhandlung bei der Kaufpreisfindung ermangeln.[149]

Dass aber das Gegenteil der Fall ist, zeigen die die Realität prägenden, intersubjektiv heterogenen Wertvorstellungen der beteiligten Parteien beim Unternehmenskauf, deren Ursache unterschiedliche Grenzpreise sind. Da Unternehmenswerte eben nicht für jedermann identisch sind, stellt sich die Frage nach dem Sinn einer (im Rahmen der objektiven Unternehmensbewer-

---

146 Peemöller, in: Peemöller: Praxishandbuch der Unternehmensbewertung, S. 4.

147 Vgl. Münstermann, Wert und Bewertung, S. 22 f. m.w.N. sowie Matschke/Brösel, Unternehmensbewertung, S. 14 f. m.w.N.

148 Matschke/Brösel, Unternehmensbewertung, S. 14.

149 Vgl. hierzu und zu weiteren Kritikpunkten Peemöller, in: Peemöller: Praxishandbuch der Unternehmensbewertung, S. 5.

tung ermittelten) Wertgröße, die – für mindestens eine der an der Bewertung beteiligten Parteien – eine nicht in vollem Umfang gültige Aussage bietet.[150]

3.1.1.2 Subjektive Unternehmensbewertung

Aus der in Abschnitt 3.1.1.1 genannten Kritik an der objektiven Unternehmensbewertung entstand in den 1960er Jahren die subjektive Unternehmensbewertungstheorie, die – im Gegensatz zur objektiven Unternehmensbewertung – darauf ausgelegt war, einen Unternehmenswert „unter Berücksichtigung der subjektiven Ziele, Möglichkeiten und Vorstellungen des Investors zu ermitteln“[151], was allerdings nur mit Blick auf ein konkretes Bewertungssubjekt realisierbar ist. Der subjektive Unternehmenswert repräsentiert – unter dem Blickwinkel der Opportunität – den Wert, den der Verkäufer mindestens verlangen muss (Preisuntergrenze) bzw. der Käufer höchstens zu zahlen bereit ist (Preisobergrenze). Der subjektive Unternehmenswert ist Grundlage einer Entscheidungsfindung und wird daher auch als Entscheidungswert bezeichnet.

3.1.1.3 Funktionale Unternehmensbewertung

Die Konzeption der funktionalen Unternehmensbewertung,[152] entwickelt in den 1970er Jahren, löst den bis dahin herrschenden, sich polarisierenden Zielkonflikt zwischen der objektiven und der subjektiven Bewertungstheorie. Entstanden aus der sog. Kölner Schule[153] unterscheidet sie in der klassischen Darstellung nach Hauptfunktionen und Nebenfunktionen.[154] Neben dieser klassischen Struktur werden jedoch in der Literatur unterschiedliche Versuche einer Neuordnung der Bewertungsfunktionen vorgestellt und disku-

---

[150] Vgl. Busse von Colbe, in: ZfB 1957, S. 116.

[151] Peemöller, in: Praxishandbuch der Unternehmensbewertung, S. 7.

[152] In Teilen der Literatur auch als funktionsorientierte Unternehmensbewertung bezeichnet.

[153] Vgl. im Detail Abschnitt 3.1.2.

[154] Vgl. Madl/Rabel, Unternehmensbewertung, S. 9 oder Peemöller, in: Peemöller, Praxishandbuch Unternehmensbewertung, S. 7. Als bekannteste Vertreter der Kölner Schule sind zu nennen (jeweils mit ausgewählten Arbeiten): Busse von Colbe, Zukunftserfolgswert; Engels, Betriebswirtschaftliche Bewertungstheorie; Matschke, Entscheidungswert; Münstermann, Wert und Bewertung und Sieben, Substanzwert.

tiert.[155] Bisher hat sich jedoch keine dieser Varianten etabliert, so dass sich die weiteren Ausführungen an der – ebenso nicht unumstrittenen[156] – klassischen Darstellung orientieren.

Die Wissenschaft unterscheidet in der funktionalen Unternehmensbewertung nach den Hauptfunktionen (Entscheidungs-, Vermittlungs- und Argumentationsfunktion), welche primär auf eine beabsichtigte oder bereits vollzogene Änderung der Eigentumsverhältnisse, ggfls. unter Berücksichtigung interpersoneller Konflikte abzielen und nach den Nebenfunktionen, die nicht im Rahmen von Konflikt-, sondern von vordergründig nicht entscheidungsorientierten Bewertungsfunktionen ausgeübt werden.[157]

Die Nebenfunktionen werden im Rahmen dieses Kapitels nur kurz thematisiert, da sie nur bedingt Gegenstand der Erörterungen in den folgenden Kapiteln sein werden und auch ohne die eingehende Berücksichtigung der Nebenfunktionen eine für das Verständnis erforderliche Struktur gewährleistet ist.

Eine in Teilen abweichende Auffassung zu der von der Wissenschaft entwickelten Struktur der Bewertungsfunktionen vertritt der Berufsstand der Wirtschaftsprüfer in Deutschland, welcher Bewertungszweck und -funktion gleichsetzt und nach Beratungsfunktion, Schiedsfunktion und Kommunikationsfunktion differenziert.[158]

Wie aus Abbildung 9 zu erkennen ist, weisen die beiden vorgestellten Funktionslehren Parallelen auf. Im Folgenden wird aufgezeigt, dass insbesondere zwischen Beratungs- und Entscheidungsfunktion sowie zwischen Schieds- und Vermittlungsfunktion umfangreiche Similaritäten bestehen, die jedoch

155 Vgl. bspw. Coenenberg/Schultze, DBW 2002, S. 599; Ballwieser, Unternehmensbewertung, S. 1 ff.; Mandl/Rabel, in: Peemöller, Praxishandbuch der Unternehmensbewertung, S. 52 f. oder Henselmann/Kniest, Praxisfälle, S. 426 ff.

156 Zur kritischen Auseinandersetzung mit der Ordnung des Funktionenkatalogs vgl. Abschnitt 3.1.4.

157 Vgl. Matschke/Brösel, Unternehmensbewertung, S. 50 f. sowie S. 59 m.w.N.

158 Vgl. IDW S 1 2008, Tz. 12 sowie IDW, WP Handbuch II 2008, Rn. A 18.

bezüglich der Kommunikationsfunktion und der Argumentationsfunktion gänzlich fehlen.

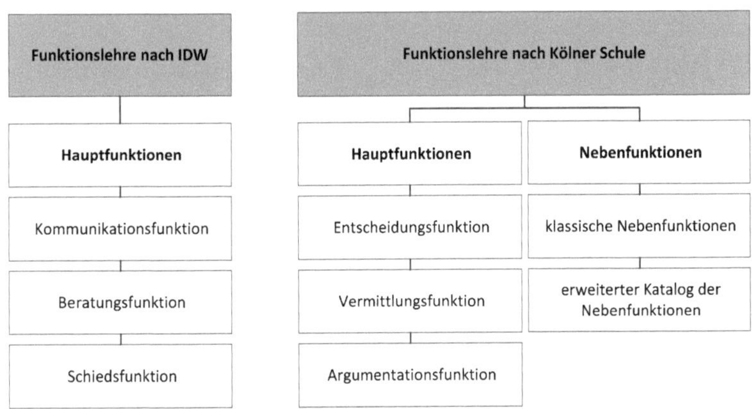

Abbildung 9: **Funktionen der Unternehmensbewertung in der Gegenüberstellung der Kölner Funktionslehre und der Funktionslehre nach IDW**[159]

3.1.2 Kölner Funktionslehre

3.1.2.1 Entscheidungsfunktion

Die Entscheidungsfunktion wird in der Literatur der Kölner Schule auch als Beratungsfunktion bezeichnet,[160] wobei dieser Begriff jedoch deshalb als weniger zutreffend kritisiert wird, da einerseits auch Vermittlungs- und Argumentationswerte mit einem Beratungszweck verbunden sein können[161] und andererseits ein Entscheidungswert vom Entscheidungsträger auch ohne Hinzuziehung eines Beraters ermittelt werden kann.[162]

In der Entscheidungsfunktion ermittelt der Bewerter für ein definiertes Entscheidungssubjekt (z.B. Interessent, Käufer, Verkäufer) und mit Bezug auf

---

159 In Anlehnung an Nölle, in: Schacht/Fackler, Praxishandbuch Unternehmensbewertung, S. 16 und Matschke/Brösel, Unternehmensbewertung, S. 54.
160 Vgl. statt vieler bspw. Busse von Colbe/Coenenberg, Unternehmensakquisition, S. 90 f. oder Peemöller, in: Peemöller, Praxishandbuch der Unternehmensbewertung, S. 8 f.
161 Vgl. Hering, Unternehmensbewertung, S. 5.
162 Vgl. Mandl/Rabel, Unternehmensbewertung, S. 18.

eine konkrete Entscheidungs- oder Konfliktsituation (z.B. Kauf oder Verkauf) einen Entscheidungswert, der angibt, „unter welchen Bedingungen die Durchführung einer bestimmten vorgesehenen Handlung das ohne die Handlung erreichbare Niveau der Zielerfüllung (Nutzwert) gerade noch nicht mindert“[163]. Somit gibt es – selbst aus der Sicht lediglich *eines* Entscheidungssubjektes – eine Vielzahl von Entscheidungswerten bei differenzierten Datengrundlagen und Bewertungsprämissen.[164]

Der Entscheidungswert markiert in einer Verhandlungssituation aus der Sicht des Entscheidungssubjektes die Grenze des Einigungsbereichs, weshalb er auch als Grenzpreis bezeichnet wird.[165] Eine Transaktion kommt aber nur dann zustande, wenn sich ein Einigungsbereich de facto ergibt, also nur dann, wenn der Grenzpreis des Verkäufers unterhalb des Grenzpreises des Käufers liegt.

Abbildung 10 zeigt eine Verhandlungssituation, in der dies der Fall ist. Im dargestellten möglichen Verlauf einer Preisverhandlung zwischen Käufer und Verkäufer zeigt die Abbildung, dass der am Ende der Verhandlung erzielte Einigungspreis innerhalb des von den Grenzpreisen der Verhandlungsparteien definierten Einigungsbereichs liegt. Die im Wege der Verhandlungen von einer Partei erzielte positive Differenz zwischen dem als Einigungspreis erzielten Verhandlungsergebnis und dem individuellen Entscheidungswert stellt einen Nutzenzuwachs für das Entscheidungssubjekt dar. Aus diesem Grund sollte der Entscheidungswert der anderen Verhandlungspartei gegenüber nicht offengelegt werden.[166]

Wie im Folgenden noch zu erkennen, bildet die Entscheidungsfunktion die Basisfunktion der Kölner Schule und der hier ermittelte Wert den Ausgangspunkt für die weiteren Funktionen des Bewerters.

---

163 Matschke/Brösl, Unternehmensbewertung, S. 51.
164 Vgl. Helbling, Unternehmensbewertung und Steuern, S. 49.
165 Vgl. Moxter, Grundsätze ordnungsmäßiger Unternehmensbewertung, S. 23 ff.
166 Vgl. Matschke/Brösel, Unternehmensbewertung, S. 51.

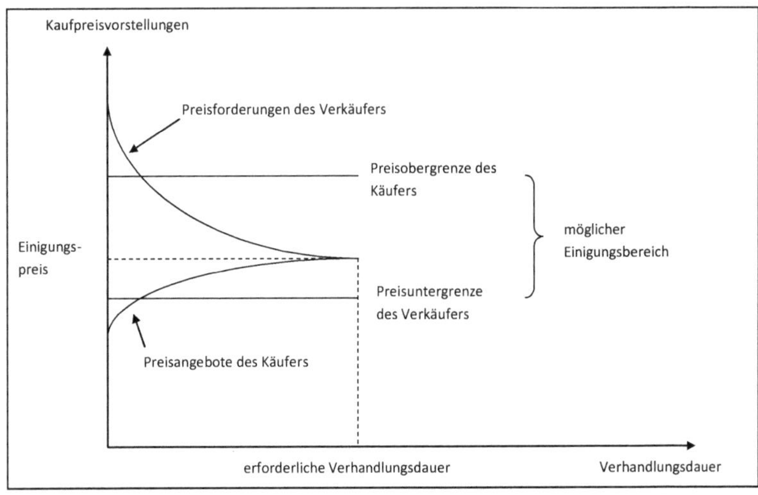

Abbildung 10: Einigungsbereich bei Kaufpreisverhandlungen[167]

3.1.2.2 Vermittlungsfunktion

Ergebnis einer Unternehmensbewertung in der Vermittlungsfunktion ist ein von einem unabhängigen Gutachter vorgeschlagener Einigungswert, der die individuellen Interessen der beteiligten Parteien konkret berücksichtigt.[168] Ein in der Vermittlungsfunktion tätiger, unabhängiger Gutachter wird oft auch als Schiedsgutachter bezeichnet, weshalb synonym auch die Bezeichnungen Schiedswert oder Schiedsspruchwert verwendet werden. Daneben wird der Einigungswert auch als Arbitriumwert bezeichnet. Aufgrund der Tatsache, dass dieser Wert eben gerade nicht entpersonifiziert ist, handelt es sich nicht um einen allgemeingültigen, objektiven oder objektivierten Unternehmenswert, vielmehr versucht der Gutachter, aufbauend auf den subjektiven Entscheidungswerten konkret Beteiligter, einen Interessenausgleich zu schaffen, indem er wirtschaftliche Vorteile zwischen den Parteien angemessen und neutral verteilt.[169] Dies gelingt jedoch nur, sofern ein positiver Einigungsbe-

167 In Anlehnung an Matschke, in: Goetzke/Sieben, Moderne Unternehmensbewertung, S. 96.

168 Vgl. Matschke/Brösel, Unternehmensbewertung, S. 51.

169 Vgl. Peemöller, in: Peemöller, Praxishandbuch Unternehmensbewertung, S. 9 sowie zu vorgeschlagenen Lösungsansätzen zur Durchführung einer Aufteilung weiterhin Behrin-

reich überhaupt besteht.[170] Dennoch kann es auch bei einem negativen Einigungsbereich erforderlich sein, einen Schieds- oder Vermittlungswert zu bestimmen. In diesem Fall orientiert sich der Vermittlungswert am Entscheidungswert der dominierten Partei, da dieser ein (gewisses) Schutzbedürfnis zuzurechnen ist.[171] Unabhängig von der Frage, ob ein Einigungsbereich existiert, setzt die Wertermittlung jedoch immer voraus, dass der Schiedsgutachter sich ein Bild über die vermeintlichen Entscheidungswerte der jeweiligen Parteien macht,[172] mithin Annahmen über die zugrunde liegenden individuellen Bedingungen und Vorstellungen trifft.

3.1.2.3 Argumentationsfunktion

In der Argumentationsfunktion wird im Rahmen von Verhandlungssituationen gegenüber der Gegenpartei ein vorgeblicher Entscheidungswert kommuniziert. Dieser, als Argumentations- oder Verhandlungswert bezeichnete Wert, dient im Rahmen der Verhandlungstaktik als Begründung der eigenen Preisvorstellungen und zielt auf eine für den Argumentierenden optimierte Verhandlungslösung ab.[173] Daher muss der Argumentationswert – im Gegensatz zum geheim zu haltenden Entscheidungswert – der Gegenseite offengelegt werden, um seine Legitimation zu erreichen. Bildet der Entscheidungswert - wie ausgeführt - den Grenzpreis des Argumentierenden, so muss der Argumentationswert ein Wert sein, der das Nutzenniveau des Argumentierenden gegenüber dem Entscheidungswert steigert. In einer Verhandlungssituation liegt der Argumentationswert des Käufers (Verkäufers) somit unterhalb (oberhalb) seines Entscheidungswertes. Aufgrund dieser Tatsache ist vor der Festlegung des Argumentationswertes die Bestimmung des Entscheidungswertes erforderlich. Erst anschließend wird aus dem Entscheidungswert (dann) der Argumentationswert gebildet. Der Argumentationswert kann seinen Zweck (aber) nur dann erfüllen, wenn er innerhalb des Eini-

ger, Unternehmensbewertung der Mittel- und Kleinbetriebe, S. 69. Mit kritischen Anmerkungen zur Umsetzung einer solchen Aufteilung vgl. auch Wagner, BFuP 1994, S. 479 ff.

170 Vgl. Busse von Colbe/Coenenberg, Unternehmensakquisitionen, S. 91.

171 Vgl. Hering, Unternehmensbewertung, S. 6 sowie Hayn, DB 2000, S. 1347.

172 Vgl. Matschke/Brösel, Unternehmensbewertung, S. 51.

173 Vgl. Hering, Unternehmensbewertung, S. 6.

gungsbereiches liegt, so dass es darüber hinaus sinnvoll ist, sich parallel zum eigenen Entscheidungswert auch Gedanken über den (möglichen) Entscheidungswert der anderen Partei zu machen, um so den Verhandlungsspielraum zu ergründen[174] und diesen idealerweise durch Vorbringen neuer Argumente zu erweitern, z.B. durch die Betonung oder Identifikation von möglichen Synergieeffekten.[175]

Der Argumentationswert erfüllt nicht nur bei Kaufpreisverhandlungen seinen Zweck, sondern bspw. auch bei Gerichtsverhandlungen.[176] Folglich wird der Argumentationsfunktion auch im Zusammenhang mit der Wertermittlung in den Nebenfunktionen eine gewisse Rolle zukommen, so z.B. dann, wenn Meinungsdifferenzen bei Ermittlung des Unternehmenswertes als Steuerbemessungsgrundlage auftreten.

3.1.2.4 Nebenfunktionen

Die den Nebenfunktionen zuzuordnenden Bewertungsanlässe sind – wie unter Abschnitt 3.1.1.3 bereits angesprochen – nicht durch „interpersonale Konfliktsituationen“ [177] oder durch „strittige Auseinandersetzungen über die Bedingungen einer Änderung der Eigentumsverhältnisse“ [178] geprägt. Die ihnen zuzuordnenden Bewertungsanlässe sind (zumindest vordergründig) nicht entscheidungsorientiert,[179] so dass ihnen keine beabsichtigten oder bereits vollzogenen Transaktionsvorgänge zugrunde liegen.

Obwohl die Nebenfunktionen im Vergleich zu den Hauptfunktionen in der Literatur zur Unternehmensbewertung bisher nur wenig Beachtung gefunden

174 Vgl. Matschke/Brösel, Unternehmensbewertung, S. 51 f. sowie Helbling, Unternehmensbewertung und Steuern, S. 51 f.
175 Vgl. Barthel, FB 2005, S. 34.
176 Vgl. Peemöller, DStR 1993, S. 940.
177 Matschke/Brösel, Unternehmensbewertung, S. 59.
178 Matschke/Brösel, Unternehmensbewertung, S. 59.
179 Vgl. Matschke/Brösel, Unternehmensbewertung, S. 50 f. sowie S. 59 m.w.N.

haben,[180] darf man sie aufgrund der Begrifflichkeit nicht als untergeordnet oder „weniger bedeutend“ [181] auffassen.

Wegen der zunehmenden Kapitalmarktorientierung nimmt die Unternehmensbewertung vermehrt Einzug in verschiedene Teilgebiete der Betriebswirtschaftlehre,[182] so dass davon auszugehen ist, dass die den Nebenfunktionen zuzuordnenden Anlässe in ihrem Umfang ebenfalls zunehmen werden.[183] Die weiteren Ausführungen beschränken sich auf den klassischen Katalog der Nebenfunktionen, welcher die Informations-, die Steuerbemessung sowie die Vertragsgestaltungsfunktion umfasst.[184] Da nicht alle denkbaren Anlässe von diesem Katalog abgedeckt werden, erfolgt in der Literatur eine Erweiterung um die Kreditunterstützungsfunktion, die Steuerungsfunktion, die Motivationsfunktion, die Krisenbewältigungsunterstützungsfunktion und die Ausschüttungsbemessungsfunktion.[185]

Die Informationsfunktion der Unternehmensbewertung liefert einen an Normen orientierten Unternehmenswert, d.h. der Bewerter vermittelt den Adressaten der Bewertung ein normiertes Bild der Wirklichkeit, welches diese – bei Kenntnis der Normen – interpretieren und zweckgerichtet nutzen können.[186] Die Wertkonventionen der Informationsfunktion finden sich überwiegend im Bilanzrecht, bspw. aber auch im Insolvenzrecht. Je nach Zweck ist die Aussagekraft der Informationsfunktion in unterschiedlichem Maße abhängig von der Ausgestaltung der zugrunde liegenden Normen. Bezogen auf das deutsche Handelsrecht zeigt sich diese Einschränkung anhand des Vorsichts- und Realisationsprinzips.[187]

---

180 Vgl. Henselmann, BFuP 2006, S. 154.

181 Brösel, BFuP 2006, S. 129.

182 Hier sind bspw. das wertorientierte Controlling, die externe Rechnungslegung, das strategische Management oder die betriebliche Steuerlehre zu erwähnen.

183 Vgl. Coenenberg/Schultze, DBW 2002, S. 598.

184 Vgl. Matschke/Brösel. Unternehmensbewertung, S. 24 m.w.N. und S. 59 mit dem Hinweis, dass hier keine herrschende Meinung vorliegt.

185 Detailliert zu den Erweiterungen der Nebenfunktionen vgl. Matschke/Brösel, Unternehmensbewertung, S. 64 ff.

186 Vgl. Piltz, Unternehmensbewertung in der Rechtsprechung, S. 15 sowie Matschke/Brösel, Unternehmensbewertung, S. 76.

187 Vgl. Peemöller, in: Peemöller, Praxishandbuch der Unternehmensbewertung, S. 13.

Bei der Ermittlung von Steuerbemessungsgrundlagen im Rahmen der Erbschaft- und Schenkungsteuer sowie der Ertragsteuern (bspw. bei der Ermittlung von Steuerbilanzwerten oder im Zusammenhang mit Funktionsverlagerungen) findet die Steuerbemessungsfunktion Anwendung. Die Postulate der Besteuerungsgerechtigkeit, Besteuerungsgleichmäßigkeit sowie Rechtssicherheit machen es erforderlich, detaillierte Regelungen in Form von Gesetzen, Richtlinien und Erlassen zu treffen und so subjektive Wertvorstellungen und Ermessensspielräume zu begrenzen. Bei der Steuerbemessungsfunktion handelt es sich um eine objektivierte Bewertungsfunktion.[188] Beispielhaft ist hier das sogenannte „vereinfachte Ertragswertverfahren" i.S.d. §§ 199 ff. BewG zu erwähnen.

Aufgabe der Vertragsgestaltungsfunktion ist die Ausgestaltung vertraglicher Vereinbarung und die Lösung rechtlicher Probleme im Zusammenhang mit Wertermittlungen, besonders bei Veränderungen im Gesellschafterkreis.[189] Hierzu muss nicht zwingend eine Unternehmensbewertung durchgeführt werden,[190] vielmehr sind auch andere Gestaltungen denkbar, so bspw. Buchwertabfindungen. Um den Bestand der Gesellschaft nicht durch etwaige Abfindungszahlungen zu gefährden, ist die Vertragsgestaltung gleichzeitig oft verbunden mit einer Verhaltenslenkung der betroffenen Parteien[191], bspw. dann, wenn gesellschaftsvertragliche Abfindungsklauseln zu einem Abfindungswert unterhalb des Entscheidungswertes des potentiell ausscheidenden Gesellschafters führen. Dennoch handelt es sich bei der Vertragsgestaltungsfunktion um eine Nebenfunktion, die von den Hauptfunktionen abzugrenzen ist.[192] Bereits aus dem Begriff ist zu entnehmen, dass es sich um ein Element der präventiven Gestaltung im Rahmen von Vertragsverhandlungen handelt, hingegen nicht um eine Kaufpreisverhandlung in einer (bereits eingetretenen) Konfliktsituation.[193]

---

[188] Vgl. Mandl/Rabel, Unternehmensbewertung, S. 23 sowie Behringer, Unternehmensbewertung der Mittel- und Kleinbetriebe, S. 52.
[189] Vgl. Peemöller, in: Peemöller, Praxishandbuch der Unternehmensbewertung, S. 13 sowie Matschke/Brösel, Unternehmensbewertung, S. 69.
[190] Vgl. Born, Unternehmensanalyse, S. 25.
[191] Vgl. Matschke/Brösel, Unternehmensbewertung, S. 69.
[192] Vgl. Matschke/Brösel, Unternehmensbewertung, S. 69.
[193] Vgl. Matschke/Brösel, Unternehmensbewertung, S. 69.

3.1.3 Funktionslehre nach IDW S 1

Obwohl der Berufsstand der Wirtschaftsprüfer die Funktionsbezogenheit der Bewertung grundsätzlich akzeptiert, kommen für ihn weitere Funktionen hinzu, die der Wirtschaftsprüfer vorrangig im Zusammenhang mit normgebundenen Bewertungsanlässen ausübt. Aus diesem Grund nennt die vom Berufsstand der Wirtschaftsprüfer entwickelte Funktionslehre neben der entscheidungsunterstützenden Funktion des Berater die Kommunikations- sowie die Vermittlungsfunktion, bei denen der Wirtschaftsprüfer als unabhängiger Gutachter tätig wird.[194]

3.1.3.1 Kommunikationsfunktion

Im Rahmen der Kommunikationsfunktion schlägt das IDW anstelle der Ermittlung des objektiven Unternehmenswertes die Ermittlung eines objektivierten Unternehmenswertes vor.[195] Der objektivierte Unternehmenswert unterscheidet sich vom objektiven Unternehmenswert dadurch, dass er – wie der Entscheidungswert und der Vermittlungswert – auch vom jeweiligen Bewertungszweck abhängig ist, jedoch nicht von den individuellen Wertvorstellungen der betroffenen Parteien,[196] welche durch typisierende Annahmen ersetzt werden.[197] Auch wenn der Kommunikationsfunktion eine ähnliche Aufgabe wie der Argumentationsfunktion zugeschrieben wird, liefert der objektivierte Unternehmenswert lediglich Ausgangswerte, die die Parteien bei der weiteren Entscheidungsfindung unterstützen.[198] In der Funktionslehre des IDW wird die Kommunikationsfunktion daher auch als Basisfunktion bzw. der objektivierte Unternehmenswert auch als Basiswert angesehen, der – bei Wertermittlungen in der Ausübung anderer Funktionen – Grundlage für diese ist und in weiteren Schritte entweder in der Beratungsfunktion zum Entscheidungswert oder in der Schiedsfunktion zum Schiedswert ausgebaut wird.[199]

---

[194] Vgl. Schulze, Methoden der Unternehmensbewertung, S. 10.
[195] Vgl. IDW S 1 2008, Rn.12.
[196] Vgl. IDW, WP Handbuch II 2008, Rn. A 19 ff.
[197] Zu Kritik an der Typisierung vgl. bspw. Ballwieser, Unternehmensbewertung, S. 4.
[198] Vgl. Busse von Colbe/Coenenberg, Unternehmensakquisition, S. 93.
[199] Vgl. IDW, WP Handbuch II 2008, Rn. A 20 und A 25.

Dem objektivierten Unternehmenswert liegt die Anforderung zugrunde, einen intersubjektiv nachprüfbaren Wert zu ermitteln, der sich bei unveränderter Fortführung des bestehenden Unternehmenskonzeptes und bei realistischer Einschätzung der Zukunftserwartungen ergibt.[200] Folglich ist das tatsächlich existierende und nicht ein fiktives Unternehmen zu bewerten.[201]

Die Notwendigkeit der objektivierten Unternehmenswertermittlung resultiert für den Berufstand der Wirtschaftsprüfer aus der Gegebenheit, dass dieser oft – insbesondere bei der Lösung von Konfliktsituationen – vor die Aufgabe gestellt wird, einen vom Willen und von den individuellen Wertvorstellungen der betroffenen Parteien losgelösten Unternehmenswert zu ermitteln; was besonders bei gesetzlich normierten Bewertungsanlässen (wie bspw. bei Ermittlung von Abfindungen nach §§ 304, 305 AktG), bei denen eine Vielzahl von Parteien beteiligt ist, eine gewisse Objektivierbarkeit erfordert.[202] Insofern kann man hier von einer Durchbrechung der bei der Ermittlung von Entscheidungswerten geltenden „Subjekt-Objekt-Beziehung"[203] sprechen, denn das Bewertungssubjekt wird nicht mehr individuell, sondern typisiert betrachtet. Diese Typisierung zeigt sich bspw. bei der Bestimmung des Kapitalkostensatzes oder bei der Besteuerung der Erträge auf der Ebene des Anteilseigners. Bewertungssubjekt ist der typisierte Anteilseigner und nicht das Unternehmen.[204] Unklarheit besteht bisher in der Literatur[205] und in der Bewertungspraxis jedoch hinsichtlich der Frage, ob unter dem vom IDW verwendeten Begriff des Anteileigners der bisherige Anteilseigner zu verstehen ist oder ein potentieller.[206]

200 Vgl. IDW, WP-Handbuch II 2008, S. 9.
201 Vgl. Peemöller, in: Peemöller, Praxishandbuch der Unternehmensbewertung, S. 12 f.
202 Vgl. Schultze, Methoden der Unternehmensbewertung, S. 10.
203 Zum Begriff vgl. auch Münstermann, Wert und Bewertung, S. 11 f.
204 Vgl. IDW S 1 2008, Rn. 29.
205 Vgl. Brähler, WPg 2008, S. 213 sowie Peemöller, in: Peemöller, Praxishandbuch der Unternehmensbewertung, S. 11.
206 Diese Frage wird noch umfassend in Abschnitt 4.4.1.2 dargestellt und erörtert.

3.1.3.2 Beratungsfunktion

Der vom Wirtschaftsprüfer in der Funktion des Beraters ermittelte Unternehmenswert entspricht weitestgehend dem in der Kölner Funktionslehre ermittelten Entscheidungswert. Das IDW macht deutlich, dass es sich – im Grundsatz – um einen subjektiven Entscheidungswert handelt, der zur Festlegung individueller Preisunter- bzw. Preisobergrenzen dient.[207] Allerdings wird einschränkend darauf hingewiesen, dass die Beratungsfunktion mit einer unparteiischen Tätigkeit nicht vereinbar und dem Wirtschaftsprüfer daher vorgeschrieben ist, bei in der Beratungsfunktion erteilten Gutachten einen Hinweis auf den Auftrag und die daraus ableitbare Bewertungsfunktion zu geben.[208] Darüber hinaus betont das IDW, dass die Ermittlung subjektiver Entscheidungswerte nur unter enger Einbindung des Entscheidungsträgers realisierbar ist und nennt zugleich einen einschränkenden Katalog von Aufgaben, die bei Ermittlung von Entscheidungswerten im Regelfall überhaupt von einem Wirtschaftsprüfer übernommen werden (können).[209]

Im Gegensatz zur Kölner Funktionslehre, bei der der Entscheidungswert bereits den Ausgangs- bzw. Basiswert darstellt, schlägt das IDW vor, Entscheidungswerte nicht direkt, sondern in einem zweistufigen Verfahren zu ermitteln, bei dem der – im ersten Schritt festzulegende – objektivierte Unternehmenswert (als Basiswert in der Funktionslehre des IDW) erst im zweiten Schritt zum Entscheidungswert ausgebaut wird.

3.1.3.3 Schiedsgutachterfunktion

In der Funktion des Schiedsgutachters – auch als Vermittlungsfunktion bezeichnet – wird der Wirtschaftsprüfer dann tätig, wenn er in einer Konfliktsituation unter Berücksichtigung der subjektiven Wertvorstellungen der betroffenen Parteien einen Einigungswert ermittelt, an welchen die Parteien entweder unmittelbar wirksam gebunden sind oder welcher nach ergänzender

[207] Vgl. IDW, WP Handbuch II 2008, Rn. A 21.
[208] Vgl. IDW, WP Handbuch II 2008, Rn. A 26.
[209] Vgl. IDW, WP Handbuch II 2008, Rn. A 23 ff.

Würdigung ausgewählter, wertprägender Elemente (bspw. durch ein Gericht) Verbindlichkeit erlangt.[210] Selbst wenn die subjektiven Wertvorstellungen – im Gegensatz zum objektivierten Unternehmenswert – Berücksichtigung finden, erfolgt die Ermittlung des Schiedswertes „ohne wertbildende Mitwirkung der befangenen Parteien“[211]. Ebenso wie bei der Ermittlung des objektivierten Unternehmenswertes muss der Wirtschaftsprüfer auch hier bei der Ermittlung des Schiedswertes Annahmen hinsichtlich der wertprägenden Elemente treffen, jedoch erfolgt die Typisierung mit Bezug zu den konkret betroffenen Parteien, wenn und soweit die Wertargumentation intersubjektiv nachprüfbar ist.[212]

3.1.4 Kritik an der funktionalen Bewertungslehre und weiteres Vorgehen

Die Funktionslehre der Kölner Schule ist nach wie vor der von der herrschenden Meinung der Wissenschaft getragene Ordnungskatalog der Bewertungsfunktionen. Dennoch ist auch sie nicht unumstritten, weshalb – wie bereits einleitend[213] thematisiert – in der Literatur eine Vielzahl unterschiedlicher Versuche existieren, die Funktionen neu zu ordnen, insbesondere, um der zunehmenden Bedeutung der Unternehmensbewertung in verschiedenen Teilbereichen der Betriebswirtschaftslehre Rechnung zu tragen.[214]

Kritisch anzumerken ist ferner, dass die entscheidungsorientiert geprägte Kölner Funktionslehre bisher keinen praktikablen Lösungsansatz für solche Fälle liefert, in denen eine individuelle Betrachtung des Bewertungssubjektes entweder praktisch nicht realisierbar oder aufgrund einer gesetzlichen Normierung ausgeschlossen ist und hierdurch gewisse Typisierungen hinsicht-

---

210 Vgl. IDW S 1 2008, Rn. 12 sowie IDW, WP Handbuch II 2008, S. 11.
211 IDW, WP Handbuch II 2008, Rn. A 27.
212 Vgl. IDW, WP Handbuch II 2008, Rn. A 28 f.
213 Vgl. Abschnitt 3.1.1.3.
214 Vgl. bspw. Coenenberg/Schultze, in DBW 2002, S. 599; Ballwieser, Unternehmensbewertung, S. 1 ff.; Mandl/Rabel, in: Peemöller, Praxishandbuch der Unternehmensbewertung, S. 52 f., Schultze, Methoden der Unternehmensbewertung, S. 8 ff. oder Henselmann/Kniest, Praxisfälle, S. 426 ff. Eine umfassende, kritische Auseinandersetzung mit diesen Neuordnungen findet sich bei Matschke/Brösel, Unternehmensbewertung, S. 59 ff.

lich des Bewertungssubjektes erforderlich sind. Dennoch ist in der Wissenschaft anerkannt, dass es – (zumindest) innerhalb der Nebenfunktionen – Bewertungsfunktionen gibt, in denen die Ermittlung eines Unternehmenswertes unabhängig von subjektiven Einschätzungen konkreter Bewertungssubjekte erforderlich ist. Deutlich wird dies bspw. an der Tatsache, dass die im Katalog der Nebenfunktionen enthaltene Steuerbemessungsfunktion einen Unternehmenswert ermitteln soll, der die Grundlage für eine intersubjektiv nachprüfbare und somit gerechte und gleichmäßige Besteuerung[215] bildet. Somit weist der – in der betriebswirtschaftlichen Literatur stark kritisierte[216] – objektivierte Unternehmenswert nach IDW zumindest zu den in den Nebenfunktionen ermittelten Werten Parallelen auf.

In der weiteren Vorgehensweise wird in Kapitel 4 der Einfluss der Ergänzungsbilanz auf die unterschiedlichen, in den jeweiligen Bewertungsfunktionen zu ermittelnden Unternehmenswerte näher betrachtet. Die Analyse wird hinsichtlich der verschiedenen Bewertungsfunktionen deshalb eingegrenzt auf den Entscheidungswert, den Einigungswert und den objektivierten Unternehmenswert, weil anhand dieser drei Arten von Unternehmenswerten eine Ableitung des Einflusses der Ergänzungsbilanz auf weitere – insbesondere auch im Rahmen der in den Nebenfunktionen zu ermittelnde – Wertarten erfolgen kann. Eine explizite Untersuchung des Einflusses auf den in den Nebenfunktionen zu ermittelnden Unternehmenswert erfolgt somit nicht. Für die zu untersuchenden Bewertungsfunktionen entsprechend der Kölner Funktionslehre gilt hierbei:

- Bei der Betrachtung des Entscheidungswertes ist hinsichtlich des Einflusses der Ergänzungsbilanz weiter zu differenzieren und eine Betrachtung jeweils aus Sicht des Käufers und des Verkäufers vorzunehmen, da Wertvorstellungen abhängig von der Perspektive der an einer Transaktion beteiligten Parteien sind.[217]

---

[215] Vgl. Mandl/Rabel, Unternehmensbewertung, S. 23 sowie Behringer, Unternehmensbewertung der Mittel- und Kleinbetriebe, S. 52 sowie Abschnitt 3.1.2.4.

[216] Frühe Kritik findet sich bereits bei Moxter, Grundsätze ordnungsmäßiger Unternehmensbewertung, S. 27 f. Einen Überblick liefert Ballweiser, Unternehmensbewertung, S. 3 f.

[217] Vgl. Schultze, Methoden der Unternehmensbewertung, S. 8.

- Beim Einigungswert ist zu untersuchen, ob und welchen Einfluss die Ergänzungsbilanz auf den Einigungsbereich hat und wie der Einigungsbereich zwischen Käufer und Verkäufer aufzuteilen ist.
- Der Argumentationswert bedarf im Hinblick auf den Einfluss der Ergänzungsbilanz keiner näheren Betrachtung, da er, auf dem Entscheidungswert aufbauend, dazu dient, das Nutzenniveau des Argumentierenden zu erhöhen und hierbei tendenziell einseitige Argumente angeführt werden. Die im Rahmen der Analyse des Einflusses der Ergänzungsbilanz auf den Entscheidungs- und Einigungswert erörterten Argumente können eine Argumentationsstrategie jedoch unterstützen und selbstverständlich auch dem Argumentationswert zugrunde gelegt werden.

Beim objektivierten Unternehmenswert sind – entsprechend den Vorstellungen des IDW – Typisierungen hinsichtlich des Bewertungssubjektes erforderlich. Da sich die steuerlichen Auswirkungen der Ergänzungsbilanz beim Altgesellschafter einer Personengesellschaft von den Auswirkungen beim (potentiellen) Neugesellschafter unterscheiden, ist die – wie ausgeführt[218] – bisher ungeklärte Frage grundlegend und daher vorab zu beantworten, ob der objektivierte Unternehmenswert einen Wert aus Sicht eines zum Bewertungsstichtag beteiligten, typisierten Altgesellschafters, einen Wert aus Sicht eines potentiellen Investors oder einen zwischen diesen beiden liegenden Wert repräsentiert.

Ergänzungsbilanzen resultieren aus Veräußerungsvorgängen. Deshalb ist ebenso zu untersuchen, ob ein solcher Tatbestand dem Bewertungsanlass zwingend zugrunde liegen muss, damit ein Einfluss der Ergänzungsbilanz auf den Unternehmenswert der Personengesellschaft gegeben ist.

[218] Vgl. Abschnitt 5.6.

3.2 Anlässe bei der Bewertung von Personengesellschaften

3.2.1 Klassifizierung der unterschiedlichen Bewertungsanlässe

Abschnitt 3.1 hat gezeigt, dass der Wert eines Unternehmens stets vom Bewertungszweck abhängig ist; dieser wiederum ist eng mit dem zugrunde liegenden Bewertungsanlass verbunden[219] bzw. wird von diesem bestimmt[220]. Allerdings ist es nicht möglich, jedem Bewertungsanlass eindeutig eine Bewertungsfunktion zuzuordnen und umgekehrt: zum einen kann jeder Bewertungsanlass eine Bewertung in verschiedenen Funktionen erfordern, zum anderen kommen die Funktionen bei mehreren, unterschiedlichen Anlässe zur Anwendung.[221]

In der Literatur werden unterschiedliche Versuche unternommen, die Vielzahl der Bewertungsanlässe zu klassifizieren.[222] Der Katalog der Bewertungsanlässe ist dabei so vielfältig, dass – wie auch an der Heterogenität der von der Literatur entwickelten Ordnungsansätze erkennbar – eine eindeutige Klassifizierung nicht realisierbar ist.[223] Die gängigen, bei verschiedenen Klassifizierungsansätzen verwendeten Merkmale zeigt Abbildung 11.

Jeder Bewertungsanlass kann jeweils nach verschiedenen Merkmalen (Lebensphase, Art der Regelung, Entscheidungssituation und Eigentumsübergang) klassifiziert werden. Um das weitere Verständnis zu erleichtern, wird im Folgenden der Fokus auf die Bewertungsanlässe gelegt, die für Personengesellschaften relevant sind und zwar geordnet nach der Art der zugrunde liegenden Regelung.

---

219 Vgl. Mandl/Rabel, Unternehmensbewertung, S. 12.

220 Vgl. Peemöller, in: Peemöller, Praxishandbuch der Unternehmensbewertung, S. 19.

221 Vgl. Künnemann, Objektivierte Unternehmensbewertung, S. 56 f.

222 Vgl. bspw. Henselmann, Umternehmensrechnung und Unternehmenswert, S. 414 ff.; Hering, Unternehmensbewertung, S. 14 ff.; Drukarczyk/Schüler, Unternehmensbewertung, S. 82 ff.; Künnemann, Objektivierte Unternehmensbewertung, S 52 ff.; Mandl/Rabel, Unternehmensbewertung, S. 12 ff.; Matschke/Brösel, Unternehmensbewertung S. 84 ff.; Peemöller, in: Peemöller, Praxishandbuch der Unternehmensbewertung, S. 19 ff.

223 Vgl. Peemöller, in: Peemöller, Praxishandbuch der Unternehmensbewertung, S. 19.

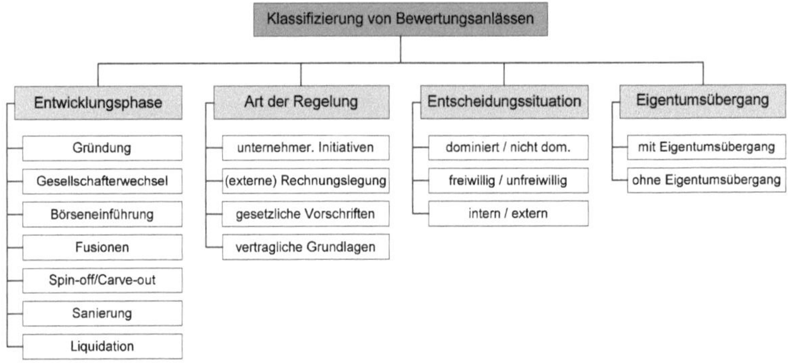

Abbildung 11: Klassifizierung von Bewertungsanlässen[224]

3.2.2 Bewertungen im Zusammenhang mit unternehmerischen Initiativen

Bewertungen im Zusammenhang mit unternehmerischen Initiativen sind dadurch gekennzeichnet, dass dem Bewertungsanlasse weder eine gesetzliche noch eine vertragliche Norm zugrunde liegt. Gängigstes Beispiel ist der Kauf bzw. Verkauf von Unternehmen oder Unternehmensteilen. Hierzu zählen selbstverständlich auch Personengesellschaften oder Anteile an Personengesellschaften.

Daneben fallen in die Gruppe der Bewertungsanlässe im Zusammenhang mit unternehmerischen Initiativen auch Fusionen, Eigenkapitalzuführungen (bspw. durch weitere Bar- oder Sacheinlagen der Gesellschafter oder Eintritt weiterer Gesellschafter) oder Fremdkapitalzuführungen, wertorientierte Managementvergütungen oder Management-Buy-Outs.

[224] In Anlehnung an Seppelfricke, Handbuch Aktien- und Unternehmensbewertung, S. 5, ergänzt um den Gesellschafterwechsel in der Rubrik Entwicklungsphase und unter Verwendung der Klassifizierung nach IDW hinsichtlich der Art der Regelung (vgl. IDW S 1 2008, Rn. 8 ff.).

3.2.3 Bewertungen für Zwecke der (externen) Rechnungslegung

Auch die Rechnungslegung nach HGB oder IFRS erfordert Unternehmensbewertungen,[225] so bspw. im Zusammenhang mit der Beteiligungsbewertung, der Kaufpreisallokation oder Werthaltigkeitsprüfungen. Hierbei kommen oft spezielle Bewertungsstandards zur Anwendung.[226] Daneben fallen in diese Gruppe Bewertungen aus steuerlichen Gründen, bspw. im Fall von konzerninternen Umstrukturierungen.[227]

3.2.4 Bewertungen aufgrund gesetzlicher Vorschriften

Im Wesentlichen ergeben sich Bewertungsanlässe aufgrund gesetzlicher Vorschriften aus den Vorschriften des AktG zum Abschluss von Unternehmensverträgen bzw. zum Squeeze out[228] oder zur Eingliederung.[229] Diese rechtsformspezifischen Vorschriften sind jedoch für Personengesellschaften nicht relevant. Allerdings finden sich im UmwG für Personenhandelsgesellschaften[230] relevante Vorschriften, nach denen denjenigen Gesellschaftern, die dem Umwandlungsbeschluss nicht zu stimmen, eine Barabfindung anzubieten ist. Im Einzelnen kommt ein solches Abfindungsangebot beim Formwechsel[231], bei der Spaltung[232] und bei der Verschmelzung[233] in Frage. Sinn und Zweck der Barabfindung ist, die verursachte und dem Gesellschafter entstehende wirtschaftliche Schlechterstellung zu kompensieren.[234]

---

225 Das IDW wertet Bewertungsanlässe für Zwecke der (externen) Rechnungslegung erst mit Einführung des IDW ES 1 2007 auf und nennt diese in einem gesonderten Gliederungspunkt, vgl. IDW ES 1 2007, Rn. 10 sowie Hommel/Pauly, BB 2007, S. 2728.

226 Vgl. bspw. IDW RS HFA 10 2005.

227 Vgl. IDW, WP Handbuch II 2008, Rn. A 13.

228 Auch im WpÜG bestehen Vorschriften zum Squeeze out, die ebenfalls hier einzuordnen sind.

229 Vgl. IDW, WP Handbuch II 2008, Rn. A 13.

230 Die Vorschriften des UmwG betreffen nur Personenhandelsgesellschaften und sind für die GbR ausgeschlossen (§§ 3, 124, 191 UmwG).

231 § 207 UmwG. Zum Formwechsel im Einzelnen vgl. statt vieler Schwedhelm, Unternehmensumwandlung, S. 329 und S. 333 ff.

232 § 125 i.V.m. § 29 UmwG. Zur Spaltung im Einzelnen und den Unterformen Aufspaltung, Abspaltung und Ausgliederung vgl. statt vieler Schwedhelm, Unternehmensumwandlung, S. 329 und S. 354 ff.

233 § 29 UmwG. Zur Verschmelzung im Einzelnen vgl. statt vieler Schwedhelm, Unternehmensumwandlung, S. 329 und S. 357 ff.

234 Vgl. Kalss, in: Semler/Stengel, UmwG, § 29 Rn. 1 f.

Bewertungen aufgrund gesetzlicher Vorschriften sind darüber hinaus auch im Falle des Ausscheidens eines Gesellschafters aus einer Personengesellschaft vorzunehmen. Ein Gesellschafter kann aus einer Personengesellschaft auf unterschiedlichen Wegen ausscheiden. Zu nennen sind hier im Einzelnen – neben möglichen weiteren im Gesellschaftsvertrag vorgesehenen Fällen des Ausscheidens[235] – die folgenden gesetzlich geregelten Tatbestände:[236]

- Austrittskündigung: Der ausscheidende Gesellschafter löst sich durch einseitige Willenserklärung aus der (auf unbestimmte Zeit geschlossenen)[237] Gesellschaft.[238] Handelt es sich um eine Personenhandelsgesellschaft (OHG oder KG), so besteht diese aufgrund der dispositiven Vorschrift des § 131 Abs. 3 S. 1 Nr. 3 HGB fort. Bei der GbR bedarf es hierzu einer gesellschaftsvertraglichen Regelung (Fortsetzungsvereinbarung).[239]
- Insolvenz: Die Insolvenz eines Gesellschafters führt zu seinem Ausscheiden. Personenhandelsgesellschaften bestehen (vorbehaltlicher einer anderen gesellschaftsvertraglichen Vereinbarung) fort,[240] während es bei der GbR hierzu einer gesellschaftsvertraglichen Fortsetzungsvereinbarung[241] bedarf.
- Privatgläubigerkündigung: Hierbei handelt es sich um das Kündigungsrecht eines privaten Gläubigers des Gesellschafters einer Personengesellschaft[242] nach erfolglosem Zwangsvollstreckungsversuch

235 Vgl. § 131 Abs. 3 Nr. 5 HGB. Hier handelt es sich dann um einen Bewertungsanlass auf vertraglicher Grundlage.

236 Unerwähnt bleibt die Enteignung/Vergesellschaftung.

237 Im Falle der auf bestimmte Zeit geschlossenen Gesellschaft gelten Besonderheiten, vgl. Piehler/Schulte, in: Gummert/Weipert, MHdGesR Bd. 2, § 36 Rn.11.

238 Das Kündigungsrecht des Gesellschafters ist bei der GbR geregelt in § 723 BGB, bei der OHG in §§ 131 Abs. 3 S. 1 Nr. 3 HGB und bei der KG in § 161 Abs. 2, § 131 Abs. 3 S. 1 Nr. 3 HGB.

239 §§ 736, 737 BGB analog.

240 Das Ausscheiden im Falle des Gesellschafterinsolvenz ergibt sich bei der OHG aus § 131 Abs. 3 S. 1 Nr. 2 HGB und bei der KG aus § 161 Abs. 2, § 131 Abs. 3 S. 1 Nr. 2 HGB.

241 Die Auflösung ergibt sich aus § 728 Abs. 2 BGB, falls nicht eine Fortsetzungsvereinbarung entsprechend §§ 736, 737 BGB vor Eintritt des Auslösungsgrundes vereinbart wurde.

242 Das Ausscheiden durch Privatgläubigerkündigung folgt bei der GbR aus § 725 BGB, bei der OHG aus § 131 Abs. 3 S. 1 Nr. 4 HGB und bei der KG aus § 161 Abs. 2, § 131 Abs. 3 S. 1 Nr. 4 HGB.

in das Privatvermögen des Gesellschafters. Für den Fortbestand der Gesellschaft gilt selbiges wie bei der Austrittskündigung bzw. der Gesellschafterinsolvenz.

- Tod: Durch das Versterben eines Gesellschafters scheidet dieser aus der Gesellschaft aus.[243] Für den Fortbestand der Gesellschaft gilt selbiges wie bei der Austrittskündigung bzw. der Gesellschafterinsolvenz, wobei jedoch die Erben in die Position des verstorbenen Gesellschafters treten.
- Ausschluss: Der Ausschluss eines Gesellschafters einer Personenhandelsgesellschaft ist bei wichtigem Grund[244] gegen seinen Willen und auf Antrag der übrigen Gesellschafter durch Gerichtsbeschluss möglich (§ 140 i.V.m. § 130 HGB). Bei der Ausschlussklage handelt es sich um ein Gestaltungsrecht.[245] Bei der GbR ist der Ausschluss aus wichtigem Grund nur dann möglich, wenn im Gesellschaftsvertrag eine Fortsetzungsvereinbarung enthalten ist (§ 737 S. 1 BGB). Der Ausschluss erfolgt durch Beschluss der übrigen Gesellschafter (§ 737 S. 2 BGB).
- Gesellschafterbeschluss: Durch entsprechende Regelungen im Gesellschaftsvertrag der Personenhandelsgesellschaft ist es möglich, bei Vorliegen konkreter Gründe einen Gesellschafter durch Mehrheitsbeschluss von der Gesellschaft auszuschließen. Jedoch gilt der Bestimmtheitsgrundsatz und es darf nicht gegen den Willen des Gesellschafters zu einer materiellen Erleichterung der Ausschließung nach § 140 HGB kommen.[246]

In Ermangelung einer gesonderten Regelung im HGB finden für alle Personengesellschaften als Rechtsfolge des Ausscheidens die Vorschriften der

243 Das Ausscheiden durch den Tod des Gesellschafters folgt bei der GbR aus § 727 BGB, bei der OHG aus § 131 Abs. 3 S. 1 Nr. 1 HGB und bei der KG aus § 161 Abs. 2, § 131 Abs. 3 S. 1 Nr. 1 HGB.

244 Dieser Grund muss in der Person des Gesellschafters liegen, vgl. Piehler/Schulte, in: Gummert/Weipert, MHdGesR Bd. 1, § 74 Rn. 37.

245 Vgl. Piehler/Schulte, in: Gummert/Weipert, MHdGesR Bd. 1, § 74 Rn. 51.

246 Das Ausscheiden durch Gesellschafterbeschluss ergibt sich bei der OHG aus § 131 Abs. 3 S. 1 Nr. 6 HGB und bei der KG aus §§ 161 Abs. 2,131 Abs. 3 S. 1 Nr. 6 HGB. Für die GbR fehlt es an einer gesetzlichen Regelung, vgl. Gummert, in: Gummert/Weipert, MHdGesR Bd. 1, § 21 Rn. 82.

§§ 738-740 BGB Anwendung. Der ausscheidende Gesellschafter ist abzufinden. Ihm ist „dasjenige zu zahlen, was er bei der Auseinandersetzung erhalten würde, wenn die Gesellschaft zur Zeit seines Ausscheidens aufgelöst worden wäre“[247]. Somit wird eine Bewertung des Gesellschaftsvermögens zum Stichtag des Ausscheidens erforderlich, wobei stille Reserven einzubeziehen sind.[248] Nach höchstrichterlicher Rechtsprechung ist darüber hinaus der Zweck der Wertermittlung sogar die Schätzung eines Preises, der sich bei einem hypothetischen Verkauf des Unternehmens als Einheit erzielt ließe,[249] so dass bei der Bewertung der Verkauf des gesamten Unternehmens anzunehmen ist.[250]

3.2.5 Bewertungen auf vertraglicher Grundlage

Nicht selten werden durch Regelungen im Gesellschaftsvertrag – neben den gesetzlichen genannten – weitere Tatbestände relevant, die zum Ausscheiden des Gesellschafters aus der Personengesellschaft führen und darüber hinaus Regelungen getroffen, wie im Falle des Ausscheidens eines Gesellschafters zu verfahren ist. Sie betreffen nicht nur die Frage nach dem Fortbestand der Gesellschaft, sondern auch Vorschriften in Bezug auf die Bestimmung des Abfindungsbetrages, der dem Ausscheidenden zu gewähren ist. In diesen Fällen ist der Abfindungsbetrag nach den konkreten vertraglichen Regelungen zu bestimmen.[251] Gleiches gilt für etwaige Regelungen, die den Eintritt in eine Personengesellschaft betreffen.

Zu den Bewertungsanlässen auf vertraglicher Grundlage zählen auch alle Anlässe, die Bewertungen erfordern, welche sich nach individuellen, von den gesetzlichen abweichenden Regelungen richten. Derartige Anlässe finden

247 § 738 Abs. 1 S. 2 BGB.
248 Vgl. Wangler, DB 2001, S. 1763.
249 Vgl. BGH, Urteil vom 24.09.1984, II ZR 256/83, NJW 1985, S. 192; Ebenroth/Müller, BB 1993, S. 1156; Großfeld, AG 1988, S. 218 sowie Piehler/Schulte, in: Gummert/Weipert, MHdGesR Bd. 1, § 10 Rn. 81.
250 Vgl. IDW, WP Handbuch II 2008, Rn. A 14; Peemöller, in Peemöller, Praxishandbuch der Unternehmensbewertung, S. 23.
251 Vgl. IDW, WP Handbuch II 2008, Rn. A 14.

sich oft im Bereich des Erb- und Familienrechts, bspw. in Testamenten, Erbverträgen oder Eheverträgen.

3.3 Zukunftserfolgsbezogene Unternehmensbewertungsverfahren

3.3.1 Überblick über die zukunftserfolgsbezogenen Unternehmensbewertungsverfahren

Wie bereits in Kapitel 1 erläutert, bestimmt sich der nach dem Prinzip der wirtschaftlichen Bewertungseinheit als Gesamtwert verstandene Unternehmenswert ausschließlich aus der Eigenschaft, für die Anteilseigner finanzielle Überschüsse zu erwirtschaften, welche diesen – im Zeitpunkt des Zuflusses oder in künftigen Zeitpunkten – Konsummöglichkeiten eröffnen. Ist davon auszugehen, dass das Unternehmen fortbesteht und dass die Anteilseigner keine anderen als finanzielle Interessen verfolgen, so ist der Gesamtwert eines Unternehmens ausschließlich abhängig von den künftigen finanziellen Erfolgen. Vergangenheitsbezogene Erfolge sind nicht wertbestimmend; hier gilt die Devise „für das Gewesene gibt der Kaufmann nichts“[252]. Die Bewertung der den Anteilseignern zufließenden finanziellen Überschüsse erfolgt durch Vergleich mit einer äquivalenten Alternativanlage unter Verwendung des Kapitalwertkalküls.[253] Hierbei kommen unterschiedliche Verfahren zur Anwendung. Zu unterscheiden ist zunächst nach der Frage, ob es sich beim Bewertungsverfahren um eine Brutto- oder Nettokapitalisierung handelt. Desweiteren sind die DCF-Verfahren dem Ertragswertverfahren gegenüberzustellen. Ein systematischer Überblick über die verschiedenen Bewertungsverfahren ist der nachfolgenden Abbildung 12 zu entnehmen.

[252] Münstermann, Wert und Bewertung, S. 21.
[253] Vgl. statt vieler Ballwieser, WPg 2008, Sonderheft 2008, S. S102

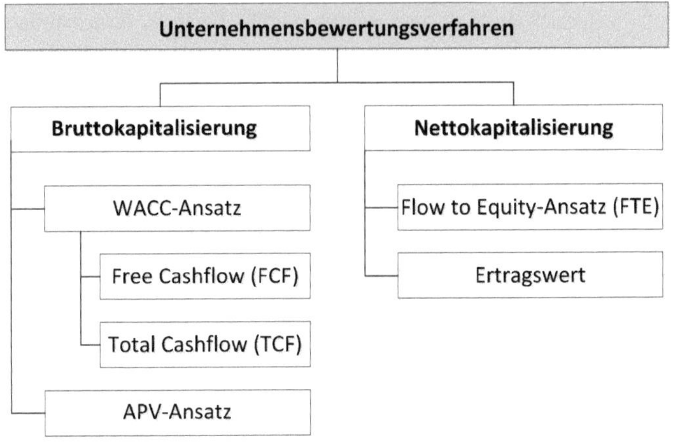

Abbildung 12: Brutto- und Nettokapitalisierungsverfahren[254]

3.3.2 Systematischer Unterschied der Brutto- und Nettokapitalisierung

Brutto- und Nettokapitalisierungsverfahren unterscheiden sich danach, ob der Marktwert des Eigenkapitals – als Repräsentant des Unternehmenswertes aus Sicht der Anteilseigner – direkt oder indirekt erfolgt. Bei der direkten Ermittlung bilden die den Anteilseignern zufließenden finanziellen Überschüsse die zu diskontierende Größe im Kapitalwertkalkül (Nettokapitalisierung). Die indirekte Vorgehensweise erfolgt zweistufig, indem in einem ersten Schritt der Marktwert des Gesamtkapitals bestimmt und von diesem im zweiten Schritt der Marktwert des Fremdkapitals abgezogen wird (Bruttokapitalisierung). Bei der Nettokapitalisierung sind die zu diskontierenden Überschüsse im Gegensatz zur Bruttokapitalisierung also bereits um die von den Fremdkapitalgebern geforderten Fremdkapitalkosten bereinigt.[255] In der Literatur wird die Nettokapitalisierung auch als Equity-Methode, Equity-

[254] In Anlehnung an: Baetge/Niemeyer/Kümmel/Schulze, in: Peemöller, Praxishandbuch der Unternehmensbewertung, S. 345.

[255] Vgl. hierzu sowie detailliert zu den einzelnen Verfahren und ihren Unterschieden bspw. Baetge/Niemeyer/Kümmel/Schulz, in: Peemöller, Praxishandbuch der Unternehmensbewertung, S. 344 ff. oder Ballwieser, Unternehmensbewertung, S. 132 ff. sowie in Bezug auf die DCF-Verfahren auch Drukarczyk/Schüler, Unternehmensbewertung, S. 137 ff. Zur Verwendung der DCF-Verfahren bei Bewertung von Personengesellschaften nach der Unternehmensteuerreform 2008 vgl. Streitferdt, FB 2008, S. 268 ff.

Verfahren, Equity-Ansatz oder Equity-Approach bezeichnet und die Bruttokapitalisierung entsprechend auch Entity-Methode, Entity-Verfahren, Entity-Ansatz oder Entity-Approach genannt.

3.3.3 Die Gesamtbewertungsverfahren

Die in Abbildung 12 aufgeführten und in den folgenden Unterabschnitten näher vorgestellten Verfahren beruhen konzeptionell auf dem Kapitalwertkalkül und unterscheiden sich voneinander lediglich hinsichtlich der jeweils angewendeten Rechentechnik und der ihnen zugrunde liegenden Annahmen (Ertrags- oder Liquiditätsgrößen[256] bzw. Netto- oder Bruttokapitalisierung), so dass unter der Voraussetzung gleicher Annahmen alle Verfahren zu identischen Unternehmenswerten führen.[257] Zum (vereinfachten) Verständnis erfolgt zunächst die Darstellung der Methodik anhand des Ertragswertverfahrens. Anschließend wird auf die Besonderheiten und Abweichungen bei den einzelnen DCF-Verfahren eingegangen. Da die spätere Analyse den Einfluss der Ergänzungsbilanz auf den Unternehmenswert anhand der Nettokapitalisierungsverfahren aufzeigt, erfolgt auch hier eine Fokussierung auf diese.

3.3.3.1 Ertragswertverfahren

Beim Ertragswertverfahren handelt es sich um ein Verfahren der Nettokapitalisierung, welches die zu kapitalisierende Größe auf der Grundlage von Erfolgsgrößen, also Erträgen und Aufwendungen, bestimmt, wobei auch hier die an die Anteilseigner ausgeschütteten Ergebnisanteile (Liquiditätsgröße) kapitalisiert werden. Das Ertragswertverfahren stellt in Deutschland ein in der Bewertungspraxis wichtiges und häufig verwendetes Bewertungsverfahren

[256] Vgl. zu den konzeptionellen Unterschieden zwischen Ertragswertverfahren und FTE-Verfahren Abschnitt 3.3.3.2.

[257] Vgl. IDW, WP-Handbuch II 2008, Rn. 10, Rn. 236 und Rn. 338.

dar[258] und erfreut sich bei Vertretern der steuerberatenden und wirtschaftsprüfenden Berufe besonderer Beliebtheit.[259]

Unter Anwendung des Kapitalwertkalküls ergibt sich der Ertragswert bei unbegrenzter Lebensdauer des zu bewertenden Unternehmens aus der Summe der Barwerte der unendlichen Reihe der dem Anteilseigner entstehenden finanziellen Überschüsse:[260]

$$UW = \sum_{t=1}^{\infty} \frac{F\ddot{U}_t}{(1+i)^t} \qquad (3\text{-}1)^{261}$$

mit			
	UW	=	Unternehmenswert (im Zeitpunkt t=0)
	$F\ddot{U}_t$	=	Erwartungswert der finanziellen Überschüsse in Periode t
	i	=	Kapitalisierungszinssatz
	t	=	Periodenindex

Oft sind im Unternehmen Vermögensgegenstände und Schulden enthalten, die nicht notwendigerweise für das Erreichen des Unternehmenszwecks und somit auch nicht für das Erzielen finanzieller Überschüsse erforderlich sind bzw. diese nicht oder nur unwesentlich verändern würden.[262] Daher sind die finanziellen Überschüsse aus dem nicht betriebsnotwendigen Vermögen von den finanziellen Überschüssen aus dem betriebsnotwendigen Vermögen zu separieren und als gesonderte Komponente in den Unternehmenswert einzubeziehen, wobei hinsichtlich der Bestimmung dieser Überschüsse grund-

258 Vgl. Henselmann/Barth, Empirie zur Bewertungspraxis, S. 22 und S. 26. Das Ertragswertverfahren findet Anwendung bei rd. einem Drittel aller Bewertungsfälle und folgt in der Gruppe der Gesamtbewertungsverfahren den WACC-Verfahren.

259 Vgl. differenzierend zwischen IDW-Mitgliedern und Nicht-Mitgliedern Fischer-Winkelmann/Busch, FB 2009, S. 719 sowie für den steuerberatenden Beruf Peemöller/ Meyer-Pries, DStR 1995, S. 1202 ff.

260 Vgl. IDW, WP Handbuch II 2008, Rn. A 176.

261 Darstellung in Anlehnung an IDW, WP Handbuch II 2008, Rn. A 176 ff.

262 Vgl. IDW, WP Handbuch II 2008, Rn. A 130 f.

sätzlich von einer Veräußerung des nicht betriebsnotwendigen Vermögens ausgegangen wird:[263]

$$UW = \sum_{t=1}^{\infty} \frac{F\ddot{U}_t^{bV}}{(1+i)^t} + \sum_{t=1}^{\infty} \frac{F\ddot{U}_t^{nbV}}{(1+i)^t} \tag{3-2}$$

mit $F\ddot{U}_t^{bV}$ = Erwartungswert der finanziellen Überschüsse in Periode t aus dem betriebsnotwendigen Vermögen

$F\ddot{U}_t^{nbV}$ = Erwartungswert der finanziellen Überschüsse in Periode t aus dem nicht betriebsnotwendigen Vermögen

In der Bewertungspraxis erfolgt die Planung der finanziellen Überschüsse i.d.R. nach der Phasenmethode, welche den Planungszeitraum in eine nähere Phase (Detailplanungsphase) und eine fernere Phase (Phase der ewigen Rente), in der sich die Vermögens- Finanz- und Ertragslage des Bewertungsobjektes in einem Gleichgewichtszustand befinden, trennt.[264] Hiernach ergibt sich der Unternehmenswert als:

$$UW = \sum_{t=1}^{T} \frac{F\ddot{U}_t^{bV}}{(1+i)^t} + \frac{F\ddot{U}_{T+1}^{bV}}{i} \cdot \frac{1}{(1+i)^T} + \sum_{t=1}^{\infty} \frac{F\ddot{U}_t^{nbV}}{(1+i)^t} \tag{3-3}$$

mit $F\ddot{U}_t^{bV}$ = Erwartungswert der finanziellen Überschüsse der Periode t aus dem betriebsnotwendigen Vermögen (hier: Detailplanungsphase)

$F\ddot{U}_{T+1}^{bV}$ = Erwartungswert des (jährlich gleichbleibenden) finanziellen Überschusses aus dem betriebsnotwendigen Vermögen in der ewigen Rente

T = Anzahl der Jahre der Detailplanungsphase

[263] Vgl. Helbling, Unternehmensbewertung und Steuern, S. 234 f.
[264] Vgl. IDW, WP Handbuch II 2008, Rn. A 178.

Hinsichtlich der Bestimmung der erwarteten finanziellen Überschüsse und des Kapitalisierungszinssatzes ist zu differenzieren zwischen objektivierten und subjektiven Unternehmenswertermittlungen.

Bei objektivierten Unternehmenswertermittlungen ist – wie bereits in Abschnitt 3.1.3.1 vorgestellt – ein intersubjektiv nachprüfbarer Wert zu ermitteln, der sich bei unveränderter Fortführung des bestehenden Unternehmenskonzeptes und bei realistischer Einschätzung der Zukunftserwartungen ergibt.[265] Dementsprechend sind auch nur solche Ereignisse zu bewerten, die zum Bewertungsstichtag bereits eingeleitet waren.[266] Synergieeffekte sind zu vernachlässigen, soweit diese nicht bereits realisiert sind oder – unabhängig von den dem Bewertungsanlass zugrunde liegenden Maßnahmen – realisiert werden könnten (unechte Synergien).[267] Es sind nur solche Ausschüttungen zu berücksichtigen, die im Unternehmenskonzept dokumentiert sind.[268] Ferner ist davon auszugehen, dass das zum Bewertungsstichtag vorhandene Management dem Unternehmen weiterhin zur Verfügung steht, wobei unter Umständen – insbesondere bei Gesellschafter-Geschäftsführern und bei Nicht-Kapitalgesellschaften – kalkulatorische Unternehmerlöhne zu berücksichtigen sind.[269] Hinsichtlich der Einbeziehung persönlicher Steuern bei Ermittlung der finanziellen Überschüsse im Rahmen objektivierter Unternehmenswertermittlungen wird auf Abschnitt 3.4 verwiesen.

Die den objektivierten Unternehmenswert kennzeichnenden, typisierenden Annahmen finden bei subjektiven Unternehmenswerten keine Anwendung; hier sind individuelle Annahmen aus der Perspektive des Bewertungssubjektes zu treffen. Auf die Höhe der finanziellen Überschüsse auswirken können sich somit die Wahl einer vom bisherigen Unternehmenskonzept abweichenden Unternehmensstrategie, die Realisierung von Verbundeffekten oder eine

---

[265] Vgl. IDW, WP-Handbuch II 2008, S. 9.

[266] Auch bezeichnet als (vom BGH entwickelte) Wurzeltheorie, vgl. Urteil vom 17. Januar 1973, IV ZR 142/70, NJW 1973, S. 509 ff.

[267] Vgl. IDW, WP Handbuch II 2008, Rn. A 83-85 oder Peemöller/Kunowski, in: Peemöller, Praxishandbuch der Unternehmensbewertung, S. 284.

[268] Vgl. zur Ausschüttungsannahme IDW, S 1 2008, Rn. 35 ff.

[269] Zu den sog. Managementfaktoren vgl. IDW, WP Handbuch II 2008, Rn. A 99 ff. sowie IDW, S 1 2008, Rn. 38 ff.

geänderte Ausschüttungs- und Finanzierungspolitik.[270] Auch hinsichtlich der persönlichen Besteuerung sind die individuellen Maßstäbe relevant.[271]

Die Kapitalisierung der künftigen finanziellen Überschüsse erfolgt mit dem Zinssatz, der bei Investition in eine adäquate Alternativanlage zu erzielen wäre.[272] Bei subjektiven Unternehmenswertermittlungen bestimmt sich der Kapitalisierungszinssatz – ähnlich wie bei der Ermittlung der finanziellen Überschüsse – in Abhängigkeit von den individuellen Mittelverwendungsalternativen des Bewertungssubjektes sowie von seiner persönlichen Renditeerwartung und Risikoneigung. Hierbei kommen nach IDW bspw. folgende, ggf. individuell anzupassende Kapitalisierungszinssätze in Betracht:

- Renditeerwartung einer konkreten Alternativinvestition,
- Zinssatz ablösbarer Kredite,
- Durchschnittsrendite branchengleicher Unternehmen,
- Durchschnittsrendite des Aktienmarktes,
- individuell kombinierte Rendite aus Basiszinssatz, Risikozuschlag und Wachstumsrate.[273]

Bei objektivierten Unternehmenswertermittlungen wird der Kapitalisierungszinssatz marktgestützt ermittelt, wobei zur Modellierung das Capital Asset Pricing Model (CAPM)[274] verwendet wird. Unter der Annahme eines

270 Vgl. Peemöller/Kunowski, in: Peemöller, Praxishandbuch der Unternehmensbewertung, S. 290 f.

271 Siehe auch hier Abschnitt 3.4.

272 Im Folgenden beschränkt sich die Untersuchung auf die in der Bewertungspraxis übliche Risikozuschlagsmethode, die das Risiko im Nenner des Kapitalwertkalküls berücksichtigt. Zur alternativ, insbesondere von Vertretern der Wissenschaft, vorgeschlagenen Sicherheitsäquivalenz bzw. Ergebnisabschlagsmethode, welche das Risiko durch einen Abschlag im Zähler berücksichtigt, vgl. statt vieler Ballwieser, BFuP 1981, S. 101 oder Kruschwitz, DB 2001, S. 2409 ff. mit Anmerkungen von Schwetzler, DB 2002, S. 390 f.

273 Vgl. IDW, WP Handbuch II 2008, Rn. A 309.

274 Das CAPM wurde in den Jahren 1964-1966, jeweils unabhängig von Sharpe (vgl. Sharpe, JoF 1964, S. 425 ff.), Lintner (vgl. Lintner, in: RESt 1965, S. 13 ff.) sowie von Mossin (vgl. Mossin, in: Econometrica 1966, S. 768-783) entwickelt. Es handelt sich um ein Modell zur Abschätzung der Kapitalkosten risikobehafteter Investitionen, welches auf der Portfoliotheorie nach Markowitz (vgl. Markowitz, Portfolio Selection, JoF 1952, S. 77 ff.) aufbaut. Ausführlich zum CAPM und zur Kritik an den Prämissen vgl. Copeland/Weston, Financial Theory, S. 194, Baetge/Krause, BFuP 1994; S. 437 ff.; Ballwieser, WPg 1995, S. 122-126; Copeland/Weston/Shastri, Financial Theory, S. 147-176; Kruschwitz, Investition und Finanzierung, S. 151-191; Mandl/Rabel, Unternehmensbewertung, S. 287-310 und Nowak, Marktorientierte Unternehmensbewertung, S. 63-72.

vollkommenen Kapitalmarktes entsprechen die Kapitalkosten der von den Kapitalgebern geforderten Kapitalrendite; formal ergibt sich der Kapitalisierungszinssatz aus:

$$i = r_{EK_j} = r_f + (r_M - r_f) \cdot \beta_j \qquad (3\text{-}4)$$

mit r_{EK_j} = erwartete Rendite der Eigenkapitalgeber vor Steuern

r_f = Rendite der risikolosen Verzinsung vor Steuern (risikoloser Basiszinssatz)

r_M = Rendite des Marktportfolios vor Steuern

β_j = Beta-Faktor als Maß für das unternehmensspezifische Risiko der Unternehmung j

oder in der graphischen Darstellung, in der die Wertpapiermarktlinie den Zusammenhang zwischen dem Betafaktor und der erwarteten Rendite der Eigenkapitalgeber beschreibt:

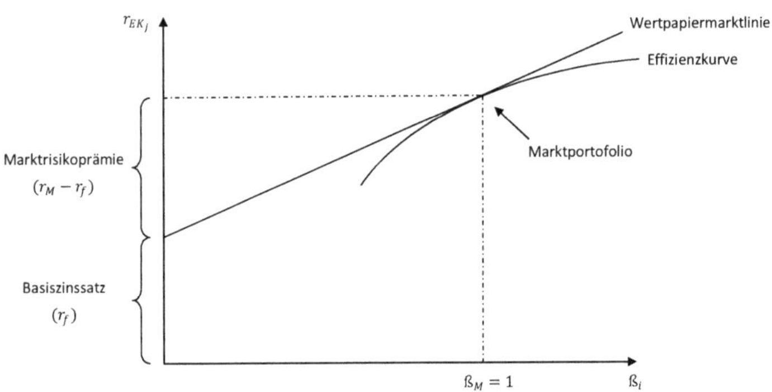

Abbildung 13: Capital Asset Pricing Model (graphische Darstellung)[275]

[275] Eigene Darstellung in Anlehnung an IDW, WP Handbuch II 2008, S. 74.

Der Kapitalisierungszinssatz wird somit kombiniert aus dem risikolosen Basiszinssatz und einem Risikozuschlag, welcher das Produkt aus der Marktrisikoprämie (als Differenz zwischen der erwarteten Marktrendite und dem risikolosen Basiszinssatz) und dem Beta-Faktor als Maß für das unternehmensindividuelle Risiko im Vergleich mit der Gesamtheit der übrigen (am Aktienmarkt notierten) Unternehmen ist.[276]

3.3.3.2 DCF-Verfahren

Im Gegensatz zum Ertragswertverfahren unterscheiden sich die Cashflow-basierten Verfahren systematisch zunächst nach Brutto- und Nettokapitalisierung, dann bei ersteren weiter nach dem WACC-Ansatz und dem APV-Ansatz. Beim WACC-Ansatz können wiederum zwei Unterformen differenziert werden: die Variante des Free Cashflow-Ansatzes (FCF-Ansatz) und die des Total Cashflow-Ansatzes (TCF-Ansatz), die sich voneinander in der Behandlung der Unternehmensteuerersparnis, die aus der steuerlichen Abzugsfähigkeit der Fremdkapitalkosten entsteht, unterscheiden.

Beim Free Cashflow-Ansatz (FCF-Ansatz) handelt es sich um das in der Praxis am häufigsten verwendete Gesamtbewertungsverfahren.[277] Unter der Prämisse vollständiger Eigenfinanzierung ermittelte Free Cashflows werden mit einem gewogenen durchschnittlichen Kapitalkostensatz (WACC) diskontiert, welcher sich aus der durchschnittlichen Renditeforderung der Eigen- und Fremdkapitalgeber, gewichtet mit dem Marktwert des Eigen- bzw. Fremdkapitals, ergibt.[278] Aufgrund der Annahme der unverschuldeten Unternehmung wird die durch die Aufnahme von Fremdkapital begründete Steuerersparnis zunächst nicht im Zähler des Bewertungskalküls berücksichtigt. Der so entstehende Fehler zu hoher Unternehmensteuern und somit zu niedriger Free Cashflows wird beim FCF-Ansatz durch Anpassung des Kapitali-

---

[276] Ausführlich zum Verständnis des CAPM und seiner einzelnen Bestandteile vgl. Schmidt/Terberger, Investitions- und Finanzierungstheorie, S. 341 ff. oder Mandl/Rabel, Unternehmensbewertung, S. 287-310.

[277] Vgl. Henselmann/Barth, Empirie zur Bewertungspraxis, S. 21 ff. sowie IDW, WP Handbuch II 2008, Rn. A 337 sowie Baetge/Niemeyer/Kümmel/Schulze, in: Peemöller, Praxishandbuch der Unternehmensbewertung, S. 247.

[278] Vgl. Ballwieser, Unternehmensbewertung, S. 133.

sierungszinssatzes korrigiert. Beim TCF-Ansatz werden unmittelbar die richtigen Steuern bei der Ermittlung der Cashflows angesetzt, wodurch eine Korrektur des Kapitalisierungszinssatzes vermieden wird.[279] Der systematische Unterschied zwischen FCF-Ansatz und TCF-Ansatz liegt also in der Berücksichtigung der durch Fremdkapitalzinsen hervorgerufenen Ersparnis von Unternehmensteuern.

Während bei der Ermittlung des Unternehmenswertes nach dem FCF-Ansatz und dem TCF-Ansatz zunächst der Marktwert des Gesamtkapitals bestimmt und um den Marktwert des Fremdkapitals gekürzt wird, setzt der Adjusted Present Value-Ansatz (APV-Ansatz) direkt bei der Ermittlung des Marktwertes des Eigenkapitals an, geht hierbei jedoch zunächst von einer unverschuldeten Unternehmung aus. Der so entstehende Wert wird um den Wertbeitrag aus der Verschuldung erhöht und um die aufgrund der Fremdfinanzierung entstehenden Ansprüche der Fremdkapitalgeber gemindert. Ziel des APV-Ansatzes ist eine isolierte Bewertung der einzelnen wertrelevanten Komponenten.[280]

Während es sich bei den übrigen DCF-Verfahren um Bruttokapitalisierungsverfahren handelt, folgt der Flow to Equity-Ansatz (FTE-Ansatz) als einziges der DCF-Verfahren der Nettokapitalisierung und ähnelt daher konzeptionell dem Ertragswertverfahren. Sowohl Ertragswertverfahren als auch FTE-Ansatz ermitteln unmittelbar den Marktwert des Eigenkapitals einer verschuldeten Unternehmung. Unterschiede ergeben sich lediglich aus der methodischen Vorgehensweise bei der Ermittlung der den Anteilseignern zufließenden finanziellen Überschüsse. Während das Ertragswertverfahren die entziehbaren Überschüsse auf der Grundlage von Erfolgsgrößen plant, zielt der FTE-Ansatz unmittelbar auf Liquiditätsgrößen ab. Die Höhe der entziehbaren Überschüsse ist letztlich jedoch von beiden Größen abhängig. Überschüsse sind nur dann entziehbar und bewertungsrelevant, wenn einer-

---

[279] Vgl. Mandl/Rabel, Unternehmensbewertung, S. 321 ff., Matschke/Brösel, Unternehmensbewertung, S. 672 ff. oder Ballwieser, Unternehmensbewertung, S. 133 u. S. 166 ff. Zur Kritik vgl. Drukarczyk/Schüler, Unternehmensbewertung, S. 179 ff. oder Ballwieser, Unternehmensbewertung, S. 167 .

[280] Vgl. Drukarczyk/Schüler, Unternehmensbewertung, S. 148 ff.

seits der Erfolg ausreicht und somit die Ausschüttung gesellschaftsrechtlich zulässig ist, sowie andererseits nur dann, wenn auch die zur Ausschüttung erforderliche Liquidität zur Verfügung steht. Letztlich beeinflussen sich Ausschüttungsverhalten und Finanzierungsstruktur wechselseitig. Beide Verfahren machen es daher erforderlich, die jeweils nicht primär betrachtete Größe im Rahmen einer Nebenrechnung zu untersuchen.[281] Auch der Kapitalisierungszinssatz entspricht (unter der Prämisse, dass identische Finanzierungsannahmen getroffen werden) beim FTE-Ansatz demjenigen beim Ertragswertverfahren, so dass die Höhe des Unternehmenswertes unabhängig von der gewählten Methode ist.[282]

3.3.4 Berücksichtigung der Ergänzungsbilanz

Wie bereits in Abschnitt 3.3.3 erörtert, hat die Wahl des Bewertungsverfahrens bei konsistenter Anwendung und gleichen Prämissen keinen Einfluss auf die Höhe des Unternehmenswertes.

Bei der Bewertung von Personengesellschaften werden aufgrund ihrer steuerlichen Besonderheiten sowohl im Zähler als auch im Nenner des Bewertungskalküls Nach-Steuer-Größen angesetzt. Bewertungsrelevant sind für die Bestimmung des Marktwertes des Eigenkapitals solche finanziellen Überschüsse, die dem Anteilseigner Konsummöglichkeiten eröffnen. Geht man von einem Einfluss der Ergänzungsbilanz dem Grunde nach aus, so zeigt sich der Vorteil der ergänzungsbilanzbedingten Steuerersparnis beim Ertragswertverfahren in höheren Nettoerträgen auf der Ebene des Anteilseigners. Bei den DCF-Verfahren verbleibt durch die niedrigere Steuerbelastung eine höhere Nettoausschüttung bei den Eigenkapitalgebern. Bei beiden Verfahrensarten, in besonderem Maß jedoch bei den DCF-Verfahren, wird bei der Bewertung von Personengesellschaften eine Nebenrechnung zur Ermittlung der persönlichen Steuerbelastung des Anteilseigners erforderlich sein.

---

[281] Vgl. IDW, WP Handbuch II 2008, Rn. A 60 ff.
[282] Vgl. IDW, WP Handbuch II 2008, Rn. A 67-69.

Da die Wahl des Bewertungsverfahrens grundsätzlich keine Auswirkung auf den Einfluss der Ergänzungsbilanz auf den Unternehmenswert der Personengesellschaft hat, ist eine gesonderte Betrachtung nach den unterschiedlichen Verfahren entbehrlich. Wie bereits in Abschnitt 3.3.3 erwähnt, erfolgt daher in der folgenden Untersuchung – insbesondere bei der Frage des quantitativen Einfluss der Ergänzungsbilanz auf den Unternehmenswert der Personengesellschaft – eine Beschränkung auf die Nettokapitalisierungsverfahren und – insoweit (dennoch) eine Differenzierung erforderlich sein sollte – auf das Ertragswertverfahren.

3.4 Einbeziehung persönlicher Steuern in den Unternehmenswert

3.4.1 Grundsätze zur Berücksichtigung persönlicher Steuern

Die Frage, ob persönliche Ertragsteuern, also solche Steuern, die nicht auf der Ebene des Unternehmens[283], sondern auf der Ebene des Anteilseigners[284], anfallen, im Bewertungskalkül zu berücksichtigen sind oder nicht, war lange Zeit umstritten.[285] In der Theorie hat sich bereits in den 1960er und 1970er Jahren die Auffassung durchgesetzt, dass sich der Wert eines Unternehmens für seine Anteilseigentümer ausschließlich aus der Möglichkeit ergibt, ihre konsumtiven Bedürfnisse zu befriedigen und dass somit der Unternehmenswert aus den Ausschüttungen resultiert, die den Anteileigentümern aus dem Unternehmen zufließen.[286] Persönliche Steuern schränken die Konsummöglichkeiten ein, weshalb es aus theoretischer Sicht geboten ist, diese im Bewertungskalkül zu berücksichtigen.[287] Vereinfachend kann

[283] Hierbei handelt es sich bei Kapitalgesellschaften um die Körperschaftsteuer nebst Solidaritätszuschlag sowie die Gewerbesteuer und bei Personengesellschaften lediglich um die Gewerbesteuer.

[284] Wie in Kapitel 2 umfassend dargestellt, handelt es sich bei den persönlichen Steuern im Einzelnen um die Einkommensteuer, den Solidaritätszuschlag sowie ggf. die Kirchensteuer.

[285] Vgl. Jonas, WPg 2008, S. 826 m.w.N.

[286] Vgl. Moxter, Grundsätze ordnungsgemäßer Unternehmensbewertung, S. 177 f.

[287] Vgl. Engels, Betriebswirtschaftliche Bewertungslehre, S. 122-129; Wagner, DB 1972, S. 1637 u. 1642, Maul, WPg 1973, S. 57-63 sowie Ballwieser/Kruschwitz/Löffler, WPg 2007, S. 765 f.

jedoch, wenn die Besteuerung der Mittelzuflüsse aus dem Bewertungsobjekt und der Alternativanlage identisch sind, auf eine Einbeziehung persönlicher Steuern verzichtet werden, da in diesem Fall Brutto- und Nettorechnung zum gleichen Unternehmenswert führen.[288]

Obwohl sich die Theorie bereits deutlich früher als die Praxis für eine grundsätzliche Berücksichtigung persönlicher Steuern im Unternehmenswert ausgesprochen hat, besteht in dieser Frage spätestens mit dem im Jahr 1997 eingeleiteten Paradigmenwechsels im Berufsstand der Wirtschaftsprüfer Einigkeit,[289] auch wenn vereinzelt in der Literatur Meinungen auftreten, die sich nach wie vor gegen eine Nach-Steuer-Rechnung aussprechen.[290] Festzuhalten ist jedoch, dass sich die von der anglo-amerikanischen Bewertungsliteratur beeinflusste internationale Bewertungspraxis entgegen der herrschenden deutschen Auffassung gegen eine Einbeziehung persönlicher Steuern in den Unternehmenswert ausspricht, weil der Einfluss auf den Unternehmenswert als gering eingestuft wird.[291] Im Gegensatz zum deutschen Steuersystem wird diese international gebräuchliche, vereinfachende Vorgehensweise durch die Tatsache gerechtfertigt, dass im US-amerikanischen Steuersystem historisch eine ähnliche Steuerbelastung von Zinsen, Dividenden und Veräußerungsgewinnen beim Anteilseigner besteht und somit keine Differenzierung zwischen Bewertungs- und Vergleichsobjekt erfolgen muss. Durch Einführung der Abgeltungsteuer wird die Steuerbelastung von Zinsen, Dividenden und Veräußerungsgewinnen zwar auch in Deutschland vereinheitlicht, Untersuchungen haben jedoch gezeigt, dass dennoch eine Berücksichtigung der persönlichen Steuerbelastung geboten ist.[292] Dies gilt insbesondere für die Detailplanungsphase.[293] Für die Bewertung von Personengesellschaften kann diese Frage aber ohnehin dahingestellt bleiben, da hier die Ausschüt-

[288] Vgl. bereits Moxter, Grundsätze ordnungsgemäßer Unternehmensbewertung, S. 178.
[289] Vgl. IDW, FN-IDW 1997, S. 33 f.; Siepe, WPg 1997, S. 2; Siepe, WPg 1997, S. 43 und Siepe, WPg 1998, S. 332 ff. sowie IDW S 1 2000, Rn. 37 ff.
[290] Vgl. bspw. Barthel, FB 2007, S. 508-513 oder Richter, sbr 2004, S. 39 ff.
[291] Vgl. Jonas, WPg 2008, S. 826.
[292] Vgl. Dausend/Schmitt, FB 2007, S. 287 ff sowie Zeidler/Schöniger/Tschöpel, FB 2008, S. 276 ff.
[293] Vgl. hierzu und zu den allgemeinen Auswirkungen der Abgeltungsteuer auf den Unternehmenswert Dausend/Schmitt, FB 2007, S. 287 ff.

tungen des Bewertungsobjektes in der Regel anders als die des Vergleichsobjektes besteuert werden.[294]

3.4.2 Persönliche Steuern bei der Ermittlung des Unternehmenswertes von Kapitalgesellschaften

3.4.2.1 Bruttorechnung

Kann man davon ausgehen, dass das Bewertungssubjekt hinsichtlich der Zuflüsse des zu bewertenden Unternehmens und der Zuflüsse aus der Alternativanlage identisch besteuert wird, so ist – wie dargelegt – eine Nach-Steuer-Rechnung auf der Ebene des Anteilseigners entbehrlich, und es kommt vereinfachend eine Bruttorechnung in Betracht, d.h. im Bewertungskalkül unterbleibt die Kürzung um persönliche Ertragsteuern sowohl bei der Ermittlung der finanziellen Überschüsse als auch bei der Bestimmung des Kapitalisierungszinssatzes. Die Unternehmensteuern selbst werden hingegen berücksichtigt.

Diese Annahme kann – je nach Einzelfall – sowohl bei der Ermittlung von Entscheidungswerten als auch bei der Ermittlung von in den Nebenfunktionen ermittelten Unternehmenswerten getroffen werden. Beim nach der Funktionslehre des IDW in der Kommunikationsfunktion zu ermittelnden, objektivierten Unternehmenswert ist die Frage, ob persönliche Steuern in den Bewertungskalkül einbezogen werden, differenziert nach dem Bewertungsanlass zu beantworten. Objektivierte Unternehmenswerte werden grundsätzlich aus der Sicht einer inländischen, unbeschränkt steuerpflichtigen natürlichen Person als Anteilseigner ermittelt.[295] Dementsprechend ist bei der Ermittlung objektivierter Unternehmenswerte eine typisierende Annahme hinsichtlich der Besteuerung des Anteileigners zu treffen. Diese Annahme ist jedoch nach Auffassung des IDW „im Hinblick auf das Informationsbedürfnis und die Informationserwartungen der Adressaten [...] und vor dem Hintergrund der Internationalisierung der Kapitalmärkte und der Unternehmenstransaktio-

---

[294] Vgl. Abschnitt 3.4.3.
[295] Vgl. IDW S 1 2008, Rn. 30 u. Rn. 46.

nen“[296] dann zu eng, wenn es sich beim Bewertungsanlass um eine unternehmerische Initiative[297] handelt.[298] Aus diesem Grund schlägt das IDW vor, hier die steuerlichen Verhältnisse der Anteilseigner mittelbar zu typisieren und der Prämisse zu folgen, dass die Nettozuflüsse aus dem Bewertungsobjekt und aus der Alternativinvestition in ein Aktienportfolio auf der Ebene des Anteilseigners einer ähnlichen Steuerbelastung unterliegen.[299] Das IDW spricht in diesem Fall von einer mittelbaren Typisierung der steuerlichen Verhältnisse des Anteileigners, welche sich indirekt durch Beobachtung der tatsächlichen Renditen am Kapitalmarkt vollzieht, da die Kapitalmarktrenditen zwar nicht um persönliche Steuern gekürzt sind, sich aber unter Einfluss der persönlichen Steuerbelastung der Anteilseigner gebildet haben. Dementsprechend ist auch der Kapitalisierungszinssatz nicht um den Einfluss der persönlichen Besteuerung zu kürzen (vgl. Abbildung 14).

	Unmittelbare Typisierung	Mittelbare Typisierung
Berwertungsanlass	aktien- und umwandlungsrechtlichen Fälle	unternehmerische Initiativen (z.B. Kauf/Verkauf)
steuerliche Verhältnisse	inländische unbeschränkt steuerpflichtige natürliche Person	steuerlichen Verhältnisse der Gesamtheit **aller** Kapitalmarktteilnehmer kommen zum Ausdruck
zu diskontierender Nettozufluss	Ausschüttung nach persönlicher Steuer	Ausschüttung vor persönlicher Steuer (mittelbare Berücksichtigung)
Alternativrendite	Rendite nach persönlichen Steuern des typisierten Anteilseigners	Rendite vor persönlichen Steuern des unmittelbar typisierten Anteilseigners (am Kapitalmarkt beobachtbar)
Bemessung Risikozuschlag	Tax-CAPM	CAPM

Abbildung 14: Anlassbezogene Typisierung der persönlichen Steuerbelastung bei Ermittlung objektivierter Unternehmenswerte nach IDW[300]

296 IDW, WP Handbuch II 2008, Rn. A 78 sowie IDW S 1 2008 Rn. 30.
297 Zur Abgrenzung der Bewertunganlässe nach IDW vgl. IDW S 1 2008, Rn. 8 ff.
298 Vgl. IDW, WP Handbuch II 2008, Rn. A 78.
299 Vgl. IDW S 1 2008, Rn. 45 sowie IDW, WP Handbuch II 2008, Rn. A 78.
300 Eigene Darstellung in Anlehnung an: IDW, Arbeitsunterlage „Aktuelle Fragen zur Unternehmensbewertung“, Folie 10.

3.4.2.2 Nettorechnung

In den Fällen, in denen nicht aus den in den Abschnitten 3.4.1 und 3.4.2.1 dargelegten Gründen auf die Einbeziehung persönlicher Steuern verzichtet werden kann, gilt der allgemeine Grundsatz, dass Steuerwirkungen auf der Ebene des Anteilseigners einzubeziehen sind, weil diese die Konsummöglichkeiten des Anteilseigner beeinflussen (Prinzip des Steueräquivalenz). Die Einbeziehung persönlicher Steuern findet sowohl im Zähler als auch im Nenner des Bewertungskalküls – also sowohl bei den finanziellen Überschüssen als auch beim Kapitalisierungszinssatz – statt.

Im Zähler werden die dem Anteilseigner aus dem Bewertungsobjekt zufließenden finanziellen Überschüsse um die Steuerbelastung auf Ebene des Anteilseigners gekürzt. Nimmt man – wie bei der Ermittlung objektivierter Unternehmenswerte nach IDW S 1 – an, dass es sich bei der Person des Anteilseigners um eine im Inland unbeschränkt steuerpflichtige natürliche Person handelt, die ihren Gesellschaftsanteil im Privatvermögen hält und nicht i.S.d. § 17 Abs. 1 S. 1 EStG, also zu weniger als 1 %, am Bewertungsobjekt beteiligt ist,[301] so mindern sich die finanziellen Überschüsse entsprechend der beispielhaften Darstellung in Abschnitt 2.3.2.1.[302]

Die Einbeziehung persönlicher Steuern im Kapitalisierungszinssatz erfolgt durch Verwendung einer Rendite nach persönlichen Steuern. Ist diese nicht bereits gegeben, ist sie aus der Rendite der Alternativinvestition vor persönlichen Steuern abzuleiten, indem von dieser die steuerlichen Einflüsse beim Anteilseigner in Abzug gebracht werden. Wird die Vor-Steuer-Rendite der Alternativinvestition unter Verwendung des CAPM abgeschätzt, so erfolgt die Transformation in eine Nach-Steuer-Rendite unter Verwendung des von *Brennan* entwickelten Tax-CAPM[303] unter Berücksichtigung der von *Wiese*[304]

---

301 Vgl. IDW, WP Handbuch II 2008, Rn. A 107.

302 Bei der Ermittlung von Entscheidungswerten grundsätzlich zzgl. Solidaritätszuschlag und ggf. zzgl. Kirchensteuer. Bei der Ermittlung objektivierter Unternehmenswerte hingegen schlägt das IDW einen typisierten Steuersatz i.H.v. 35 % vor, wobei Solidaritätszuschlag und Kirchensteuer nicht weiter berücksichtigt werden, vgl. detailliert IDW, WP Handbuch II 2008, Rn. A 107.

303 Vgl. Brennan, NTJ 1970, S. 417-427.

vorgenommenen Weiterentwicklung zur Anpassung an das deutsche Abgeltungsteuersystem. Der Nach-Steuer-Kapitalisierungszinssatz ergibt sich aus:

$$i^{nSt} = r_{EK_j}^{nSt} = r_f^{nSt} + (r_M^{nSt} - r_f^{nSt}) \cdot \beta_j \tag{3-5}$$

mit i^{nSt} = Kapitalisierungszinssatz nach Steuern

$r_{EK_j}^{nSt}$ = erwartete Rendite der Eigenkapitalgeber nach Steuern

r_f^{nSt} = Rendite der risikolosen Verzinsung nach Steuern (risikoloser Basiszinssatz nach Steuern)

r_M^{nSt} = Rendite des Marktportfolios nach Steuern

Die Marktrendite setzt sich zusammen aus den beiden Komponenten Dividendenrendite und Kursrendite und ergibt sich formal aus:

$$r_M = r_D + r_K \tag{3-6}$$

mit r_D = Dividendenrendite des Marktportfolios vor Steuern

r_K = Kursrendite des Marktportfolios (vor Steuern)

Die Erträge aus der risikolosen Basisanlage und die Dividendenerträge unterliegen mit Einführung des Abgeltungsteuersystems der gleichen Besteuerung.[305] Grundsätzlich fallen auch Kursgewinne unter die Abgeltungsteuer, welche dann entsteht, wenn der Kursgewinn realisiert wird. Es kommt zu einem Steuerstundungseffekt,[306] so dass gilt:

304 Vgl. Wiese, WPg 2007, S. 368 ff. Zur Anpassung und Entwicklung des Tax-CAPM vgl. Henke/Siebert/Söffge, CF biz 2010, S. 188 ff.

305 Unter der Voraussetzung, dass bei einer natürliche Person als Anteilseigner nicht das Teileinkünfteverfahren Anwendung findet.

306 Das Ausmaß dieses Steuerstundungseffektes ist abhängig von der Haltedauer und der Kurswachstumsrate. Vgl. zur Ableitung ausführlich Wiese, WPg 2007, S. 370 f. sowie kritisch Diedrich/Stier, WPg 2013, S. 29 ff.

$$s_{AbgSt} \geq s_{eff} \tag{3-7}$$

mit s_{AbgSt} = Abgeltungsteuersatz

s_{eff} = effektiver Steuersatz für Kursgewinne

Die Bestimmung des Kapitalkostensatzes nach TAX-CAPM ergibt demnach abgeleitet vom Standard-CAPM:

$$i^{nSt} = r_{EK_j}^{nSt} = r_f \cdot (1 - s_{AbgSt}) + [r_D \cdot (1 - s_{AbgSt}) + r_K * (1 - s_{eff}) - r_f \cdot (1 - s_{AbgSt})] \cdot \beta_i \tag{3-8}$$

Anhand der graphischen des TAX-CAPM Darstellung (Abbildung 15) ist erkennbar, wie sich die Besteuerung im Einzelnen auf die unterschiedlichen Renditekomponenten auswirkt:

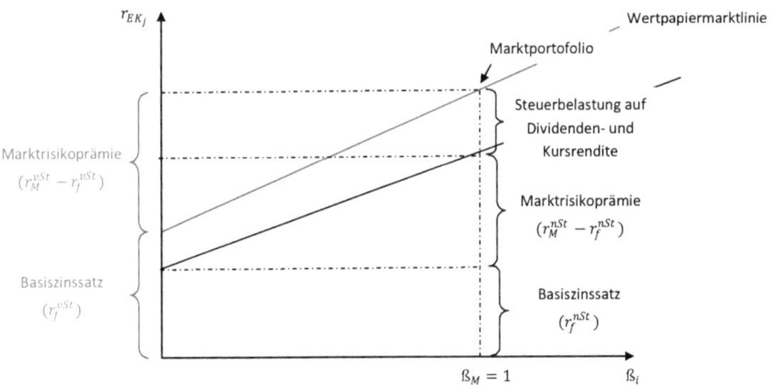

Abbildung 15: Tax-CAPM (graphische Darstellung)[307]

[307] Eigene Darstellung in Anlehnung an IDW, WP Handbuch II 2008, S. 74.

3.4.3 Persönliche Steuern bei der Ermittlung des Unternehmenswertes von Personengesellschaften

Von der vereinfachenden Annahme, dass die Anteilseigner hinsichtlich der Zuflüsse aus dem zu bewertenden Unternehmen und der Zuflüsse aus der Alternativanlage identisch besteuert werden, kann im Gegensatz zur Kapitalgesellschaft bei der Personengesellschaft nicht ausgegangen werden. Zum einen wird - wie in Kapitel 2 dargestellt - die Personengesellschaft selbst steuerlich anders belastet als die Kapitalgesellschaft, weil sie nicht der Körperschaftsteuer unterliegt[308] und außerdem ihre gewerbesteuerliche Bemessungsgrundlage durch Sonder- und Ergänzungsbilanzen beeinflusst werden kann. Zum anderen findet für die Besteuerung der finanziellen Überschüsse die Abgeltungsteuer keine Anwendung und das Einkommen der Gesellschaft unterliegt unabhängig von der Höhe etwaiger Ausschüttungen der normalen Tarifbesteuerung auf der Ebene des Anteilseigners.[309]

Etwas anderes gilt nur dann, wenn – bspw. bei der Ermittlung von Entscheidungswerten – als Alternativanlage nicht wie üblich eine Kapitalgesellschaft, sondern ebenso eine Personengesellschaft betrachtet wird. Darüber hinaus muss die als Alternativanlage herangezogene Personengesellschaft mit dem Bewertungsobjekt hinsichtlich ihrer steuerlichen Bemessungsgrundlagen vergleichbar sein, da die Steuerbelastung des Anteilseigners aufgrund des bei der Personengesellschaft geltenden Transparenzprinzips unabhängig von der Höhe der ihm zufließenden finanziellen Überschüsse ist. Da diese Einschränkungen jedoch allenfalls in der Theorie anzunehmen sein werden, ist im Ergebnis bei der Bewertung von Personengesellschaften eine Nach-Steuer-Rechnung erforderlich.

Bei der Ermittlung des objektivierten Unternehmenswertes einer Personengesellschaft ist folglich auch bei Bewertungen aufgrund unternehmerischer Initiativen nach der m.E. zutreffenden Auffassung des IDW ebenso stets eine

[308] Vgl. hierzu Vergleichsrechnungen in Abschnitt 2.3.2.
[309] Vgl. zu den Unterschieden im Besteuerungssystem im Einzelnen Kapitel 2.

unmittelbare Typisierung vorzunehmen,[310] was bedeutet, dass sowohl im Zähler als auch im Nenner Nach-Steuer-Größen angesetzt werden.

Für die Ermittlung des Nenners gelten keine Besonderheiten. Die Bestimmung der Verzinsung der Alternativanlage erfolgt unter denselben Prämissen wie bei Kapitalgesellschaften.

Wie aufgezeigt,[311] werden Personengesellschaften grundlegend anders besteuert als Kapitalgesellschaften, weshalb bei der Ermittlung der bewertungsrelevanten finanziellen Überschüsse ein systematischer Unterschied im Vergleich mit der Bewertung von Kapitalgesellschaften liegt. Aufgrund der Tatsache, dass die Höhe der Steuerlast des Anteilseigners einer Personengesellschaft abhängig von der Gewinnermittlung der Personengesellschaft und unabhängig von der Höhe der Ausschüttung ist, wird zur Bestimmung des Zählers allerdings eine Nebenrechnung erforderlich sein. Auch Ergänzungsbilanzeffekte haben – wie in den vorherigen Ausführungen detailliert gezeigt wurde – einen Einfluss auf die Höhe der Steuerlast und somit auf die Höhe der den Gesellschaftern zufließenden Ausschüttungen nach Steuern. Ob und inwieweit diese bewertungsrelevant sind, bildet den Gegenstand der weiteren Untersuchung.

[310] Vgl. IDW S 1 2008, Rn. 47.
[311] Vgl. Kapitel 2.

4 Auswirkungen von Ergänzungsbilanz-abschreibungen auf den Zukunftserfolg

4.1 Abhängigkeit von Bewertungsfunktion und -anlass sowie Abgrenzung des Untersuchungsgegenstandes

Wie in Kapitel 3 aufgezeigt, sind Unternehmenswerte stets anlass- und funktionsbezogen zu ermitteln. Insofern wird im Folgenden die Untersuchung eingeschränkt und der Einflusses der Ergänzungsbilanz auf den Unternehmenswert der Personengesellschaft bei der Ermittlung von Entscheidungswerten (Abschnitt 4.2), Einigungswerten (Abschnitt 4.3) und objektivierten Unternehmenswerten (Abschnitt 4.4) näher betrachtet.

Stellt man die Frage nach dem Einfluss der Ergänzungsbilanz, so fällt der erste Gedanke auf bereits bestehende Ergänzungsbilanzen der zum Bewertungsstichtag beteiligten Gesellschafter. Schwerpunkt der Untersuchung ist jedoch insbesondere auch der mögliche Einfluss von Ergänzungsbilanzen, die (erst) – durch eine (fingierte) Übernahme des Unternehmens(anteils) – entstehen, wenn und insoweit der ermittelte Unternehmenswert das übernommene Kapitalkonto übersteigt.[312] Folglich ist in der weiteren Vorgehensweise zu differenzieren nach dem Einfluss von bereits bestehenden Ergänzungsbilanzen und von in der Konsequenz des Bewertungsanlasses auf der Ebene des Käufers entstehenden, als bewertungsinduziert bezeichneten Ergänzungsbilanzen.

Bestehende Ergänzungsbilanzen liegen dann vor, wenn der zu bewertende Gesellschaftsanteil in der Vergangenheit von einem bisherigen Gesellschafter zu einem Preis erworben wurde, der oberhalb des zu diesem Zeitpunkt übernommenen, mit dem Gesellschaftsanteil verbundenen Kapitalkontos lag und wenn ferner der Zeitraum zwischen dem damaligen Erwerbszeitpunkt und dem Bewertungsstichtag kürzer ist, als die Nutzungsdauer (zumindest

[312] Im Folgenden als „bewertungsinduziert“ bezeichnete Ergänzungsbilanzen.

eines) der in der Ergänzungsbilanz aufgestockten Wirtschaftsgüter.[313] Von den bestehenden Ergänzungsbilanzen zu unterscheiden sind die bewertungsinduzierten Ergänzungsbilanzen, welche zum Bewertungsstichtag (noch) nicht bestehen, jedoch entstehen würden, wenn der Unternehmensanteil zum ermittelten Unternehmenswert übertragen oder (zumindest) im Rahmen der Unternehmenswertermittlung die Übertragung fingiert wird.

Um die Auswirkungen der Ergänzungsbilanz auf den Unternehmenswert der Personengesellschaft zu analysieren, sind – abhängig von der zugrunde liegenden Bewertungsfunktion – grundsätzlich zwei Kategorien von Bewertungsanlässen zu unterscheiden. Die erste bilden solche Bewertungsanlässe, bei denen sich als eine zwingende und unmittelbare Folge des Bewertungsanlasses das grundsätzliche Erfordernis ergibt, eine Ergänzungsbilanz aufzustellen. Dieses Erfordernis besteht immer dann, wenn transaktionsbedingt eine Änderung der Eigentumsverhältnisse eintritt und der Kaufpreis das übernommene Kapitalkonto in der Gesamthandsbilanz übersteigt. Nicht dieser Gruppe zuzuordnen sind solche Bewertungsanlässe, bei denen sich zwar die Eigentumsverhältnisse ändern, jedoch aufgrund besonderer gesetzlicher Regelungen die Buchwerte beibehalten werden und keine (neue) Ergänzungsbilanz aufzustellen ist.[314]

Transaktionsorientierte Bewertungsanlässe fallen in der Kölner Funktionslehre unter die Hauptfunktionen, da diesen per Definition eine vollzogene oder beabsichtigte Änderung der bisherigen Eigentumsverhältnisse zugrunde liegt. Somit liegt Entscheidungswerten stets ein transaktionsorientierter Bewertungsanlass zugrunde und eine Unterscheidung nach dem Kriterium der Transaktionsorientierung ist obsolet. Hier ist jedoch aufgrund der unterschiedlichen steuerlichen Auswirkungen nach der Perspektive von Käufer und Verkäufer zu differenzieren.

---

[313] Die Aufstockung nicht abschreibungspflichtiger Wirtschaftsgüter im Rahmen eines historischen Anteilsübergangs führt i.d.R. immer zu am Bewertungsstichtag bestehenden Ergänzungsbilanzen, die jedoch bei der Bestimmung der laufenden finanziellen Überschüsse unbeachtlich sind, da hieraus keine Ergänzungsbilanzabschreibungen resultieren.

[314] Diese Besonderheit trifft bspw. bei einer Schenkung zu, bei der der Beschenkte die Anschaffungskosten des Zuwendenden übernimmt und in der Zukunft fortführt.

Die zweite Kategorie bilden solche Bewertungsanlässe, bei denen eine Änderung der Eigentumsverhältnisse nicht (unmittelbar) mit dem Bewertungsanlass verbunden ist. Dies bedeutet jedoch nicht, dass die zum Bewertungsstichtag bestehenden Eigentumsverhältnisse in der Zukunft unverändert bleiben (müssen), so dass – unabhängig vom Bewertungsanlass – eine Änderung der Eigentumsverhältnisse zu einem künftigen Zeitpunkt möglicherweise eintritt und zu berücksichtigen wäre. In der Definition der Kölner Funktionslehre sind solche, nicht-transaktionsorientierte Bewertungsanlässe den Nebenfunktionen zuzuordnen. Hierunter fallen in der Informationsfunktion bspw. auch Bewertungen zur Bestimmung familien- und erbrechtlicher Ausgleichsansprüche, wenn mit diesen keine (fiktive) Änderung der Eigentumsverhältnisse verbunden ist. Die nicht-transaktionsorientierten Bewertungsanlässe werden im Rahmen der Untersuchung des Einflusses der Ergänzungsbilanz auf den objektivierten Unternehmenswert näher betrachtet werden.

Eine negative Ergänzungsbilanz wirkt sich grundsätzlich entsprechend umgekehrt zur positiven Ergänzungsbilanz aus, weshalb – ohne hierbei alle Besonderheiten analysiert zu haben – ebenso von einem Einfluss auf den Unternehmenswert auszugehen ist. Dieser Aspekt ist jedoch nicht Gegenstand der Untersuchung, welche – wie bereits einleitend[315] eingegrenzt – auf positive Ergänzungsbilanzen fokussiert.

315 Vgl. Abschnitt 1.4.

4.2 Ermittlung von Entscheidungswerten

4.2.1 Ermittlung von Entscheidungswerten aus der Käuferperspektive

4.2.1.1 Bestehende Ergänzungsbilanzen

4.2.1.1.1 Bestehende Ergänzungsbilanz des veräußernden Gesellschafters

Nach der Definition des Entscheidungswertes in der Kölner Funktionslehre liegt der Unternehmenswertermittlung – wie oben dargelegt[316] – stets eine vollzogene oder beabsichtige Änderung der Eigentumsverhältnisse zugrunde. Kommt es zu einem Eigentumsübergang,[317] stellt sich die Frage, ob für den neuen Eigentümer eine beim bisherigen Eigentümer bestehende Ergänzungsbilanz Relevanz hat. Die bestehende Ergänzungsbilanz des Verkäufers bildet den noch nicht verzehrten Differenzbetrag zwischen den historischen Anschaffungskosten und dem historischen Bestandes des vom Verkäufer im (damaligen) Zeitpunkt seines Eintritts in die Personengesellschaft übernommenen Kapitalkontos in der Gesamthandsbilanz ab. Da aber mit der Übernahme des Gesellschaftsanteils für den Erwerber eine neue, individuelle Ergänzungsbilanz entsteht, spielt die bestehende Ergänzungsbilanz des Verkäufers für den Käufer keine Rolle. Die historischen Anschaffungskosten des Alteigentümers sind für den Zukunftserfolgswert nicht mehr prägend. Im Ergebnis sind bestehende Ergänzungsbilanzen des veräußernden Gesellschafters nicht wertprägend und bei der Ermittlung von Entscheidungswerten aus Käuferperspektive unbeachtlich.

4.2.1.1.2 Bestehende Ergänzungsbilanzen der übrigen Gesellschafter

Sind neben dem veräußernden Gesellschafter weitere Gesellschafter an der Personengesellschaft beteiligt, die über (noch) bestehende Ergänzungsbi-

[316] Vgl. Abschnitt 4.1.
[317] Im Folgenden ist der wirtschaftliche Eigentumsübergang gemeint, falls kein gesonderter Hinweis erfolgt.

lanzen verfügen, so ist zu untersuchen, ob sich aus diesen ein Einfluss auf den Entscheidungswert des Käufers ergeben kann.

Liegt dem Bewertungsanlass nicht die Übertragung der gesamten Personengesellschaft, sondern lediglich eines Gesellschaftsanteils zugrunde, so bestehen im Übertragungsfall vorhandene Ergänzungsbilanzen der weiteren Gesellschafter unverändert fort. Die bei den übrigen Gesellschaftern durch (ihre) Ergänzungsbilanzabschreibungen entstehende Einkommensteuerersparnis ist für den Käufer nicht entscheidungsrelevant, weil sie sich nicht auf die Höhe der dem Käufer zuzurechnenden finanziellen Nettozuflüsse auswirkt. Wie bereits dargelegt,[318] wirken sich Ergänzungsbilanzen aber nicht nur auf die Einkommensteuerbelastung des jeweiligen Gesellschafters aus, sondern auch auf die Gewerbesteuerbelastung der Personengesellschaft selbst. Mit der durch die Ergänzungsbilanz eines übrigen Gesellschafters auf Gesellschaftsebene entstehenden Gewerbesteuerersparnis verhält es sich daher anders als mit der gesellschafterindividuellen Einkommensteuerersparnis. An ersterer partizipiert der Käufer (im Erwerbsfall) nämlich (zumindest) in Höhe seiner Beteiligungsquote. Dies gilt jedoch nicht, wenn eine verursachungsgerechte Aufteilung der Gewerbesteuervorteile[319] zwischen den Gesellschaftern vereinbart wurde. Ist eine solche so umfassend ausgestaltet, dass von ihr nicht nur die unmittelbaren Auswirkungen auf die Höhe der Gewerbesteuerbelastung, sondern auch die damit verbundenen und in der Folge auftretenden Auswirkungen auf das Gewerbesteueranrechnungsvolumen i.S.v. § 35 EStG erfasst werden, so ergibt sich aus den bestehenden Ergänzungsbilanzen der übrigen Gesellschafter kein Einfluss auf den Entscheidungswert des präsumtiven Käufers.

Besteht eine Vereinbarung hinsichtlich einer verursachungsgerechten Verteilung der ergänzungsbilanzbedingten Gewerbesteuerentlastung jedoch nicht, so liegt ein Einfluss auf die laufenden finanziellen Überschüsse vor. Die Schwierigkeit besteht darin, diesen zu bewerten, wobei die Prognose problematischer ist als die Berechnung. Maßgeblich für die Höhe der Gewerbe-

---

318 Vgl. Abschnitt 2.1.5.3.

319 Zur verursachungsgerechten Gewerbesteueraufteilung vgl. Abschnitt 2.2.2.2.

steuerentlastung sind die (jeweiligen) individuellen historischen Anschaffungskosten der übrigen Gesellschafter. Bei der Ermittlung der Gewerbesteuerersparnisse sind zwei Aspekte zu berücksichtigen, die sich ergeben, wenn im Kalkül auch die Eventualität, dass der Mitgesellschafter seinen Gesellschaftsanteil in der Zukunft veräußern wird, zu berücksichtigen ist.

Wenn im Falle einer solchen Veräußerung stille Reserven oder ein Geschäfts- oder Firmenwert im einem Umfang vergütet werden, der oberhalb des im Veräußerungszeitpunktes vorhandenen Ergänzungskapitals des veräußernden Mitgesellschafters liegt, ist erstens zu beachten, dass bei diesem ein Veräußerungsgewinn entsteht. Insofern der Mitgesellschafter nicht eine natürliche Person ist, die ihre gesamte Beteiligung veräußert, ist dieser Veräußerungsgewinn gewerbesteuerpflichtig. Wenn es an einer Vereinbarung zur verursachungsgerechten Gewerbesteueraufteilung mangelt, kommt es zu einer Gewerbesteuerbelastung aller Gesellschafter. Die sich aus der erhöhten Veräußerungsgewinnbesteuerung ergebende Steuerlatenz ist – korrespondierend zu der in Abschnitt 4.2.1.2.2 dargestellten Vorgehensweise – ebenso zu berücksichtigen.

Zweitens ergibt sich bei dem neu hinzutretenden Mitgesellschafter eine neue Ergänzungsbilanz mit einem neuen Abschreibungsvolumen, welche im Zeitablauf wieder zu einer partiellen Gewerbesteuerentlastung aller Gesellschafter führt. Das künftig maßgebliche Abschreibungsvolumen der Ergänzungsbilanz (des neuen Mitgesellschafters) bestimmt sich dabei aus der Differenz des von ihm entrichteten, zum Bewertungszeitpunkt unbekannten Kaufpreises und dem Saldo des übernommenen steuerlichen Kapitalkontos in der Gesamthandsbilanz. Unter der Prämisse, dass bei einem ins Kalkül einzubeziehenden künftigen Verkauf eines Gesellschaftsanteils durch einen der übrigen Gesellschafter stille Reserven (und/oder ein Geschäfts- oder Firmenwert) wieder in der Höhe vergütet werden, dass sich aus dem Verkauf keine negativen Auswirkungen auf das Abschreibungsvolumen in der mit dem veräußerten Gesellschaftsanteil verbundenen Ergänzungsbilanz ergeben, können daher – bei Ermangelung einer Abrede zur verursachungsgerechten

Gewerbesteuerverteilung – die aus den bestehenden Ergänzungsbilanzen der übrigen Gesellschafter resultierenden Gewerbesteuervorteile in den Entscheidungswert einbezogen werden, soweit sie dem zu bewertenden Gesellschaftsanteil zuzurechnen sind.

4.2.1.2 Bewertungsinduzierte Ergänzungsbilanzen

4.2.1.2.1 Relevanz aus der Käuferperspektive

Von den bestehenden Ergänzungsbilanzen zu unterscheiden sind Ergänzungsbilanzen, die (erst) als Folge des Erwerbs beim Käufer entstehen. Die Einkommensteuerwirkungen solcher bewertungsinduzierter Ergänzungsbilanzen beeinflussen ausschließlich die Höhe der dem neuen Eigentümer zuzurechnenden finanziellen Überschüsse. Im Transaktionsfall sind Steuereffekte, die sich beim Käufer unmittelbar aus der Entrichtung des ermittelten Grenzpreises ergeben, eine reale und keine fiktive Größe,[320] da sie tatsächlich und zwangsläufig entstehen.

Für den Käufer sind alle Faktoren entscheidungswertbestimmend, die sich auf die Höhe der ihm künftig zufließenden finanziellen Überschüsse auswirken. Ergänzungsbilanzabschreibungen beeinflussen die Steuerbelastung des Erwerbers und somit auch die Höhe der ihm netto verbleibenden finanziellen Überschüsse. Aus den in Abschnitt 3.4.3 dargelegten Gründen ist bei der Bewertung von Personengesellschaften eine Nach-Steuer-Betrachtung geboten, da Steuerzahlungen die Konsum- bzw. Wiederanlagemöglichkeit der Unternehmenseigentümer einschränken.[321] Ergänzungsbilanzen wirken sich

---

[320] Vgl. für rechtsgeprägte Bewertungsanlässe Wagner, WPg 2008, S. 840.

[321] Vgl. Ballwieser/Kruschwitz/Löffler, WPg 2007, S. 765; IDW S 1 2008, Rn. 28 ff. und 43 ff.; Mandl/Rabel, in: Peemöller, Praxishandbuch der Unternehmensbewertung, S. 61 m.w.N. In ausgewählten Bewertungsanlässen, insbesondere bei unternehmerischen Initiativen, kann jedoch aus Gründen der Äquivalenz nach Auffassung des IDW auf die unmittelbare Einbeziehung von Ertragsteuern verzichtet werden, vgl. hierzu: Wagner/Jonas/Ballwieser/Tschöpel, WPg 2004, S. 897 sowie IDW S 1 2008, Rn. 30, 45. Die Frage der Belastungsäquivalenz und somit einer Abkehr von der Berücksichtigung der Einkommensteuer wird in der Literatur kritisch betrachtet, vgl. Blum, WPg 2008, S. 456 oder Zeidler/Schöniger/Tschöpel, FB 2008, S. 277. Da Alternativinvestition und Bewertungsobjekt bei der Bewertung von Personengesellschaften jedoch unterschiedlich besteuert werden, ist die mittelbare Typisierung bei Personengesellschaften abzulehnen

auf die Höhe der persönlichen Steuern aus und haben somit Einfluss auf die Höhe der finanziellen Überschüsse. Daher sind die Auswirkungen einer bewertungsinduzierten Ergänzungsbilanz auf die Höhe der finanziellen Überschüsse bei der Ermittlung von Käufergrenzpreisen einzubeziehen. Diese Auffassung wird (vereinzelt) von der Literatur gestützt[322] und vom Berufsstand der österreichischen Wirtschaftsprüfer[323] vertreten. Gegenteilige Meinungen liegen nach Kenntnis des Verfassers bisher nicht vor.

Vorteile aufgrund einer Gewerbesteuerersparnis durch bewertungsinduzierte Ergänzungsbilanzen wirken sich auf den Entscheidungswert des Käufers in Abhängigkeit von der Existenz einer Vereinbarung zur verursachungsgerechten Gewerbesteueraufteilung und ihrer detaillierten Ausgestaltung aus.[324] Hier gilt das in Abschnitt 4.2.1.1.2 Erarbeitete entsprechend, so dass bei Existenz einer (umfassend ausgestalteten) Vereinbarung eine vollständige Zurechnung der durch die Ergänzungsbilanzabschreibungen hervorgerufenen Gewerbesteuerersparnis beim Käufer erfolgt. Mangelt es an einer derartigen Vereinbarung, so ist zumindest noch anteilig – also in Höhe der Beteiligungsquote des zu bewertenden Gesellschaftsanteils – eine Gewerbesteuerersparnis in den aus Käufersicht zu bestimmenden Grenzpreis eines Gesellschaftsanteils einzubeziehen. Im Ergebnis ist daher entweder vollständig oder zumindest anteilig auch die durch eine bewertungsinduzierte Ergänzungsbilanz entstehende Gewerbesteuerersparnis entscheidungswertrelevant.

---

und insbesondere bei Ermittlung objektivierter Unternehmenswerte eine unmittelbare Einbeziehung von Ertragsteuern vorzunehmen, vgl. hierzu: Dörschell/Franken/Schulte, WPg 2008, S. 445; IDW ES 1 2007 Rn. 47; IDW, WP Handbuch II 2008, Rn. A 109 sowie Hommel/Pauly/Nagelschmitt, BB 2007, S. 2731.

322 Vgl. bspw. Kunowski/Popp, in: Peemöller, Praxishandbuch der Unternehmensbewertung, S. 960; Wagner, WPg 2007, S. 935 oder Wagner/Rümmele, WPg 1995, S. 436 ff.

323 Kammer der Wirtschaftstreuhänder, KFW BW 1, Rn. 33 f. Wenn auch weniger deutlich scheint auch das IDW diese Auffassung zu vertreten, vgl. IDW, WP Handbuch II 2008, Rn. A 41.

324 Unter der Voraussetzung, dass das zu bewertende Unternehmen bzw. das Unternehmen, dem der zu bewertenden Gesellschaftsanteil zuzurechnen ist, der Gewerbesteuerpflicht unterliegt.

4.2.1.2.2 Einfluss der Veräußerungsgewinnbesteuerung

Bezieht man – aus den in vorherigem Abschnitt genannten Gründen – den gegenüber einer Kapitalgesellschaft bestehenden Vorteil aus der ergänzungsbilanzbedingten Abschreibungsfähigkeit der vergüteten stillen Reserven in den Grenzpreis des Käufers ein, so kann auch ein mit diesem Vorteil systematisch verbundener Nachteil nicht außer Acht gelassen werden. Ein solcher Nachteil könnte in der steuerlichen Behandlung eines Veräußerungsgewinns liegen.

Zu einem steuerbaren Veräußerungsgewinn kommt es allgemein immer dann, wenn bei einem Anteilsübergang ein Kaufpreis oberhalb der steuerlichen Buchwerte der übernommenen Wirtschaftsgüter entrichtet wird, also immer, wenn stille Reserven bzw. ein Geschäfts- oder Firmenwert vergütet werden.[325] Maßgeblich ist die Differenz zwischen Verkaufspreis und steuerlichem Kapitalkonto des Veräußerers.[326] Grundsätzlich sind steuerliche Effekte, die sich auf der Ebene des Verkäufers ergeben, bei der Ermittlung des Entscheidungswertes des Käufers nicht relevant. Dementsprechend sind die unmittelbar aus dem Bewertungsanlass auf der Ebene des Verkäufers resultierenden Besteuerungseffekte in den Grenzpreiskalkül des Käufers nicht einzubeziehen; wertprägend sind sie vielmehr für den im folgenden Abschnitt zu behandelten Entscheidungswert des Verkäufers.

Durch die vom Käufer vorgenommene Abschreibung der Ergänzungsbilanz sinkt – wie auch in Abschnitt 2.3.3.2 anhand eines Beispiels gezeigt – im Zeitverlauf das steuerliche Kapitalkonto, so dass c.p. ein steuerpflichtiger Veräußerungsgewinn entsteht, wenn sich der Erwerber zu einem künftigen Zeitpunkt von seinem Gesellschaftsanteil durch Veräußerung trennt.[327] In

[325] Wenn der Kaufpreis das steuerliche Kapitalkonto der Veräußerers unterschreitet, kann dies umgekehrt zu einer Steuerentlastung führen.

[326] Anzumerken ist, dass eine bestehende Ergänzungsbilanz als Korrektiv zur Gesamthandsbilanz das steuerliche Kapitalkonto beeinflusst und sich mindernd auf den Veräußerungsgewinn auswirkt. Vgl. hierzu umfangreich Abschnitt 4.2.1.1.1.

[327] Vgl. Kunowski/Popp, in: Peemöller, Praxishandbuch der Unternehmensbewertung, S. 960, die im Gegensatz zu Wagner, WPg 2007, S. 935 zumindest auf die Einschränkung der erhöhten Veräußerungsgewinnbesteuerung hinweisen.

dem Ausmaß, in dem der Erwerber das Abschreibungsvolumen der Ergänzungsbilanz nutzt, ergibt sich korrespondierend die Bemessungsgrundlage für eine aus der Besteuerung des Veräußerungsgewinns resultierende Steuerlatenz. Etwas anderes gilt jedoch dann, wenn die spätere Veräußerung als der Entscheidungswertfindung zugrunde liegende Annahme ausgeschlossen werden kann. Dies kann bspw. der Fall sein, wenn es sich um einen Erwerb zur Begründung eines strategischen Verbundes handelt, dessen künftige Trennung unbeachtet bleiben kann. Ist jedoch von einer künftigen Veräußerung auszugehen, so sind die mit den Vorteilen der Ergänzungsbilanzabschreibungen immanent und systematisch verbundenen Nachteile der c.p. erhöhten Veräußerungsgewinnbesteuerung gemeinsam zu bewerten. Auch wenn die Bemessungsgrundlage der erhöhten Veräußerungsgewinnbesteuerung betragsmäßig dem in Anspruch genommenen Abschreibungsvolumen der Ergänzungsbilanz entspricht, so zehrt – unter der Voraussetzung konstanter Steuersätze – der Nachteil der erhöhten Veräußerungsgewinnbesteuerung den Vorteil der Ergänzungsbilanzabschreibungen nicht auf, da diese, wenn auch ratierlich, aber zeitlich früher anfallen. Diese positive Differenz vergrößert sich, wenn für die Besteuerung des Veräußerungsgewinns – bspw. aufgrund von Tarifermäßigungen – ein niedrigerer Einkommensteuersatz oder Freibeträge[328] bewertungsrelevant werden, deren Berücksichtigung im Rahmen subjektiver Wertermittlungen zulässig und erforderlich sein kann.

Die Einbeziehung der aus den Ergänzungsbilanzabschreibungen resultierenden erhöhten Veräußerungsgewinnbesteuerung setzt also voraus, dass aus der Perspektive des Entscheidungssubjektes Annahmen zur Haltedauer der Gesellschaftsbeteiligung und zur Höhe des für die Besteuerung des Veräußerungsgewinns relevanten Steuersatzes zu treffen sind; ferner ist darüber zu entscheiden, ob und welche Arten von Vergünstigungen bei der Besteuerung des Veräußerungsgewinns einbezogen werden können.

[328] Zu den in Frage kommenden Steuervergünstigungen vgl. Abschnitt 2.1.4.3.

4.2.2 Ermittlung von Entscheidungswerten aus der Verkäuferperspektive

4.2.2.1 Bestehende Ergänzungsbilanzen

4.2.2.1.1 Bestehende Ergänzungsbilanzen des veräußernden Gesellschafters

Erwägt der Eigentümer eines Anteils einer Personengesellschaft die Desinvestition, so ist nicht lediglich die Höhe des erzielbaren Kaufpreises für ihn relevant, sondern zu berücksichtigen sind auch die durch den Verkauf ausgelösten steuerlichen Folgen, insbesondere die Besteuerung eines Veräußerungsgewinns. Dies liegt darin begründet, dass durch Steuereffekte die Höhe des dem Verkäufer netto verbleibenden Veräußerungsgewinns reduziert wird, so dass dieser nur noch teilweise für Wiederanlage- oder für Konsumzwecke zur Verfügung steht. Es stellt sich daher die Frage, ob sich eine noch nicht (vollständig) aufgezehrte Ergänzungsbilanz auf den Entscheidungswert des ausscheidenden Gesellschafters auswirkt.

Vorstellbar ist zunächst die Berücksichtigung einer bestehenden Ergänzungsbilanz bei der Bestimmung der der Entscheidungswertfindung zugrunde gelegten laufenden finanziellen Überschüsse, die dem Anteilseigner zufließen würden, wenn er seinen Gesellschaftsanteil nicht veräußern würde. Bildet das „Verbleiben in der Gesellschaft", also der Status quo, die gedankliche Ausgangssituation des Veräußerers, so bedeutet dies, dass der Veräußerer eine bestehende Ergänzungsbilanz in seinem Kalkül zur Entscheidungswertfindung abschreiben würde, was sich über niedrigere Steuerzahlungen positiv auf die Höhe der laufenden finanziellen Überschüsse und somit auf seinen Grenzpreis auswirken würde.

Ergänzungsbilanzen sind gesellschafterindividuell, so dass mit dem Übergang des Gesellschaftsanteils die Ergänzungsbilanz des bisherigen Gesellschafters nicht mehr fortbesteht und für den übernehmenden Gesellschafter eine neue, individuelle Ergänzungsbilanz gebildet wird. In der Konsequenz kann der Veräußerer im Verkaufsfall eine bestehende Ergänzungsbilanz künftig nicht (mehr) durch laufende Abschreibungen nutzen. Eine bestehende, dem Veräußerer zuzurechnende Ergänzungsbilanz bleibt einkommensteuerlich dennoch nicht ungenutzt. Sie wird in diesem Fall bei der steuerlichen Behandlung des Veräußerungsergebnisses berücksichtigt, welches durch den Übergang des Gesellschaftsanteils entsteht.

Eine Veräußerungsgewinnbesteuerung tritt – wie oben beschrieben[329] – immer dann ein, wenn der Erwerber im Kaufpreis stille Reserven (oberhalb der steuerlichen Buchwerte) oder einen Geschäfts- oder Firmenwert vergütet. Selbst wenn der Wert des Gesellschaftsanteils während der Besitzdauer des veräußernden Gesellschafters konstant geblieben ist, kann es daher – im Gegensatz zur Kapitalgesellschaft – bei der Personengesellschaft zu einem steuerpflichtigen Veräußerungsgewinn kommen, falls der Alteigentümer beim damaligen Erwerb eine Ergänzungsbilanz gebildet und während der Dauer der Beteiligung abgeschrieben hat. Soweit eine (vormals) bestehende Ergänzungsbilanz abgeschrieben wurde, führt dies c.p. im Veräußerungszeitpunkt zu einem steuerpflichtigen Veräußerungsgewinn. Umgekehrt bedeutet dies aber in dem Falle, in dem (noch) eine positive Ergänzungsbilanz besteht, dass die durch den Verkauf realisierten stillen Reserven (Kaufpreis abzüglich des zu übernehmenden Kapitalkontos) nur anteilig steuerpflichtig sind, weil die bestehende Ergänzungsbilanz den Umfang des steuerpflichtigen Veräußerungsgewinns mindert.

Eine bestehende Ergänzungsbilanz kann im Kalkül zur Entscheidungswertfindung nur einmal genutzt werden. Dies erfolgt entweder im Rahmen einer Veräußerung des Gesellschaftsanteils zur Reduzierung eines steuerpflichtigen Veräußerungsgewinns[330] oder im Falle des Verbleibs des Gesellschafters in der Gesellschaft zur Reduzierung der laufenden Steuerbelastung. Demzufolge stellt sich die Frage, an welcher Stelle eine bestehende Ergänzungsbilanz bei der Ermittlung des Entscheidungswertes aus der Perspektive der Veräußerers zu berücksichtigen ist.

---

329 Vgl. hierzu auch Abschnitt 2.1.4.3.

330 Bzw. zur Entstehung oder zum Ausbau eines verrechenbaren Veräußerungsverlustes.

In welcher Situation sich steuerliche Effekte aus der Nutzung einer Ergänzungsbilanz stärker auswirken ist im Einzelfall – abhängig von den maßgeblichen Steuersätzen sowie von der Bereitschaft zur Verwendung individueller Steuervergünstigungen – zu beurteilen.

Geht man zunächst von konstanten Steuersätzen aus und unterstellt weiter, dass keine individuellen Steuervergünstigungen in Anspruch genommen werden, so wirkt sich eine sofortige Nutzung einer bestehenden Ergänzungsbilanz im Veräußerungsfall positiver aus als die ratierliche Nutzung einer bestehenden Ergänzungsbilanz im Rahmen der laufenden finanziellen Überschüsse. Dies liegt darin begründet, dass die steuerliche Bemessungsgrundlage in beiden Varianten zwar um den absolut identischen Wert gemindert wird und letztlich die Ergänzungsbilanz vollständig aufgezehrt ist, im Falle einer Veräußerung das Ergänzungskapital jedoch sofort genutzt werden kann, was im Falle einer Verteilung über die Nutzungsdauer der bestehenden Ergänzungsbilanz nicht gelingt. Isoliert betrachtet ist daher durch den Zinseffekt die sofortige Nutzung einer bestehenden Ergänzungsbilanz vorteilhafter.[331]

Zielt der Entscheidungswert auf die Frage ab, welcher Kaufpreis mindestens zu erzielen ist, um das bestehende Nutzenniveau des Veräußerers nicht zu schmälern, so folgt hieraus, dass beim Vergleich zweier c.p. identischer Gesellschaftsanteile eine bestehende Ergänzungsbilanz zu einem niedrigeren Grenzpreis führt als bei dem Gesellschaftsanteil, dem keine bzw. eine niedrigere Ergänzungsbilanz zugehörig ist. Dies ist ausgeprägter, je höher der Betrag des vorhandenen Ergänzungskapitals ausfällt.

[331] Betrachtet werden in diesem Abschnitt nur die Auswirkungen einer bestehenden Ergänzungsbilanz. Demnach geht es nur um die Realisierung des mit einer bestehenden Ergänzungsbilanz verbundenen Steuervorteils. Bestehen stille Reserven, so kann die Auslösung einer Veräußerungsgewinnbesteuerung diesen Vorteil aufzehren oder übersteigen. Die Auswirkungen einer Veräußerungsgewinnbesteuerung bilden den Gegenstand von Abschnitt 4.2.2.2. Im Extrembeispiel erfolgt eine Veräußerung zum Buchwert in der Gesamthandsbilanz (keine Realisation stiller Reserven). Da eine bestehende Ergänzungsbilanz (als Korrektiv zu den Wertansätzen der Gesamthandsbilanz) Bestandteil der steuerlichen Buchwerte ist, ergibt sich ein Veräußerungsverlust, der mit andern Einkünften verrechenbar oder vortragsfähig ist.

Etwas anderes gilt jedoch – wie ausgeführt – unter Umständen dann, wenn für die Besteuerung des Veräußerungsgewinns Steuervergünstigungen, insbesondere Tarifermäßigungen, in Anspruch genommen werden. Hier kommt es zu unterschiedlichen Entlastungsquoten in der Verbleibens- und der Veräußerungsalternative, so dass der entstehende Zinsvorteil aus der sofortigen steuerlichen Nutzung der Ergänzungsbilanz im Veräußerungsfall überkompensiert werden kann. Selbiges kann der Fall sein, wenn man von der Prämisse eines konstanten Steuersatzes Abstand nimmt und für die im Rahmen der laufenden Überschüsse realisierbaren Steuervorteile höhere Steuersätze gelten. Bezogen auf die Nutzung des in einer bestehenden Ergänzungsbilanz enthaltenen Steuerentlastungsvolumens kann hier der Verbleib zu einem höheren Nutzenniveau und damit zu einem „lock-in Effekt" führen.

In welchem Umfang durch bestehende Ergänzungsbilanzen gewerbesteuerliche Effekte entstehen, hängt wiederum von der Frage ab, ob zwischen den Gesellschaftern eine verursachungsgerechte Aufteilung des Gewerbesteueraufkommens vereinbart wurde. Da der bei Austritt aus der Gesellschaft entstehende Veräußerungsgewinn grundsätzlich gewerbesteuerlich belastet wird, trägt eine bestehende Ergänzungsbilanz auch dazu bei, die Gewerbesteuerbelastung zu mindern. Ob eine vollständige oder nur anteilige Zurechnung der Gewerbesteuerentlastung erzielt wird, ist abhängig vom Bestehen und der Ausgestaltung einer Vereinbarung zur verursachungsgerechten Verteilung gewerbesteuerlicher Effekte.

Handelt es sich beim veräußernden Gesellschafter jedoch um eine natürliche Person, die ihren Gesellschaftsanteil während der Nutzungsdauer einer bestehende Ergänzungsbilanz vollumfänglich veräußert, so ist darauf hinzuweisen, dass eine gewerbesteuerliche Nutzung einer im Veräußerungszeitpunkt bestehenden Ergänzungsbilanz in diesem Fall nicht mehr gelingt, da der Veräußerungsgewinn – wie in Abschnitt 2.2.3 gezeigt – nicht der Gewerbesteuerpflichtig unterliegt.[332]

[332] Zur Gewerbesteuerpflicht des Veräußerungsgewinns vgl. Abschnitt 2.2.3.

4.2.2.1.2 Bestehende Ergänzungsbilanzen der übrigen Gesellschafter

Bestehende Ergänzungsbilanzen der übrigen Gesellschafter verlieren mit Veräußerung des Gesellschaftsanteils für den veräußernden Gesellschafter ihre Relevanz, da sie sich künftig nicht mehr auf das Nutzenniveau des Ausscheidenden auswirken.

Die Tatsache, dass die übrigen Gesellschafter über (noch nicht aufgezehrte) Ergänzungsbilanzen verfügen, ist für die Ermittlung des Entscheidungswertes des Verkäufers zumindest dann nicht von Relevanz, wenn aufgrund einer Vereinbarung zur verursachungsgerechten Aufteilung der Gewerbesteuer die ergänzungsbilanzbedingte Gewerbesteuerentlastung nur den übrigen Gesellschaftern zuzurechnen ist. Besteht eine derartige Vereinbarung hingegen nicht, so können sich bestehende Ergänzungsbilanzen der übrigen Gesellschafter aufgrund ihres Einflusses auf das Gewerbesteueraufkommen der Gesellschaft auch positiv auf die bewertungsrelevanten laufenden finanziellen Überschüsse des zu bewertenden Gesellschaftsanteils auswirken und somit Eingang in den Entscheidungswert des Veräußerers finden. Hinsichtlich der Frage, in welchem Umfang derartige positive Effekte bei der Prognose der finanziellen Überschüsse berücksichtigt werden können, gelten die Ausführungen in Abschnitt 4.2.1.1.2 entsprechend.

4.2.2.2 Veräußerungsgewinnbesteuerung

4.2.2.2.1 Relevanz aus der Verkäuferperspektive

Eine Veräußerungsgewinnbesteuerung ergibt sich in Folge eines Eigentumsübergangs der Gesellschaftsanteile vom bisherigen zum neuen Eigentümer auf der Ebene des Veräußerers. Steuereffekte aus der Veräußerungsgewinnbesteuerung sind abzugrenzen von den – in Abschnitt 4.2.2.1 isoliert untersuchten – Steuereffekten, die aus bestehenden Ergänzungsbilanzen entstehen. Bei der Untersuchung ist die Frage zu stellen, welche Auswirkungen eine Besteuerung des Veräußerungsergebnisses auf den Grenzpreis des Verkäufers hat. Die Auswirkungen einer Veräußerungsgewinnbesteuerung treten dem Grunde nach unabhängig von einer beim Veräußerer (noch) bestehenden Ergänzungsbilanz ein. Gleichwohl werden diese steuerlichen Folgen der Höhe nach durch eine bestehende Ergänzungsbilanz gemildert. Da Veräußerungsgewinnbesteuerung und Ergänzungsbilanzabschreibungen im Besteuerungssystem der Personengesellschaft diametral zusammenwirken, sind auch die Folgen der Veräußerungsgewinnbesteuerung auf den Grenzpreis des Verkäufers zu untersuchen, um die späteren Auswirkungen auf den Einigungsbereich beurteilen zu können. Dies gilt umso mehr, da die Literatur die Einbeziehung der Veräußerungsgewinnbesteuerung in den Grenzpreis des Veräußerers damit rechtfertigt, dass der Käufer bei der Personengesellschaft in der Lage ist, Steuervorteile durch Ergänzungsbilanzabschreibungen zu realisieren.[333]

Im Grenzpreiskalkül sind durch den Veräußerungsvorgang ausgelöste Steuereffekte von Relevanz, denn der Verkäufer will sich durch den Verkauf der Beteiligung nicht schlechter stellen als beim Verbleib in der Gesellschaft.[334] Hinsichtlich des grundsätzlichen Erfordernisses, derartige Steuereffekte bei der Ermittlung des Entscheidungswertes einzubeziehen, bestehen keine Unterschiede zwischen Personen- und Kapitalgesellschaft. Gleichwohl fallen die steuerlichen Folgen bei der Personengesellschaft deshalb stärker ins Gewicht, da einerseits durch (eventuell) bereits in der Vergangenheit vorgenommene Ergänzungsbilanzabschreibungen die Höhe des Veräußerungsgewinns selbst beeinflusst wurde und andererseits der Veräußerungsgewinn der allgemeinen tariflichen Einkommensbesteuerung[335] unterliegt, insofern keine persönlichen Steuervergünstigungen beansprucht werden.

---

333 Vgl. Wagner, WPg 2008, S. 839 und Wagner, DB 1994, S. 1432 ff.

334 Vgl. Siegel, in: Ballwieser u.a., Festschrift Moxter, S. 1489; Wagner, DB 1972. S. 1639 sowie Dörges/Strauch, Veräußerungsgewinnbesteuerung, S. 11 m.w.N.

335 Im Gegensatz zur Kapitalgesellschaft, bei der in Abhängigkeit vom Bewertungssubjekt entweder die Abgeltungsteuer, das Teileinkünfteverfahren oder die Steuervergünstigung nach § 8b KStG maßgeblich sind.

4.2.2.2.2 Einfluss der Veräußerungsgewinnbesteuerung

In der Literatur[336] wird die Auffassung vertreten, dass die aus der Veräußerungsgewinnbesteuerung resultierende Steuerbelastung in voller Höhe dem Grenzpreis des Verkäufers zuzuschlagen ist, da sonst – wie oben[337] bereits skizziert – eine Verringerung der Nettovermögenssubstanz erwirkt und (nur noch) ein geringerer Betrag als zuvor zur Wiederanlage bereitgestellt wird, so dass es zu einer Reduzierung der Nutzenniveaus des veräußernden Gesellschafters kommt.[338] Bedeutet dies, dass der Unternehmenswert derart zu erhöhen ist, dass nach Abzug der Veräußerungsgewinnbesteuerung ein Volumen wiederanlagefähiger Mittel besteht, welches dem Unternehmenswert ohne Einbeziehung der Veräußerungsgewinnbesteuerung entspricht, so übertrifft dieses Verständnis womöglich die ursprüngliche Absicht der Befürworter dieser Argumentation.

Der skizzierten Auffassung kann m.E. nicht grundsätzlich zugestimmt werden, nicht einmal in der subjektiven Betrachtungsweise. Unter der Prämisse, dass eine Aufgabe des Eigentums ohnehin für einen zukünftigen Zeitpunkt vorgesehen ist, ist nicht der gesamte veräußerungsbedingte Steuernachteil, sondern nur der Nachteil aus der vorgezogenen Veräußerung, ins Kalkül einzubeziehen. Nimmt man an, dass c.p. die Höhe des Unternehmenswertes sowie des steuerlichen Kapitalkontos und somit auch die Höhe des Veräußerungsgewinns zwischen dem Bewertungsstichtag und dem planmäßigen Veräußerungsdatum unverändert sind und geht ferner von einer identischen Steuerbelastung (unveränderter Steuersatz) aus, so liegt der oben genannte Nachteil lediglich in der vorgezogenen Entstehung der Veräußerungsgewinnbesteuerung. In diesem Fall nimmt allein der Zinsnachteil aus der früheren Mittelbereitstellung zur Begleichung der Steuerbelastung Einfluss auf den Grenzpreis des Verkäufers, nicht hingegen die gesamte durch den Verkauf

[336] Vgl. bspw. Baumann, Latente Ertragsteuern, S. 107 ff. oder Wagner, WPg 2008, S. 835 ff.

[337] Vgl. Abschnitt 4.2.2.1.1.

[338] Vgl. bspw. Wagner, WPg 2008, S. 839; Wagner/Nonnenmacher, ZGR 1981, S. 681 oder Popp, WPg 2008, S. 943 unter Bezugnahme auf Moxter, Grundsätze ordnungsmäßiger Unternehmensbewertung, S. 179 sowie auf Popp, Bewertung ertragsteuerlicher Verlustvorträge, S. 38.

ausgelöste Steuerbelastung. Als Fragestellung verbleibt, ob und ggf. wann der Verkäufer die Aufgabe des Eigentums vorgesehen hatte. Im Grenzpreiskalkül ist dieser Zeitpunkt nach der subjektiven Einschätzungen des Bewertungssubjektes festzulegen.

4.3 Ermittlung von Einigungswerten

Der Einigungswert repräsentiert sowohl in der Kölner Funktionslehre als auch in der Funktionslehre des IDW einen vom Bewerter als Schiedsgutachter ermittelten Unternehmenswert, der die subjektiven Wertvorstellungen der betroffenen Parteien berücksichtigt und zwischen diesen vermittelt.

Zur Bestimmung des Einigungswertes ist der mögliche Einigungsbereich zwischen Käufer und Verkäufer zu bestimmen. Auswirkungen auf den Einigungswert können sich einerseits durch die sich auf den Grenzpreis des Käufers auswirkenden Ergänzungsbilanzabschreibungen (Abschnitt 4.3.1) und andererseits durch die sich auf den Grenzpreis des Verkäufers auswirkende Veräußerungsgewinnbesteuerung (Abschnitt 4.3.2) ergeben.

4.3.1 Auswirkungen der Ergänzungsbilanzabschreibungen

Da die Abschreibung der in einer bewertungsinduzierten Ergänzungsbilanz enthaltenen, abnutzbaren Wirtschaftsgüter zu einer niedrigeren Einkommensteuerbelastung und – zumindest in Höhe der Beteiligungsquote – auch zu einer niedrigeren Gewerbesteuerbelastung führt, wirken sich Ergänzungsbilanzen auch auf die Höhe der dem erwerbswilligen Anteilseigner aus der Gesellschaftsbeteiligung in der Zukunft entstehenden finanziellen Überschüsse und somit auch auf die Höhe des Unternehmenswertes aus.

Immanent verbunden mit dem Vorteil der Steuerersparnis in den dem Erwerb folgenden Perioden ist der Nachteil einer erhöhten Steuerbelastung beim späteren Ausstieg aus der Gesellschaft. Wie in Abschnitt 4.2.1.2.2 gezeigt, sind die jeweiligen steuerlichen Bemessungsgrundlagen zwar identisch, durch den Zinsvorteil der früheren Steuerentlastung sowie durch eventuell bei einer Veräußerung in Anspruch genommene Steuervergünstigungen wiegt – aus der Perspektive des präsumtiven Gesellschafters – der Vorteil der Ergänzungsbilanzabschreibungen jedoch stärker als der Nachteil aus der in der Zukunft entstehenden erhöhten Veräußerungsgewinnbesteuerung. Dies führt im Ergebnis zu einem Anstieg des Käufergrenzpreises. Mit der quantitativen Ermittlung der Auswirkungen setzt sich Kapitel 5 näher auseinander.

Im Hinblick auf den Einigungsbereich wirkt sich – isoliert betrachtet – der ergänzungsbilanzbedingte Anstieg des Käufergrenzpreises c.p. positiv auf den Einigungsbereich aus und führt durch die Verschiebung der Preisobergrenze zu dessen Vergrößerung (Abbildung 16).

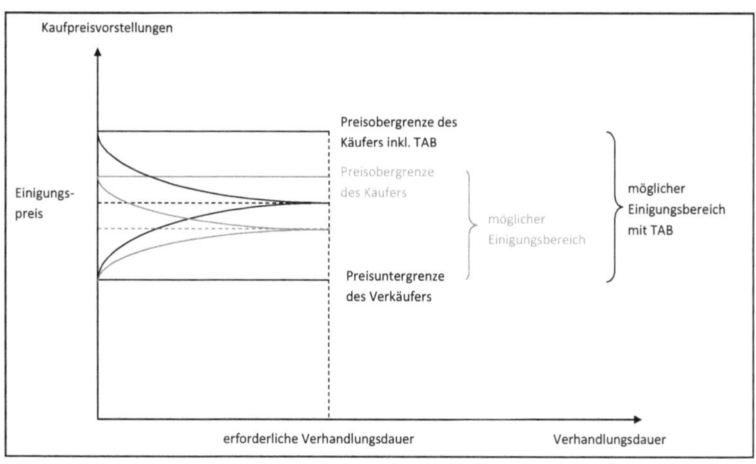

Abbildung 16: Verschiebung und Vergrößerung des Einigungsbereich durch Einbeziehung von Ergänzungsbilanzabschreibungen[339]

[339] Ausgangssituation in Anlehnung an Matschke, in: Goetzke/Sieben, Moderne Unternehmensbewertung, S. 96 (vgl. hier Abbildung 10).

4.3.2 Auswirkungen der Veräußerungsgewinnbesteuerung

Bezieht man – wie teilweise von der Literatur vorgeschlagen und in Abschnitt 4.2.2.2 bereits dargestellt – die gesamte durch eine Veräußerung entstehende Steuerbelastung in den Grenzpreis des Veräußerers ein, so kann dies Auswirkungen auf den Einigungsbereich haben.

Die Höhe des steuerpflichtigen Veräußerungsgewinns entspricht dem Aufstockungsvolumen in der zu bildenden Ergänzungsbilanz des Käufers, wenn man von den geringfügigen Auswirkungen des eventuell maßgeblichen Freibetrag nach § 16 Abs. 4 EStG absieht und davon ausgeht, dass der Veräußerer nicht (mehr) über eine bestehende Ergänzungsbilanz verfügt.

Im Unterschied zum Veräußerungsgewinn, welcher eine sofortige Steuerbelastung beim Verkäufer auslöst, wirkt sich das Aufstockungsvolumen in der Ergänzungsbilanz des Käufers einerseits nur in Höhe der Abschreibungsquote und andererseits erst im Zeitablauf steuerentlastend aus. Unter der Annahme, dass Käufer und Verkäufer über identische Steuersätze verfügen, kann der Steuernachteil des Verkäufers daher nicht vollständig durch den Steuervorteil des Käufers kompensiert werden.

Anders stellt sich die Sachlage dar, wenn der Verkäufer – ggf. durch Inanspruchnahme individueller Steuervergünstigungen – in der Lage ist, seine veräußerungsbedingte Steuerbelastung zu reduzieren. Wie in Abschnitt 2.1.4.3 ausgeführt, können sich folgende Begünstigungen auf die Besteuerung des Veräußerungsgewinns auswirken:

- Freibetrag von bis zu 45.000 € nach § 16 Abs. 4 EStG
- Tarifvergünstigung nach § 34 Abs. 3 EStG (56 % des Steuersatzes)
- Tarifvergünstigung nach § 34 Abs. 1 EStG (Fünftelregelung)

Während die Tarifermäßigung nach § 34 Abs. 1 EStG grundsätzlich immer und beliebig oft anwendbar ist, gilt dies für die beiden anderen Vorschriften nur dann, wenn der Veräußerer entweder dauernd berufsunfähig oder das

55. Lebensjahr überschritten hat. Hinzu kommt, dass die beiden letztgenannten Vergünstigungen jedem Steuerpflichtigen lediglich einmal im Leben gewährt werden. Ob Auswirkungen auf die steuerliche Belastung des Veräußerungsgewinns daher entscheidungswertprägend sind, ist nach den Umständen des Einzelfalls zu entscheiden.

Werden die aufgeführten Vergünstigungstatbestände im Rahmen der Wertermittlung berücksichtigt, kann dies dazu führen, dass sich der Einigungsbereich vergrößert.[340] Da jedoch die Bereitschaft, individuelle und persönlich begrenzte Steuervergünstigungen in Anspruch zu nehmen, nicht generell unterstellt werden kann, ist m.E. hieraus nicht die grundsätzliche Aussage ableitbar, dass bei der Festlegung des Einigungsbereiches die Preisuntergrenze des Verkäufers um die volle durch die Veräußerung entstehende Steuerbelastung erhöht werden kann, nur weil der Fiskus (teilweise kompensierend) dem Käufer durch die Abschreibungsfähigkeit einen Steuervorteil „in den Topf legt", wie *Wagner*[341] dies fordert.

Werden individuelle Steuervergünstigungen nicht eingepreist und gelingt die Kompensation nur partiell, wird der präsumtive Käufer für den entstehenden Steuervorteil weniger zu vergüten bereit sein, als der Verkäufer für den (vollständigen) Steuernachteil verlangt. Es kommt zwar zu einer Verschiebung des Einigungsbereiches nach oben, gleichzeitig wird hierbei jedoch der Einigungsspielraum eingeengt (vgl. Abbildung 17).

---

340 Vgl. Wangler, DB 1994, S. 1434 f.
341 Wagner, WPg 2008, S. 839 m.w.N.

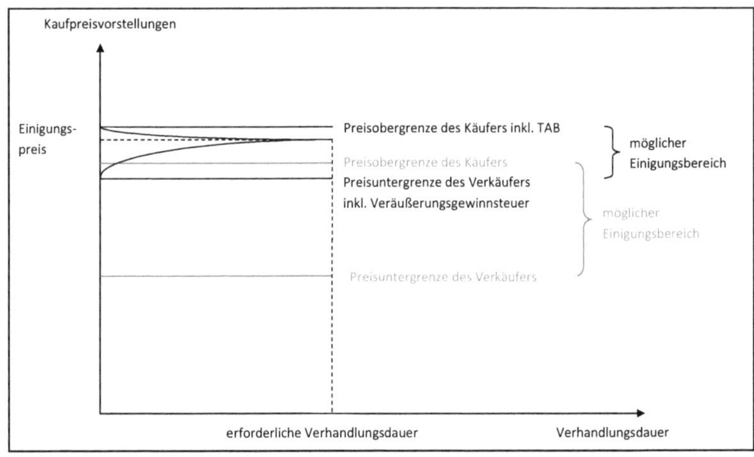

Abbildung 17: Verschiebung und Reduzierung des Einigungsbereich durch Steuereffekte (bei voller Veräußerungsgewinnsteuer)[342]

Je nach Ausprägung (z.B. Höhe der Steuersätze des Verkäufers, niedrige Steuersätze des Käufers, geringwertiger TAB, keine Inanspruchnahme von Steuervergünstigungen durch den Verkäufer) und abhängig von der Ausgangssituation (großer oder geringer Einigungsbereich) kann die vollständige Einbeziehung der Veräußerungsgewinnbesteuerung sogar soweit führen, dass kein positiver Einigungsbereich mehr besteht (vgl. Abbildung 18).[343]

[342] Ausgangssituation in Anlehnung an Matschke, in: Goetzke/Sieben, Moderne Unternehmensbewertung, S. 96 (vgl. in dieser Arbeit Abbildung 10).

[343] Vgl. Dörges/Strauch, Veräußerungsgewinnbesteuerung, S.14 ff. sowie auch Popp, WPg 2008, S. 943.

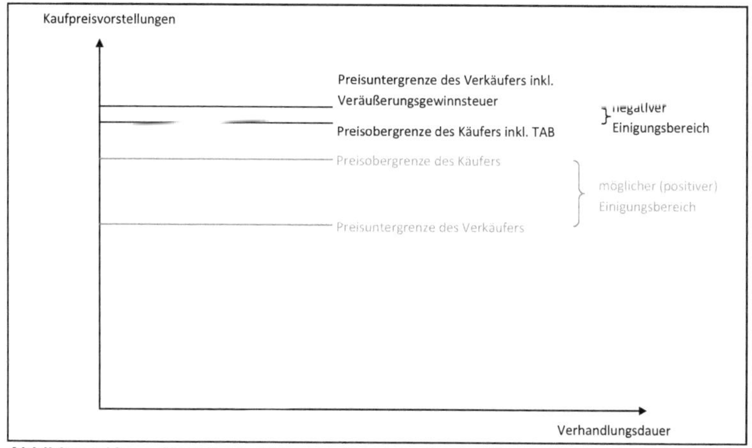

Abbildung 18: Negativer Einigungsbereich durch Steuereffekte (bei voller Veräußerungsgewinnsteuer)[344]

Die vollständige Einbeziehung der durch die Veräußerung entstehenden Steuerbelastung des Verkäufers führt daher m.E. zumindest bei solchen Bewertungssubjekten, bei denen ein künftiges Ausscheiden unterstellt werden kann – aus den in Abschnitt 4.2.2.2.1 genannten Gründen – zu unrichtigen Entscheidungs- und Einigungswerten. Passt man – unter den genannten Voraussetzungen – die Preisobergrenze des Verkäufers jedoch lediglich um den entstehenden Zinsnachteil aus der Versteuerung eines – zu einem früheren als den subjektiven Zielvorstellungen des Veräußerers entsprechenden – realisierten Veräußerungsgewinnes an, so führt dies zu einer vergleichsweise nur geringen Verschiebung der Preisobergrenze des Verkäufers.

Gleichzeitig ist jedoch – wiederum zumindest in den Fällen, in denen der präsumtive Käufer in der Zukunft die Aufgabe des mit dem Gesellschaftsanteil verbundenen Eigentums erwägt – die Steuerlatenz aus der dann ausgelösten Veräußerungsgewinnbesteuerung bei der Festlegung der Preisuntergrenze des Käufers einzubeziehen. Wie aufgezeigt[345] kommt es so zu einer Erhöhung des Entscheidungswertes, welche jedoch geringer ausfällt als bei

[344] Ausgangssituation in Anlehnung an Matschke, in: Goetzke/Sieben, Moderne Unternehmensbewertung, S. 96 (vgl. in dieser Arbeit Abbildung 10).

[345] Vgl. Abschnitt 4.2.1.2.2.

bloßer Betrachtung des ergänzungsbilanzbedingten Steuervorteils. Insgesamt ergibt sich jedoch sowohl bei Einbeziehung (lediglich) des Zinsnachteils auf Ebene des Verkäufers als auch bei Einbeziehung des (um die entstehende Steuerlatenz angepassten) ergänzungsbilanzbedingten Steuervorteils auf Ebene des Käufers seltener ein negativer Einigungsbereich als bei vollständiger Einbeziehung der Veräußerungsgewinnsteuer und des nicht um die mit ihm verbundenen Nachteile adjustierten TABs.

Existiert im Rahmen der Ermittlung von Entscheidungswerten ein (positiver) Einigungsbereich, so ist dieser vom Bewerter (gerecht) zu verteilen. Ob und wie sich die dargestellten Steuereffekte auf den Entscheidungswert auswirken, ist auch abhängig von der Frage, ob es sich um eine dominierte Konfliktsituation handelt.[346] Für den Fall, dass der Verkäufer zum Ausscheiden gezwungen ist, ist dies bei der Festlegung eines Einigungswertes ein Argument für den vollständigen Ausgleich des mit der Veräußerung verbundenen Zinsnachteils durch den Käufer.

4.4 Ermittlung von objektivierten Unternehmenswerten

4.4.1 Bei der Ermittlung objektivierter Unternehmenswerte einzunehmende Perspektive

4.4.1.1 Die Relevanz der einzunehmenden Perspektive

Der Perspektive des Bewerters kommt bei der Unternehmensbewertung eine besondere Rolle zu. Unternehmenswerte sind abhängig von der einzunehmenden Sichtweise und unterscheiden sich von der Person des der Bewertung zugrunde liegenden Bewertungssubjektes. Bei der Ermittlung von Entscheidungswerten ist das Bewertungssubjekt dem Bewerter (in der Regel) bekannt, da er zumeist einen Entscheidungswert im Auftrag einer einzelnen, konkreten Partei ermittelt. Die individuellen Vorstellungen und Planungen dieser Partei sind vom Bewerter in seiner Funktion als Berater zu ergründen.

346 Vgl. zur Aufteilung des Einigungsspielraums auch Wagner, WPg 2008, S. 840.

Die der Bewertung zugrunde liegenden Prämissen können daher in Abstimmung mit den individuellen Einschätzungen des Bewertungssubjektes festgelegt werden, weshalb die Einbeziehung ergänzungsbilanzbedingter Steuereffekte bei der Ermittlung subjektiver Entscheidungswerte in qualitativer Hinsicht vergleichsweise unkompliziert ist.

Schwieriger gestaltet es sich, wenn in der Funktion des Schiedsgutachters ein Einigungswert zu ermitteln ist und die subjektiven Wertvorstellungen mehrerer individueller Parteien zu berücksichtigen sind. Allerdings liegen auch bei der Ermittlung von Einigungswerten letztlich lediglich mehrere subjektive Sichtweisen vor, die dem Bewerter (weitestgehend) bekannt sein werden und zwischen denen zu vermitteln seine Aufgabe ist.

Bei der Ermittlung objektivierter Unternehmenswerte ist dies jedoch nicht der Fall. Hier sind objektivierte Unternehmenswerte unabhängig von den individuellen Wertvorstellungen der betroffenen Parteien[347] zu ermitteln und es stellt sich die Frage, ob die Bewertung aus der Sichtweise des Veräußerers, des Erwerbers oder aus beiden Sichtweisen vorzunehmen ist.

Die Frage nach der einzunehmenden Perspektive ist – wie noch deutlich wird – von besonderer Relevanz und daher ein zentrales Element bei der Untersuchung des Einflusses der Ergänzungsbilanz auf den objektivierten Unternehmenswert. Wie bereits im Rahmen der Betrachtung des Einflusses der Ergänzungsbilanz auf den Entscheidungswert gezeigt, unterscheiden sich die Auswirkungen beim Käufer deutlich von den Auswirkungen beim Verkäufer. Während beim objektivierten Unternehmenswert der Altgesellschafter Ergänzungsbilanzabschreibungen nur dann geltend machen kann, wenn er über eine (noch) nicht aufgezehrte Ergänzungsbilanz verfügt, ist der Neugesellschafter in der Lage, den Differenzbetrag zwischen dem von ihm entrichteten Kaufpreis und dem von ihm übernommenen Kapitalkonto in den Perioden nach dem Erwerb abzuschreiben und steuermindernd zu nutzen, soweit dieser auf abnutzbare Wirtschaftsgüter oder auf einen Geschäfts- oder Fir-

[347] Vgl. IDW S 1 2008, Rn. 12.

menwert entfällt. Vorteile bestehender Ergänzungsbilanzen sind daher (überwiegend)[348] für den bisherigen Gesellschafterkreis relevant, Vorteile bewertungsinduzierter Ergänzungsbilanzen hingegen für den (potentiellen) Neugesellschafter.[349] Daher ist – bevor eine nähere Untersuchung des Einflusses der Ergänzungsbilanz auf den objektivierten Unternehmenswert erfolgen kann – zunächst zu klären, welche Perspektive der Bewerter bei der Ermittlung objektivierter Unternehmenswert zugrunde zu legen hat.

4.4.1.2 Die Perspektive bei der Ermittlung objektivierter Unternehmenswerte

Abschreibungsbedingte Steuervorteile aus bewertungsinduzierten Ergänzungsbilanzen entstehen nur auf Ebene des Erwerber, so dass zur Ermittlung objektivierter Unternehmenswerte festgelegt werden muss, ob die Perspektive eines derzeitigen Gesellschafters oder die eines (potentiellen) Neugesellschafters einzunehmen ist.

Obwohl der Begriff *objektivierter Unternehmenswert* der Funktionslehre des IDW entstammt, macht dieses keine eindeutigen Aussagen hinsichtlich der Bewertungsperspektive. Der zur Durchführung von Unternehmensbewertungen maßgebliche Standard IDW S 1 liefert keinen konkreten Hinweis auf die vom Bewerter einzunehmende Sichtweise bei der Ermittlung objektivierter Unternehmenswerte.[350] Dort heißt es lediglich: „Der objektivierte Unternehmenswert stellt einen intersubjektiv nachprüfbaren Zukunftserfolgswert aus Sicht der Anteilseigner dar."[351] Ob es sich hierbei um einen Altgesellschafter oder einen Neugesellschafter handelt, ist m.E. bisher nicht genauer definiert.

---

348 Aus bestehenden Ergänzungsbilanzen der übrigen, in der Gesellschaft verbleibenden Gesellschafter können, wie in Abschnitt 4.2.1.1.2 gezeigt, Gewerbesteuervorteile entstehen, die auch für den potentiellen Neugesellschafter relevant sein können, falls keine gesellschaftsrechtliche Abrede zur verursachungsgerechten Aufteilung der Gewerbesteuerbelastung vereinbart wurde.

349 Ergänzend ist zu erwähnen, dass bewertungsinduzierte Ergänzungsbilanzen auch Gewerbesteuervorteile für die übrigen, nicht veräußernden und in der Gesellschaft verbleibenden Gesellschafter mit sich bringen können, falls keine gesellschaftsrechtliche Abrede zur verursachungsgerechten Aufteilung der Gewerbesteuerbelastung vereinbart wurde.

350 Vgl. auch Brähler, WPg, 2008, S. 211 und S. 213.

351 IDW S 1 2008, Rn. 29.

Gleichwohl vertreten *Peemöller/Kunowski* mit Verweis auf vorgenannte Formulierung in IDW S 1 die Auffassung, dass auf die Perspektive des bisherigen Anteilseigner abzuzielen ist.[352] Aufgrund von Aussagen in anderen Standards vermutet auch *Brähler*, dass das IDW eher die Sicht des Altgesellschafters einnimmt, hält selbst hingegen beide Perspektiven für möglich.[353]

Die Tatsache, dass das IDW anerkennt, dass es sich bei dem von Teilen der Literatur als „objektiviert" bezeichneten Unternehmenswert um einen Wert handelt, den das Unternehmen für einen fingierten Dritten darstellt, der es anstelle des bisherigen Inhabers fortführen würde,[354] könnte ein Indiz dafür sein, dass nach Auffassung des IDW bei der Bestimmung objektivierter Unternehmenswertes die Erwerberperspektive einzunehmen ist.

Breker, Fachleiter Rechnungslegung und Prüfung des IDW, spricht sich (sogar) explizit dafür aus, bei objektivierten Wertermittlungen die Erwerberperspektive zugrunde zu legen. Er versteht den objektivierten Unternehmenswert als einen, den ein potentieller Investor auf einem Markt zu zahlen bereit wäre.[355]

Methodisch ist die Bewertung eines Unternehmens nichts anderes als der Vergleich unterschiedlicher Investitionsalternativen. Wäre bei einem solchen Alternativenvergleich die Sichtweise des Altgesellschafters relevant, so bestünden für diesen mindestens die beiden Alternativen *Verbleib in der bisherigen Gesellschafterstellung* oder *Desinvestition seiner Beteiligung und Neuanlage der freiwerdenden Mittel.* Damit sich die Kapitalwerte dieser beiden Alternativen aufgrund der Besteuerung des Veräußerungsgewinn im Falle des Unternehmensverkaufes gleichen, müssten durch die Desinvestition entstehende, transaktionsbedingte Steuereffekte auf Veräußererebene in den

[352] Vgl. Kunowski/Popp, in: Peemöller: Praxishandbuch der Unternehmensbewertung, S. 282.

[353] Vgl. Brähler, WPg, 2008, S. 211.

[354] Vgl. IDW, WP Handbuch II 2008, Rn. A 32.

[355] Vgl. Breker, in: IDW, IDW Live im Netz-Dialog zum Thema: Anwendung des IDW S 1 auf die Bewertung von KMU, Video-Aufzeichnung vom 21. Juni 2012, einsehbar im Mitglieder-Bereich des IDW, Minute 27:40 bis 28:06.

Entscheidungswert einbezogen werden. Derartige Steuereffekte könnten in der – gegenüber einem Beibehalten der Gesellschafterposition – transaktionsbedingt beim Altgesellschafter (sofort) entstehenden Besteuerung der veräußerten stillen Reserven bzw. in der früheren Auslösung einer derartigen Besteuerung liegen. Die Einbeziehung von auf den stillen Reserven lastenden Steuerlatenzen sieht das Kalkül des objektivierten Unternehmenswertes – im Gegensatz zum Entscheidungswert – hingegen weder bei Kapital- noch bei Personengesellschaften vor.[356] Dies würde auch der Auffassung des IDW, nach der der objektivierte Unternehmenswert für alle Anteilseigner gleich ist, nicht gerecht, da die Höhe der bestehenden Steuerlatenzen nach den individuellen Anschaffungskosten der Anteilseigner variiert.[357] Beim objektivierten Unternehmenswert handelt es sich somit nicht um einen Unternehmenswert aus der Perspektive eines Verkäufers.

Unklarheit besteht dennoch hinsichtlich der Frage, ob es sich beim objektivierten Unternehmenswert um einen Wert aus der Perspektive des bisherigen Gesellschafters (ohne Verkaufsabsichten) handelt oder um einen Wert aus der Perspektive eines (potentiellen) Neugesellschafters. Bei der Untersuchung des Einflusses der Ergänzungsbilanz auf den Unternehmenswert der Personengesellschaft ist daher m.E. anlassbezogen zu differenzieren[358] und nach der Perspektive von Alt- und Neugesellschafter zu unterscheiden. Ist der Anlass der Wertemittlung transaktionsorientiert, also mit einer geplanten, vollzogenen oder fingierten Aufgabe des Eigentums an der Gesellschaftsbeteiligung verbunden, so ist m.E. der objektivierte Unternehmenswert aus der Perspektive des (typisierten) potentiellen Investors zu ermitteln. Liegt hingegen ein nicht-transaktionsorientierter Bewertungsanlass vor und dem Bewertungsanlass der Verbleib des Anteilseigners zugrunde, so erfolgt die Bewertung aus der Perspektive des derzeitigen Gesellschafters. Der derzeitige Gesellschafter kann eine bestehende Ergänzungsbilanz steuermindernd nutzen, nicht hingegen eine bewertungsinduzierte Ergänzungsbilanz.

---

356 Vgl. Popp, WPg 2008, S. 944.
357 Vgl. Popp, WPg 2008, S. 944.
358 Wagner, WPg 2008, S. 834 ff. plädiert hingegen zumindest für Zwecke der Ermittlung von Abfindungs- und Ausgleichansprüchen für eine anlassunabhängige Einbeziehung bewertungsinduzierter Ergänzungsbilanzen.

Sind in der Beteiligung jedoch stille Reserven enthalten und ist von der Aufgabe des Eigentums zu einem späteren Zeitpunkt als dem Bewertungsstichtag auszugehen, so werden dem derzeitigen Gesellschafter bei einer Veräußerung seiner Beteiligung in der Zukunft auch diese stillen Reserven sowie daraus resultierende Steuervorteile vergütet werden.

4.4.1.3 Besonderheiten bei der Wertermittlung von Abfindungsansprüchen nach § 738 BGB

Sofern keine gesellschaftsvertraglichen Regelungen bestehen, finden als Rechtsfolge des Ausscheidens eines Gesellschafters aus einer Personengesellschaft in Ermangelung einer gesonderten Regelung im HGB für alle Personengesellschaften die Vorschriften der §§ 738-740 BGB Anwendung. Wie bereits in Abschnitt 3.2.4 dargestellt, handelt es sich bei der Wertermittlung zur Bestimmung von Abfindungsansprüchen nach § 738 BGB um die Schätzung eines Preises, der sich bei einem hypothetischen Verkauf des Unternehmens als Einheit erzielen ließe.[359] Der zu ermittelnde Verkehrswert bildet den hypothetischen Marktpreis für einen typisierten Gesellschafter ab und erfordert daher einen typisierten Bewertungsansatz, wie er dem objektivierten Bewertungskonzept zugrunde liegt.[360]

Bei der Wertermittlung von Abfindungsansprüchen ist der Verkauf des Unternehmens anzunehmen.[361] Dies bedeutet, dass Unternehmenswertermittlungen zur Bestimmung eines Abfindungsanspruchs nach § 738 BGB den transaktionsorientierten Bewertungsanlässen zuzuordnen sind, da hier der Übergang des Anteilseigentums fingiert wird. Geht man vom Übergang der Gesellschaftsanteile aus und ermittelt den Betrag, der sich bei einem hypothetischen Verkauf am Markt hätte erzielen lassen, so ist m.E. auch der ergänzungsbilanzbedingte Steuervorteil in die Wertermittlung einzubeziehen.

---

359 Vgl. BGH, Urteil vom 24.09.1984, II ZR 256/83, NJW 1985, S. 192; Ebenroth/Müller, BB 1993, S. 1156; Großfeld, AG 1988, S. 218; Piehler/Schulte, in: Gummert/Weipert, MHdGesR Bd. 1, § 10 Rn. 81.

360 Vgl. Wollny, Unternehmenswert, S. 30 ff. und S. 35 ff.

361 Vgl. IDW, WP Handbuch II 2008, Rn. A 14; Peemöller, in: Peemöller, Praxishandbuch der Unternehmensbewertung, S. 23.

Widersprüchlich erscheint an dieser Stelle die Tatsache, dass der ausscheidende Gesellschafter durch die Einbeziehung des ergänzungsbilanzbedingten Steuervorteils in den Abfindungsanspruch eine Nutzen erhält, den er bei Verbleib in der Gesellschaft (selbst) nicht hätte realisieren können. Dies ist auch zunächst richtig, jedoch um den Umstand zu ergänzen, dass die Realisation des ergänzungsbilanzbedingten Steuervorteils jederzeit durch Desinvestition gelingen würde, der Anteilseigner diese jedoch lediglich deshalb unterlässt, weil eine durch die Desinvestition gleichzeitig ausgelöste Veräußerungsgewinnbesteuerung den erzielbaren Steuervorteil aufzehrt oder sogar übertrifft. Dies kann – wenn keine anderen als steuerliche Gründe hinzukommen – zu einem „lock-in Effekt" führen.[362]

Stellt man den Abzufindenden jedoch so, wie nach dem Verkauf seiner Beteiligung, so ist der (hypothetische) Markt auch bereit, ergänzungsbilanzbedingte Steuervorteile zu vergüten. Mithin sind diese m.E. auch in den Abfindungsanspruch nach § 738 BGB einzubeziehen.

Erfolgt die Bewertung von abzufindenden Anteilen indirekt, also auf der Grundlage der Bewertung des Gesamtunternehmens, so ist der Verkauf des gesamten Unternehmens als Einheit zu unterstellen.[363] Hieraus folgt, dass sich Steuervorteile aus bewertungsinduzierten Ergänzungsbilanzen in einkommen- sowie in gewerbesteuerlicher Hinsicht ergeben. Beim Verkauf des gesamten Unternehmens spielt die Frage nach der verursachungsgerechten Gewerbesteueraufteilung keine Rolle. Ebenso sind unter dieser Prämisse bestehende Ergänzungsbilanzen verbleibender Gesellschafter irrelevant. Beides liefert jedoch Ansatzpunkte für eine (weitere) grundsätzliche Kritik an der indirekten Bewertungsmethode.

Wie im Weiteren ersichtlich wird, können bestehende Ergänzungsbilanzen der verbleibenden Gesellschafter für die Ermittlung des Unternehmenswertes

362 Vgl. auch Wagner, WPg 2008, S. 838.

363 Vgl. IDW S 1 2008, Rn. 13; IDW, WP Handbuch II 2008, Rn. A 14; Peemöller, in Peemöller, Praxishandbuch der Unternehmensbewertung, S. 23; Wollny, Unternehmenswert, S. 430; OLG München, Beschluss vom 19. Oktober 2006, 31 Wx 092/05, NJOZ 2007, S. 340 sowie kritisch Nonnenmacher, Anteilsbewertung, S. 33 ff.

eines Gesellschaftsanteils (also einer nicht hundertprozentigen Beteiligung) relevant sein, so dass hier m.E. eine direkte Ermittlung des Abfindungsanspruchs geboten ist.

4.4.2 Auswirkung der Ergänzungsbilanz bei transaktionsbezogenen Bewertungsanlässen

4.4.2.1 Bestehende Ergänzungsbilanzen

4.4.2.1.1 Bestehende Ergänzungsbilanz des veräußernden Gesellschafters

Besteht im Rahmen eines transaktionsbezogenen Bewertungsanlasses zum Bewertungsstichtag noch eine Ergänzungsbilanz beim Veräußerer, so stellt sich die Frage, ob die steuerlichen Konsequenzen dieser Ergänzungsbilanz Auswirkungen auf den Zukunftserfolg haben und daher in den Unternehmenswert einzubeziehen sind.

Bei transaktionsorientierten Bewertungsanlässen erfolgt aus den oben[364] genannten Gründen die Bewertung aus der Perspektive eines potentiellen Investors. Mit Übernahme des Gesellschaftsanteils durch einen Dritten verliert – wie in Abschnitt 4.2.1.1.1 aufgezeigt – die bestehende Ergänzungsbilanz des Veräußerers ihr Erfordernis und besteht nicht mehr fort, da der Übernehmende in Höhe der Differenz zwischen dem entrichteten Kaufpreis und dem übernommenem Kapitalkonto in der Gesamthandsbilanz eine eigene neue Ergänzungsbilanz aufstellt und nicht die bestehende übernimmt. Aus diesem Grund spricht sich *Popp* m.E. zutreffend dafür aus, bestehende Ergänzungsbilanzen im Rahmen objektivierter Wertermittlungen bei transaktionsorientierten Bewertungsanlässen nicht zu berücksichtigen.[365] Dies gilt aber nur für bestehende Ergänzungsbilanzen, die dem Altgesellschafter zuzuordnen sind. Für bestehende Ergänzungsbilanzen der übrigen Gesellschafter gilt unter Umständen etwas anderes, wie der folgende Abschnitt zeigt.

---

[364] Vgl. Abschnitt 4.4.1.2.
[365] Vgl. Popp, WPg 2008, S. 942.

4.4.2.1.2 Bestehende Ergänzungsbilanzen der übrigen Gesellschafter

Liegt dem Bewertungsanlass nicht die Bewertung des gesamten Unternehmens, sondern lediglich eines Gesellschaftsanteils zugrunde und ist somit auch lediglich von einem Eigentümerwechsel in Bezug auf den zu bewertenden Gesellschaftsanteil auszugehen, so stellt sich die Frage, ob sich ein Einfluss aus bestehenden Ergänzungsbilanzen der übrigen, von der Transaktion nicht betroffenen und somit in der Gesellschaft verbleibenden, Gesellschafter ergibt. Da sich die einkommensteuerlichen Einflüsse der Ergänzungsbilanzen gesellschafterindividuell auswirken, kann sich ein Einfluss lediglich in gewerbesteuerlicher Hinsicht ergeben und auch nur dann, wenn keine Abrede zur verursachungsgerechten Verteilung ergänzungsbilanzbedingter Gewerbesteuereffekte existiert. Im Detail kann auf die in Abschnitt 4.2 gewonnenen Erkenntnisse zurückgegriffen werden.

4.4.2.2 Bewertungsinduzierte Ergänzungsbilanzen

In der Literatur ist ungeklärt, ob bewertungsinduzierte Ergänzungsbilanzen den objektivierten Unternehmenswert der Personengesellschaft beeinflussen. Während zumindest stellenweise im Schrifttum die Einbeziehung bewertungsinduzierter Ergänzungsbilanzen bei der Ermittlung von Käufergrenzpreisen gefordert wird, bleibt der Einfluss auf den objektivierten Unternehmenswert überwiegend unbeachtet.

Das für die Facharbeit der Wirtschaftsprüfer in Deutschland zuständige IDW nimmt zur Frage der Einbeziehung und zum Einfluss der Ergänzungsbilanz bei objektivierten Unternehmenswertermittlungen weder im einschlägigen Standard[366] oder in den näheren Ausführungen im WP Handbuch[367] konkret Stellung, noch wird hierzu ein Hinweis veröffentlicht.

Popp spricht sich im transaktionsbezogenen Kontext gegen einen Einfluss (sowohl bestehender als auch) bewertungsinduzierter Ergänzungsbilanzen

---

366 Vgl. IDW S 1 2008.
367 Vgl. IDW, WP Handbuch II 2008.

aus und begründet dies damit, dass so eine Ungleichbehandlung von bestehenden und (möglichen) künftigen Gesellschaftern vermieden werden kann.[368] Diesem Argument ist jedoch entgegen zu halten, dass die finanziellen Überschüsse (nach Steuern) des künftigen Gesellschafters durch eine transaktionsbedingt zu bildende Ergänzungsbilanz die finanziellen Überschüsse, die der bisherige Gesellschafters künftig erzielen würde, tatsächlich übersteigen und Altgesellschafter und Neugesellschafter somit keinesfalls über gleichwertige Gesellschaftsanteile verfügen. Relevant kann allenfalls die Frage sein, ob die Sichtweise des Neugesellschafters einzunehmen ist. Bejaht man dies und ist mit dem Bewertungsanlass der Übergang des (gesamten) Unternehmens oder eines Gesellschaftsanteils verbunden, so ergibt sich eine bewertungsinduzierte Ergänzungsbilanz als zwangsläufige Konsequenz der Anteilsübernahme[369] und darf daher m.E. bei der Bestimmung der künftigen finanziellen Überschüsse nicht unberücksichtigt bleiben.

Unternehmenswertprägend sind alle Sachverhalte, die Einfluss auf die Höhe der dem Anteilseigner in der Zukunft zufließenden finanziellen Überschüsse haben. Deshalb sind bei der Bewertung von Personengesellschaften grundsätzlich Nach-Steuer-Betrachtungen vorzunehmen. Da transaktionsorientierte Bewertungsanlässe eine Bewertung aus der Perspektive des Erwerbers erfordern,[370] sind Einflüsse aus ergänzungsbilanzbedingten Steuerwirkungen ebenfalls relevant. Diese wirken sich ebenso wie die gesamthänderischen Abschreibungen steuermindernd aus. Mit diesen Steuerersparnissen verbunden ist eine erhöhte Veräußerungsgewinnbesteuerung im (möglichen) künftigen Austrittsfall des Erwerbers. Auch hier gelten die bereits bekannten – in Abschnitt 4.2.1.1.2 gewonnen – Erkenntnisse entsprechend.

368 Auf weitere von Popp, WPg 2008, S. 942 f. vorgebrachte Argumente gegen die Berücksichtigung von (insbesondere bewertungsinduzierten) Ergänzungsbilanzabschreibungen im objektivierten Unternehmenswert wird in Abschnitt 4.4.4 eingegangen.

369 Wenn der entrichtete Kaufpreis das übernommene Kapitalkonto übersteigt.

370 Vgl. Abschnitt 4.4.1.2.

4.4.3 Auswirkungen von Ergänzungsbilanzabschreibungen bei nicht-transaktionsbezogenen Bewertungsanlässen

4.4.3.1 Bestehende Ergänzungsbilanzen

Erfolgt die Bewertung aus der Perspektive des bisherigen Gesellschafters, so sind dem Bewerter auch die zum Bewertungsstichtag vorliegenden Beteiligungsverhältnisse bekannt. Sobald neben dem bisherigen Gesellschafter, aus dessen Perspektive die Bewertung erfolgt, noch weitere Gesellschafter beteiligt sind, ist danach zu differenzieren, ob eine bestehende Ergänzungsbilanz dem zu bewertenden Gesellschaftsanteil zugehört oder den Gesellschaftsanteilen der übrigen Gesellschafter.

4.4.3.1.1 Bestehende Ergänzungsbilanzen des Altgesellschafters

Bei Bewertungsanlässen, die nicht mit einer Aufgabe des Gesellschaftseigentums verbunden sind, liegt es zunächst nahe, Steuereffekte bestehender Ergänzungsbilanzen in den Unternehmenswert einzubeziehen.[371] Dies setzt – wie oben gezeigt[372] – erstens voraus, dass der Bewertungsanlass die Bewertung aus der Perspektive des Altgesellschafters erfordert. Zweitens stellt sich die Frage, ob der Altgesellschafter das bestehende Abschreibungsvolumen seiner Ergänzungsbilanz vollständig nutzen kann, was dann gelingt, wenn die beabsichtigte Haltedauer der Gesellschaftsbeteiligung die Restnutzungsdauer der in der Ergänzungsbilanz enthaltenen Wirtschaftsgüter erreicht, wobei auf das am längsten abzuschreibende Wirtschaftsgut abzuzielen ist. Betrachtet man die bei Haltedauer, die bei objektivierten Unternehmenswertermittlungen für die Bestimmung der Effektivbesteuerung thesaurierter Gewinne zugrunde gelegt wird[373] und die üblichen steuerlichen Nutzungsdauern,[374] so stellt man fest, dass in der Realität regelmäßig eine voll-

---

[371] Vgl. Popp, WPg 2008, S. 942.
[372] Vgl. Abschnitt 4.4.3.2.
[373] Vgl. Abschnitt 3.4.2.2, Abschnitt 4.2.1.2.2 sowie auch Wiese, WPg 2007, S. 371 oder IDW, WP Handbuch II 2008, Rn. A 107 f.
[374] Vgl. Abschnitt 5.3.3.2.

ständige Abschreibung der Ergänzungsbilanz während der Haltedauer gelingen wird.

Ist die Haltedauer kürzer als die Nutzungsdauer der Ergänzungsbilanz und kommt es zu einem Gesellschafterwechsel während der Restnutzungsdauer der Ergänzungsbilanz, so kann aus der Sicht des Altgesellschafters eine einkommensteuerliche Nutzung der Ergänzungsbilanz dennoch erfolgen, nämlich – wie gezeigt und unter den in Abschnitt 4.2.2.1.1 genannten Voraussetzungen – im Rahmen der Besteuerung des Gesellschafters bei Beendigung seiner Gesellschafterstellung durch Reduzierung des entstehenden Veräußerungsgewinns bzw. durch Vergrößerung eines Veräußerungsverlustes (bei möglicher Verrechnung mit positiven Einkünften).

Wie bereits bekannt, ist der Umfang der gewerbesteuerlichen Nutzung einer bestehenden Ergänzungsbilanz davon abhängig, ob eine gesellschaftsrechtliche Vereinbarung zur verursachungsgerechten Verteilung ergänzungsbilanzbedingter Gewerbesteuerbe- und entlastungen existiert. Unabhängig davon bleiben bestehende Ergänzungsbilanzen gewerbesteuerlich ungenutzt, wenn der Gesellschafter während der Restnutzungsdauer der Ergänzungsbilanz aus der Gesellschaft ausscheidet; denn bei einer (vollständigen) Anteilsveräußerung durch eine natürliche Person[375] ist der Veräußerungsgewinn nicht Bestandteil des Gewerbeertrags und somit nicht gewerbesteuerpflichtig (§ 7 Satz 2 GewStG).

4.4.3.1.2 Bestehende Ergänzungsbilanzen der übrigen Gesellschafter

Bestehende Ergänzungsbilanzen sind ein gesellschafterindividuelles Korrektiv der Wertansätze in der steuerlichen Gesamthandsbilanz und wirken sich daher einkommensteuerlich ausschließlich bei dem Gesellschafter aus, dem sie zuzurechnen sind. Eine nicht dem betrachteten Altgesellschafters, sondern einem der übrigen Gesellschaftern zuzurechnende Ergänzungsbilanz

[375] Dem objektivierten Unternehmenswert liegt typisierend eine natürliche Person als Anteilseigner zugrunde. Vgl. IDW S 1 2008, Rn. 31 und Rn. 46.

hat daher keinen Einfluss auf die Höhe der Einkommensteuerbelastung, die mit dem zu bewertenden Gesellschaftsanteil verbundenen ist.

Eine gewerbesteuerliche Nutzung gelingt ebenfalls nicht, wenn zwischen den Gesellschaftern eine Abrede zur verursachungsgerechten Aufteilung ergänzungsbilanzbedingter Gewerbesteuereffekte existiert. Liegt eine derartige Abrede hingegen nicht vor, so wirken sich bestehende Ergänzungsbilanzen der übrigen Gesellschafter auf die Höhe der auf den zu bewertenden Gesellschaftsanteil entfallenden Gewerbesteuer und somit auch auf die Höhe der bewertungsrelevanten finanziellen Überschüsse aus. Hinsichtlich der sich bei der Bewertung ergebenden Schwierigkeiten gelten die im Zusammenhang mit der Entscheidungswertermittlung in den Abschnitten 4.2.1.1.2 und 4.2.2.1.2 aufgeführten Gesichtspunkte entsprechend.

4.4.3.2 Bewertungsinduzierte Ergänzungsbilanzen

Nicht-transaktionsorientierte Bewertungsanlässe sind dadurch gekennzeichnet, dass ihnen weder ein geplanter oder vollzogener Verkauf der Gesellschaft bzw. der Gesellschaftsbeteiligung zugrunde liegt, noch ein solcher fingiert wird. Bei der Ermittlung objektivierter Unternehmenswerte ist jedoch die geplante, vollzogene oder fingierte Transaktion zwingende Voraussetzung dafür, dass der typisierte Erwerber in die Lage versetzt wird, eine bewertungsinduzierte Ergänzungsbilanz aufstellen und steuerlich nutzen zu können. Der derzeitige Gesellschafter kann – soweit diese (noch) vorhanden ist – lediglich eine bestehende Ergänzungsbilanz steuermindernd nutzen, nicht hingegen eine bewertungsinduzierte.

Ist aufgrund der dem Bewertungsanlass zugrunde liegenden Prämissen davon auszugehen, dass keine Änderung der Eigentumsverhältnisse eintritt und wird daher bei der Bewertung die Perspektive des Altgesellschafters eingenommen, so stellt sich die Frage, ob und welchen Einfluss bewertungsinduzierte Ergänzungsbilanzen auf den Unternehmenswert nehmen. Hier stehen verschiedene Auffassungen zur Diskussion.

Popp vertritt die Auffassung, bewertungsinduzierte Ergänzungsbilanzen bei der Wertermittlung gänzlich unberücksichtigt zu lassen,[376] was auch unter dem Gesichtspunkt der Anlassorientierung plausibel erscheint. Jedoch kann eine derartige, pauschale Vernachlässigung bewertungsinduzierter Ergänzungsbilanzen unter Umständen auch zu unrealistischen Verzerrungen führen, was an folgendem Beispiel näher dargestellt werden wird:

Ehevertraglich ist vereinbart, dass im Scheidungsfall die Beteiligung des Ehemanns an einer Personengesellschaft bei der Bestimmung des Zugewinnausgleichs (lediglich) mit zwei Dritteln des objektivierten Unternehmenswertes im Sinne von IDW S 1 in das gemeinsame Endvermögen einzubeziehen ist. Der ohne Einbeziehung ergänzungsbilanzbedingter Steuervorteile ermittelte Unternehmenswert beträgt 1.000 T€. Da das Kapitalkonto zum Bewertungsstichtag jedoch einen deutlich niedrigeren Saldo ausweist (250 T€), beträgt der Unternehmenswert unter Einbeziehung ergänzungsbilanzbedingter Steuervorteile 1.200 T€.

Im Beispiel liegt kein transaktionsorientierter Bewertungsanlass vor. Eine Änderung der Eigentumsverhältnisse tritt nicht ein, weil sowohl vor als auch nach der Scheidung ausschließlich der Ehemann Gesellschafter ist. Die Regelungen des Ehevertrages ersetzen jedoch die gesetzlichen Bestimmungen, so dass ebenfalls eine Veräußerung nicht fingiert werden kann. Vielmehr ist nach den vertraglichen Vereinbarungen der objektivierte Unternehmenswert zu bestimmen. Erfolgt die Bewertung nun aus der Perspektive des Altgesellschafters und unter Vernachlässigung von Ergänzungsbilanzeffekten, so würde möglicherweise in das Endvermögen ein zu geringer Unternehmenswert einbezogen. Dies wäre z.B. dann der Fall, wenn für Zwecke der Bestimmung des Zugewinnausgleichs ein Unternehmenswert von 1.000 T€ maßgeblich wäre, der Ehemann jedoch unmittelbar nach der Scheidung seine Beteiligung veräußern und hierbei einen Kaufpreis von 1.200 T€ erzielen würde. Der Ehemann hat durch die Veräußerung der Beteiligung 200 T€ (vor Steuern) realisiert, die bei der Berechnung des Zugewinnausgleichs außer Ansatz bleiben würden, jedoch aus der Tatsache resultieren, dass der Er-

[376] Vgl. Popp, WPg 2008, S. 943. Zur Begründung wird die in Abschnitt 4.4.2.2 vorgestellte Argumentation angeführt.

werber bei der Personengesellschaft (im Gegensatz zur Kapitalgesellschaft) in der Lage ist, Ergänzungsbilanzen zu bilden und abzuschreiben und deshalb auch bereit ist, den hieraus entstehenden Vorteil zu vergüten.

Verallgemeinernd lässt sich festhalten: Sind in der zu bewertenden Beteiligung stille Reserven enthalten und ist von der Aufgabe des Eigentums zu einem späteren Zeitpunkt als dem Bewertungsstichtag auszugehen, so wird der bestehende Gesellschafter bei der künftigen Veräußerung seiner Beteiligung auch in der Lage sein, den aus den stillen Reserven beim Erwerber entstehenden Steuervorteil (zumindest anteilig) kaufpreiserhöhend abzubilden.

Aus diesem Grund liegt daher m.E. auch bei nicht-transaktionsorientierten Bewertungsanlässen ein Einfluss der Ergänzungsbilanz auf den Unternehmenswert der Personengesellschaft vor, wenn davon auszugehen ist, dass es zu einem künftigen Zeitpunkt zu einer Veräußerung kommt, bei der stille Reserven realisiert werden. Allerdings ist dies nicht verbunden mit einer Abkehr von der Perspektive des Altgesellschafters. Vielmehr besteht beim Altgesellschafter ein nur durch den späteren Verkauf realisierbarer Vorteil, dessen Wert zum Bewertungsstichtag zu ermitteln ist und der davon abhängig ist, welchen künftigen Zeitpunkt man als möglichen Veräußerungstermin[377] annimmt.

Bezieht man diesen Aspekt auf obiges Beispiel, so wäre es aus Sicht der Ehefrau vorteilhaft, die sofortige Veräußerung zu fingieren. Aus Sicht des Ehemanns führt die Annahme einer möglichst langen Haltedauer hingegen zur Reduzierung des Barwertes des bei Verkauf realisierbaren ergänzungsbilanzbedingten Steuervorteils und somit zu einem niedrigeren Endvermögen.

[377] Vom unterstellten Veräußerungstermin hängt auch die Höhe der latenten Steuerbelastung ab, die beim Ehemann durch einen Verkauf ausgelöst würde. Da bei der Ermittlung des Anfangs- und Endvermögens nach den gesetzlichen Regelungen eine Veräußerung fingiert wird, sind latente Ertragsteuern auch in das Anfangs- und Endvermögen einzubeziehen. Vgl. hierzu Heimann, in: Kaiser/Schnitzler/Friederici, BGB, Anhang Steuerliche Aspekte zu §§ 1371 ff, Rn. 39 oder Häcker, in: Schulz/Hauß, Familienrecht, § 1376, Rn. 73. Werden die gesetzlichen Regelungen durch ehevertragliche Regelungen ersetzt, ist festzulegen oder vom Bewerter auszulegen, welcher Veräußerungszeitpunkt zu berücksichtigen ist.

Also ist bei der Bewertung aus der Perspektive des Altgesellschafters die Festlegung der typisierten Haltedauer der Beteiligung erforderlich.[378] Dies erscheint auf den ersten Eindruck schwierig. Ähnliche Überlegungen sind dem objektivierten Bewerter jedoch nicht unbekannt. Annahmen zur Haltedauer sind nämlich für die Berechnung der effektiven Besteuerung thesaurierter Ergebnisbestandteile bei der Bewertung von Kapitalgesellschaften ebenso nötig wie bei Anwendung der Thesaurierungsbegünstigung bei der Bewertung von Personengesellschaften.[379]

Resümierend ergibt sich, dass bei gesetzlichen und vertraglichen Bewertungsanlässen die rechtlichen oder vertraglichen Bewertungsvorgaben die Wertermittlung dominieren.[380] Mangelt es an solchen, so sind die vorhandenen Bestimmungen ggf. auszulegen, was in Bezug auf den Einfluss der Ergänzungsbilanz bedeutet, dass anlassabhängig festzulegen ist, aus wessen Sichtweise die Bewertung erfolgt, ob und wann eine Veräußerung stattfindet und ob es hierbei zu ergänzungsbilanzbedingten Steuervorteilen kommt, die bei der Bewertung zu berücksichtigen sind.

4.4.4 Erörterung ausgewählter Argumente gegen die Einbeziehung des TABs in den objektivierten Unternehmenswert

Der Einfluss sowohl bestehender als auch bewertungsinduzierter Ergänzungsbilanzen auf den objektivierten Unternehmenswert der Personengesellschaft wurde bisher in der Literatur weitestgehend[381] vernachlässigt. Dennoch lassen sich anhand der wenigen vorhandenen Quellen und der in der Literatur vergleichsweise intensiv geführten Diskussion um die Berück-

---

[378] Etwas anderes gilt, wenn aufgrund der dem Bewertungsanlass zugrunde liegenden Prämissen eine unendliche Haltedauer anzunehmen ist.

[379] Vgl. zur effektiven Besteuerung thesaurierter Ergebnisse von Kapitalgesellschaften bereits Abschnitt 3.4.2.2 sowie zur Haltedauer bei der Effektivbelastung im Falle der Thesaurierungsbegünstigung bei Personengesellschaften Dörschell/Franken/Schulte, WPg 2008, S. 449. Zur typisierten Haltedauer vgl. IDW, WP Handbuch II 2008, Rn. A 107 f. oder Wiese, WPg 2007, S. 370 f.

[380] Vgl. Wollny, Unternehmenswert, S. 190 f.

[381] Theamtisiert wird das Problem möglicher Einflüsse der Ergänzungsbilanz durch den Berufsstand der österreichischen Wirtschaftsprüfer, vgl. hierzu Kammer der Wirtschaftstreuhänder, KFW BW 1, Rn. 33 f. Mit Bezug auf das deutsche Steuerrecht finden sich Ausführungen zu dieser Problematik in Popp, WPg 2008, S. 941 ff. Internationale Quellen sind aufgrund der Besonderheiten des deutschen Steuerrechts nicht einschlägig.

sichtigung der Ergänzungsbilanz bei Grenzpreisermittlungen Argumente identifizieren, die gegen eine Einbeziehung der Ergänzungsbilanzen in den objektivierten Unternehmenswert sprechen. Diese sind vor dem Hintergrund der in den vorherigen Abschnitten gewonnenen Erkenntnisse im Folgenden Gegenstand der Auseinandersetzung.

4.4.4.1 Irrelevanz der historischen Anschaffungskosten

Gegen eine Berücksichtigung bewertungsinduzierter Ergänzungsbilanzen bei objektivierten Unternehmenswertermittlungen spricht sich die Literatur aus, weil gesellschafterindividuelle Besonderheiten den objektivierten Unternehmenswert nicht prägen dürfen, jedoch die Höhe des ergänzungsbilanzbedingten Steuervorteils von den Anschaffungskosten des Veräußerers abhängt und diese je nach Gesellschafter differieren[382].

Zur Stärkung dieser These führt *Popp* darüber hinaus an, dass auch der Verkehrswert anderer Vermögensgegenstände, so bspw. einer Doppelhaushälfte, nicht von den individuellen Anschaffungskosten des Veräußerers abhängt.[383] Diesem Argument ist grundsätzlich auch nicht zu widersprechen; die historischen Anschaffungskosten des Veräußerers werden im Falle einer Immobilie den Verkehrswert des Erwerbers ebenso wenig beeinflussen wie die (eventuell vorhandenen) aus stillen Reserven resultierenden Steuerlatenzen. Begründet liegt dies darin, dass der hier angeführte Verkehrswert aus der Sicht eines potentiellen Erwerbers definiert ist, der im Kalkül einer unter Ertragsgesichtspunkten zu erwerbenden Immobilie die steuerlichen Einflüsse auf deren Zukunftserfolgswert berücksichtigt, wobei er seine tatsächlichen Anschaffungskosten als Abschreibungs- und Steuerbemessungsgrundlage zugrunde legt.

Etwas anderes gilt aus der Perspektive des Altgesellschafters. Auch aus der Sicht des Bestandseigentümers wird eine Immobilie mit Abschreibungsvolu-

---

[382] Vgl. Popp, WPg 2008, S. 943 f.

[383] Vgl. Popp, WPg 2008, S. 943 und im Zusammenhang mit der Veräußerungsgewinnbesteuerung: WPg 2008, S. 944.

men eine Immobilie ohne (bzw. mit niedrigerem Abschreibungsvolumen) c.p. im Wert übersteigen. Daher lässt sich auch empirisch beobachten, dass bei Veräußerung einer Immobilie tendenziell höhere Preise zu erzielen sind als bei Veräußerung einer Beteiligung an einer Grundstücksgesellschaft in der Rechtsform der Kapitalgesellschaft.[384] Die Frage, ob historische Anschaffungskosten relevant sind, lässt sich also auch hier nur perspektivenabhängig klären, wobei in Abhängigkeit von der Perspektive wiederum unterschiedliche Ergänzungsbilanzeffekte relevant sind. Die Einbeziehung von Ergänzungsbilanzeffekten ist deshalb erforderlich, weil dem Kriterium der Steueräquivalenz, Rechnung zu tragen ist. Folgendes Beispiel soll dies veranschaulichen:

Gesellschafter A verfügt über einen 100% Geschäftsanteil an der A GmbH & Co. KG. Sein Kapitalkonto in der Handelsbilanz sowie in der steuerlichen Gesamthandsbilanz beträgt zum Bewertungsstichtag 1.000 T€.
Gesellschafter B verfügt über einen 100% Geschäftsanteil an der B GmbH & Co. KG. Sein Kapitalkonto in der Handelsbilanz sowie in der steuerlichen Gesamthandsbilanz beträgt zum Bewertungsstichtag 600 T€, seine steuerliche Ergänzungsbilanz 400 T€.
Im Übrigen sind die beiden Unternehmen A GmbH & Co. KG und B GmbH & Co. KG identisch.

Hieraus ergibt sich die Fragestellung: Wenn bis auf die Tatsache, dass in der Gesamthandsbilanz die Kapitalkonten der Höhe nach differieren, beide Unternehmen identisch sind, verfügen sie dann auch über einen identischen Unternehmenswert?

Ist der Wert aus der Sicht des Altgesellschafters zu bestimmen, so verfügt ohne Einbeziehung von Ergänzungsbilanzeffekten Unternehmen A über ein um 400 T€ höheres Abschreibungspotential in der Zukunft. Unterstellt man also keine Aufgabe des Eigentums, so führen die abschreibungsbedingt niedrigeren Steuerzahlungen bei Unternehmen A zu höheren finanziellen Überschüssen nach Steuern. Anders verhält es sich, wenn man die beste-

384 Vgl. Kasperzak/Nestler, DB 2007, S. 477; vgl. hierzu kritisch auch Hommel/Demel, in: Königsmaier/Rabel, Festschrift Mandl, S. 299.

hende Ergänzungsbilanz des Gesellschafters bei Unternehmen B in Höhe von 400 T€ einbezieht. Bei kongruenten Abschreibungsverläufen zwischen Gesamthandsbilanz und Ergänzungsbilanz sind in diesem Fall auch die finanziellen Überschüsse nach Steuern identisch. Zu erkennen ist also, dass ohne die Einbeziehung bestehender Ergänzungsbilanzen lediglich auf die Abschreibungen der Gesamthand abgezielt würde und so aus der Sicht eines Altgesellschafters Verzerrungen auftreten, die im vorgenannten Beispiel dazu führen würden, dass Unternehmen A über einen höheren Unternehmenswert verfügen würde, als Unternehmen B. Aus diesem Grund stimmt auch *Popp* zumindest dann, wenn mit dem Bewertungsanlass keine Eigentumsaufgabe verbunden ist, dafür, bestehende Ergänzungsbilanzabschreibungen im Rahmen objektivierter Unternehmenswertermittlungen zu berücksichtigen.[385]

Ändert man die Perspektive in die des (potentiellen) Erwerbers, so haben die historischen Anschaffungskosten des (Alt-)Gesellschafters keinen Einfluss mehr auf die für den Erwerber relevanten bewertungsinduzierten Ergänzungsbilanzabschreibungen. Von Interesse ist lediglich die Höhe der stillen Reserven, da diese die Bemessungsgrundlage bewertungsinduzierter Ergänzungsbilanzabschreibungen bestimmt. Die Höhe der im Transaktionsfall übergehenden stillen Reserven ergibt sich aus der Differenz aus entrichtetem Kaufpreis und übernommenem Kapitalkonto in der (steuerlichen) Gesamthandsbilanz. Ähnlich wie beim Altgesellschafter würde es aus der Perspektive des Neugesellschafters jedoch auch zu Verzerrungen kommen, wenn bewertungsinduzierte Steuerbilanzen vernachlässigt würden. Berechnet man die persönliche Steuerbelastung lediglich unter Zugrundelegung der Abschreibungen der steuerlichen Gesamthandsbilanz, so würde der Erwerber Unternehmen A bevorzugen, obwohl aufgrund der Bildung von Ergänzungsbilanzen tatsächlich keine Unterschiede bestehen.

[385] Vgl. Popp, WPg 2008, S. 942.

4.4.4.2 Notwendigkeit zur Abschätzung der steuerlichen Teilwerte und Nutzungsdauern

Als weiteres neben dem in Abschnitt 4.4.4.1 ausgeführten Argument wird in der Literatur kritisch angeführt, dass die zur Bestimmung bewertungsinduzierter Ergänzungsbilanzabschreibungen erforderliche Ermittlung der Teilwerte der (anteilig) erworbenen Wirtschaftsgüter sowie deren Restnutzungsdauern in einem unangemessenen Arbeitsaufwand zum Informationszuwachs steht, aber auch eine grobe Abschätzung hier nicht angemessen sein kann.[386]

Zweifellos ist die Bestimmung der Teilwerte sämtlicher übergehender Wirtschaftsgüter zeitaufwendig und im Einzelfall – so bspw. bei Patenten – nicht trivial. Betrachtet man jedoch den möglichen quantitativen Einfluss der Ergänzungsbilanz auf den Unternehmenswert, so stellt sich die Frage, ob eine Bestimmung der Teilwerte nicht bereits aus diesem Grund selbst für den von Wesentlichkeitsaspekten geleiteten Praktiker geboten ist.

Bei der Bewertung aus der Sicht des bestehenden Gesellschafters liegen die erforderlichen Daten bereits vor und insbesondere bei der Bewertung ertragsschwacher Unternehmen wird zumindest ein Teil der erforderlichen Informationen ohnehin verfügbar sein, da der Bewerter sich parallel zur Ermittlung des Ertragswertes mit dem Liquidationswert beschäftigen wird. Mit welchen Detailierungsgrad die Bestimmung der einzelnen steuerlichen Teilwerte erfolgen sollte, hängt von deren Auswirkungen auf den Unternehmenswert ab. Dem Bewerter ist es möglich, die relative Höhe des abschreibungsfähigen Aufstockungsbetrags festzustellen, um hiervon nach gutachterlichem Ermessen abhängig zu machen, in welchem Umfang auf Abschätzungen zurückgegriffen werden kann.[387]

Weiterhin ist anzumerken, dass es sich bei der kapitalwertorientierten Unternehmensbewertung um ein Modell der Investitionsrechnung handelt, welches

386 Vgl. Popp, WPg 2008, S. 943.
387 Hierzu können auch die in Kapitel 6 durchgefführten Sensitivitätsanalysen dienen.

sich auf eine Vielzahl von Annahmen und Schätzungen stützt. So werden bspw. auch bei der für Bewertungszwecke vorzunehmenden Bestimmung der finanziellen Überschüsse Investitionsmaßnahmen unterstellt. Die zur Berücksichtigung ergänzungsbilanzbedingter Werteinflüsse erforderliche Simulation einer Kaufpreisallokation und die Festlegung der anzuwendenden Restnutzungsdauern stellen somit lediglich weitere Anforderungen an den Bewerter.

4.4.4.3 Ausschließliche Berücksichtigung der Käuferperspektive

Die (vollständige) Einbeziehung von aus bewertungsinduzierten Ergänzungsbilanzen resultierenden Steuereffekten in den objektivierten Unternehmenswert wird selbst bei transaktionsorientierten Bewertungsanlässen auch deshalb kritisch betrachtet, weil fraglich ist, ob ein Käufer diese im Transaktionsfall vollständig vergüten würde.[388]

Unbestritten ist, dass bewertungsinduzierte Ergänzungsbilanzen auf der Ebene des Käufers entstehen und der mit ihnen verbundene Vorteil nur durch diesen realisiert werden kann. Entscheidend ist jedoch m.E. auch hier wiederum die Frage der Perspektive. Definiert man den objektivierten Unternehmenswert (zumindest im Transaktionsfall) als einen Unternehmenswert aus der Perspektive eines typisierten Erwerbers, so ist dieser Prämisse auch bei der Bewertung streng zu folgen, so dass bewertungsinduzierte Ergänzungsbilanzabschreibungen – wie in Abschnitt 4.2.1.2 gezeigt – wertrelevant sind.

Etwas anderes würde dann gelten, wenn man den objektivierten Unternehmenswert als einen Einigungswert versteht, welcher sich bei einer (fiktiven) Marktsituation zwischen dem derzeitigen Gesellschafter und einem (fiktiven) typisierten Erwerber ergeben würde. In diesem Fall hätten Ergänzungsbilanzeffekte Einfluss auf den Einigungsbereich, welcher – wie in Abschnitt 4.3 dargestellt – in Abhängigkeit der jeweiligen Verhandlungsstärke zwischen

[388] Vgl. Popp, WPg 2008, S. 943.

den Parteien aufzuteilen wäre. An dieser Stelle wird erneut deutlich, dass die rechtlichen und vertraglichen Vorgaben für die Unternehmenswertermittlung die ausschlaggebende Rolle spielen.

Unabhängig von der Tatsache, dass in einer (fiktiven) Marktsituation ein Erwerber seine grenzpreisbildenden Faktoren wahrscheinlich nicht vollständig vergüten würde, handelt es sich bei dieser Vorgehensweise um eine international übliche Konvention im Rahmen kapitalwertorientierter Bewertungen, da z.B. im Zusammenhang mit Wertermittlungen nach IFRS 3 ebenso verfahren wird.[389]

4.4.4.4 Parallelen zu steuerlichen Sonderbilanzen

In der Literatur[390] werden die steuermindernden Effekte einer bewertungsinduzierten Ergänzungsbilanz mit denen einer Sonderbilanz[391] gleichgesetzt und es wird gefordert, demnach auch sonderbilanzbedingte Steuereffekte zu berücksichtigen. Die Forderung zur Berücksichtigung der dabei als mögliche Sonderbetriebsausgaben beispielhaft angeführten, im Zusammenhang mit der Kaufpreisfinanzierung anfallenden, Zinsaufwendungen wird begründet mit der Annahme, dass bei einem Anteilserwerb in der Realität nicht von einer vollständigen Eigenfinanzierung auszugehen ist.

Unstrittig ist hierbei, dass Sonderbilanzen – ähnlich wie auch Ergänzungsbilanzen – sich grundsätzlich auch auf die Höhe der Einkommen- und Gewerbesteuerbelastung auswirken und sowohl steuererhöhende als auch steuermindernde Effekte beinhalten können.

Sonderbetriebsausgaben ergeben sich in Folge von subjektiven Widmungsakten der Gesellschafter (bspw. Abschreibung von durch die Mitunternehmerschaft genutztem Sonderbetriebsvermögen I) bzw. aus in unmittelbarem wirtschaftlichen Zusammenhang mit der Gesellschaftsbeteiligung stehenden

---

[389] Vgl. Castello/Klingbeil/Schröder, WPg 2006, S. 1031 f.
[390] Vgl. Popp, WPg 2008, S. 944.
[391] Vgl. zum allgemeinen Verständnis der Sonderbilanz Abschnitt 2.1.3.

Wirtschaftsgütern (bspw. Refinanzierung des Kaufpreises durch Darlehensaufnahme). Die Vermögensstruktur und die Finanzierungsabsichten sind Bestandteil der individuellen persönlichen Verhältnisse, weshalb bei der Ermittlung subjektiver Unternehmenswerte – je nach Situation – bestehende ebenso wie entstehende Ergänzungsbilanzen zu berücksichtigen sind. Bei objektivierten Wertermittlungen ist dies m.E. nicht möglich; im Gegensatz zur Sonderbilanz entsteht eine Ergänzungsbilanz nämlich zwangsläufig und kann nicht vermieden werden. Es handelt sich um ein steuerliches Korrektiv zu den Wertansätzen in der (steuerlichen) Gesamthandsbilanz. Eine Sonderbilanz hingegen erfordert entweder einen Widmungsakt oder einen wirtschaftlichen Zusammenhang zur Gesellschaftsbeteiligung. Beide Tatbestände hängen mithin von weiteren Voraussetzungen ab, während die bewertungsinduzierte Ergänzungsbilanz bedingungslos und unabhängig von der Person des Erwerbers entsteht.[392] Ob Effekte aus entstehenden Sonderbilanzen mit dem Konzept des objektivierten Unternehmenswertes vereinbar sind, ist abhängig von der Begriffsauslegung des typisierten Anteilseigners, welcher m.E. so zu verstehen ist, dass eine Realisation etwaiger Vorteile durch Jedermann möglich sein muss und daher etwas anderes nur dann gelten kann, wenn man (im Einzelfall) der Bewertung die Annahme zugrunde legt, dass bestehendes Sonderbetriebsvermögen übernommen und somit auch zum Gegenstand der Bewertung wird.

4.5 Zwischenergebnis

Ergänzungsbilanzabschreibungen wirken sich auf den Unternehmenswert der Personengesellschaft abhängig von der Perspektive des Bewertungssubjektes aus. Für den objektivierten Unternehmenswert war es daher zunächst erforderlich, zu analysieren, ob die Bewertung aus der Sichtweise des Altgesellschafters oder eines (potentiellen) Neugesellschafters vorzunehmen ist. Liegen der Bewertung keine rechtlichen oder vertraglichen Vorgaben zugrunde, ist m.E. anlassbezogen nach dem Kriterium der Transaktionsorientierung zu differenzieren.

[392] Insofern bestehen hier Parallelen zur Handhabung echter und unechter Synergien; vgl. hierzu allgemein IDW WP Handbuch II 2008, Rn. A 84 f.

Ist die Frage der Perspektive geklärt, muss ferner nach bestehenden und nach bewertungsinduzierten Ergänzungsbilanzen unterschieden werden.

Für den Entscheidungswert aus der Perspektive des Verkäufers gilt ebenso wie für den objektivierten Unternehmenswert bei nicht-transaktionsorientieren Bewertungsanlässen: Bestehende Ergänzungsbilanzen des bisherigen Gesellschafters wirken sich auf die Einkommensteuerbelastung sowie (ggfls. quotal) auf die Gewerbesteuerbelastung des Bewertungssubjektes aus. Bestehende Ergänzungsbilanzen der übrigen Gesellschafter haben dann einen Einfluss auf den zu bewertenden Gesellschaftsanteil, wenn eine verursachungsgerechte Verteilung ergänzungsbilanzbedingter Gewerbesteuereffekte zwischen den Gesellschaftern nicht vereinbart ist.

Für den Entscheidungswert aus der Perspektive des Käufers und für den objektivierten Unternehmenswert bei transaktionsorientieren Bewertungsanlässen sind die Einkommensteuerwirkungen bewertungsinduzierter Ergänzungsbilanzen zu berücksichtigen. Daneben haben bestehende Ergänzungsbilanzen der übrigen Gesellschafter Relevanz, wenn es an einer verursachungsgerechte Verteilung ergänzungsbilanzbedingter Gewerbesteuereffekte mangelt.

Die unterschiedlichen Auswirkungen bestehender und bewertungsinduzierter Ergänzungsbilanzen sowohl auf den Entscheidungswert als auch auf den objektivierten Unternehmenswert sind in der nachfolgende Übersicht (Abbildung 19) anschaulich zusammengefasst.

				Entscheidungswert		objektivierter Unternehmenswert	
				Käufer	Verkäufer	transaktions-orientiert	nicht transaktions-orientiert
bestehende Ergänzungsbilanzen	beim Anteilseigentümer	ESt		keine	vollständig	keine	vollständig
		GewSt	verursachungsgerechte Verteilung: ja	keine	vollständig/keine[1]	keine	vollständig
			verursachungsgerechte Verteilung: nein	keine	quotal/keine[1]	keine	quotal
	bei den übrigen Gesellschaftern	ESt		keine	keine	keine	keine
		GewSt	verursachungsgerechte Verteilung: ja	keine	keine	keine	keine
			verursachungsgerechte Verteilung: nein	quotal	quotal	quotal	quotal
bewertungsinduzierte Ergänzungsbilanzen		Est		vollständig	keine	vollständig	ggfls. künftiger Vorteil (vollständig)
		GewSt	verursachungsgerechte Verteilung: ja	vollständig	keine	vollständig	ggfls. künftiger Vorteil (vollständig)
			verursachungsgerechte Verteilung: nein	quotal	keine	quotal	ggfls. künftiger Vorteil (quotal)

1) Ist der Anteilseigner eine natürliche Person und wird die Beteiligung vollständig veräußert, unterliegt der Veräußerungsvorgang nicht der Gewerbesteuer.

Abbildung 19: Zusammenfassende Übersicht

In systematisch engem Zusammenhang mit der Ergänzungsbilanz stehen mögliche steuerliche Effekte, die bei der Aufgabe des Eigentums an einer Personengesellschaft entstehen. Die generelle Einbeziehung einer Veräußerungsgewinnbesteuerung ist bei der Ermittlung von Entscheidungswerten aus der Verkäuferperspektive gerechtfertigt. Beim Entscheidungswert des Käufers entsteht durch die Inanspruchnahme von Ergänzungsbilanzabschreibungen eine Steuerlatenz, welche m.E. als mit dem Vorteil ergänzungsbilanzbedingter Steuerersparnisse immanent verbundener Nachteil in die Bewertung einzubeziehen ist.

Als weitere Erkenntnis ist festzuhalten, dass die Einbeziehung von Ergänzungsbilanzeffekten dazu führen kann, dass von der indirekten Wertermittlung eines Gesellschaftsanteils Abstand zu nehmen ist, da eine quotale Ableitung aus dem Gesamtwert des Unternehmens[393] gesellschafterindividuell auftretende Ergänzungsbilanzeffekte nicht abbilden kann. Wird eine indirekte Bewertung eines Gesellschaftsanteils präferiert, so ist der gesellschafterindividuelle Einfluss[394] der Ergänzungsbilanz getrennt von den Faktoren zu ermitteln, die alle Gesellschaftsanteile in gleicher Weise betreffen, und anschließend dem zu bewertenden Gesellschaftsanteil gesondert hinzuzurechnen.

---

393 Insofern kommt es hier zu einer von IDW S 1 2008, Rn. 13 abweichenden Auffassung.

394 Hierbei handelt es sich um Einkommensteuerwirkungen und – soweit diesbezüglich eine verursachungsgerechte Verteilung vereinbart ist – um Gewerbesteuerwirkungen.

5 Quantitative Einbeziehung des ergänzungsbilanzbedingten Steuervorteils in den Unternehmenswert

Ergibt sich auf Basis der in Kapitel 4 gewonnen Erkenntnisse ein Einfluss der Ergänzungsbilanz auf den Unternehmenswert der Personengesellschaft dem Grunde nach, so ist im Folgenden zu klären, wie stark dieser den Unternehmenswert der Höhe nach bzw. in quantitativer Hinsicht beeinflusst.

Zur Komplexitätsreduktion beschränken sich die Ausführungen auf die bewertungsinduzierte Ergänzungsbilanz. Auf die Betrachtung der bestehenden Ergänzungsbilanz wird bewusst verzichtet. Bei dieser ist die Berechnung vor dem Hintergrund der im Folgenden vorgestellten Erkenntnisse vergleichsweise trivial, da kein Endogenitätsproblem vorliegt. Einschränkend ist weiter unterstellt, dass ergänzungsbilanzbedingte Gewerbesteuereffekte verursachungsgerecht zu verteilen sind.

5.1 Anzuwendender Kapitalisierungszinssatz bei Ermittlung ergänzungsbilanzbedingter Steuervorteile

Bevor der quantitative Einfluss der Ergänzungsbilanz auf den Unternehmenswert näher betrachtet werden kann, ist zu untersuchen, ob bei der Diskontierung der durch die Ergänzungsbilanz in der Zukunft entstehenden Steuerersparnisse der (quasi-)risikolose Basiszinssatz zu verwenden ist oder – entsprechend der Handhabung bei den finanziellen Überschüssen – auch hier der Basiszinssatz um einen Risikozuschlag zu erhöhen ist. Die Fragestellung ist thematisch eng verknüpft mit der in der Literatur problematisierten Frage des äquivalenten Kapitalisierungszinssatzes bei der Ermittlung des TAB als Bestandteil des Fair Values einzelner Vermögenswerte.

Bei der Fair Value-Bewertung einzelner Vermögenswerte vertreten *Hommel/Dehmel* die Auffassung, dass die Höhe des Steuervorteils bereits bei Erwerb eines Vermögensgegenstandes bekannt ist, wenn man davon ausgeht, dass die Steuersätze für den gesamten Berechnungszeitraum feststеhen und es im Verlustfall zu einer uneingeschränkten Steuervergütung kommt.[395]

Einen anderen Ansatz verfolgt *Ballwieser*.[396] Er legt dar, dass beim Fair Value einzelner Vermögenswerte der Steuervorteil[397] nur durch die Insolvenz des (den Vermögenswert anschaffenden) Unternehmens gefährdet ist und schlägt daher vor, die Diskontierung mit dem Fremdkapitalzinssatz vorzunehmen, weil dieser das Ausfallrisiko im Insolvenzfall berücksichtigt und somit risikoäquivalent ist. Diese Auffassung beachtet jedoch nicht, dass eine steuerliche Nutzung nur dann möglich ist, wenn auch Gewinne vorliegen, der Fremdkapitalzinssatz aber lediglich das Risiko berücksichtigt, dass die Forderungen der Fremdkapitalgeber ausfallen könnten. Hierbei wird zwar der Fortbestand der Unternehmung vorausgesetzt, nicht jedoch das Anfallen von Gewinnen. Selbigen Einwand legt das OLG Düsseldorf ein und vertritt im Zusammenhang mit der Bewertung des Steuervorteils aufgrund von Verlustvorträgen die Auffassung, dass eine steuerliche Nutzung nur dann gelingt, wenn entsprechende Gewinne vorliegen,[398] was im Ergebnis dazu führt, dass die Nutzung von steuerlichen Verlustvorträgen mit demselben Risiko behaftet ist wie der Betrieb des Unternehmens selbst und somit der um einen entsprechenden Risikozuschlag angepassten Kapitalisierungszinssatz zu verwenden ist.

Die Frage, ob auch die Realisation des ergänzungsbilanzbedingten Steuervorteils risikobehaftet ist, erfordert zu untersuchen, ob die unterschiedlichen Argumente aus der Diskussion um die Höhe des Kapitalisierungszinssatzes bei der Ermittlung des TAB im Rahmen der Fair Value-Bewertung einzelner Vermögensgegenstände oder der Bewertung steuerlicher Verlustvorträge auf die Bewertung des ergänzungsbilanzbedingten Steuervorteils übertragbar sind.

---

395 Vgl. Mandl, in: Kofler/Nadvornik/Pernsteiner, Festschrift Vodrazka, S. 420 sowie Hommel/Dehmel, in: Königsmaier/Rabel, Festschrift Mandl, S. 293.

396 Vgl. Ballwieser, Unternehmensbewertung, S. 135.

397 Abgezielt wird hier m.E. nur auf den Steuervorteil auf Unternehmensebene, also aus Körperschaftsteuer und Gewerbesteuer bei Kapitalgesellschaften und auf Gewerbesteuer bei Personengesellschaften.

398 OLG Düsseldorf, Urteil vom 11. April 1988, 19 W 32/86, DB 1988, S. 1110 f.

Hinsichtlich der Höhe der Steuersätze besteht in der Realität stets Unsicherheit, weil Änderungen des Steuertarifs durch den Gesetzgeber nicht ausgeschlossen werden können. Dies merken bereits *Hommel/Dehmel*[399] zutreffend an. Grundsätzlich ist jedoch für Bewertungsaufgaben stets eine Annahme zur Festlegung der künftigen Steuersätze zu treffen.[400] Dieses Erfordernis besteht bereits für die Ermittlung der persönlichen Steuerbelastung und m.E. unabhängig von der Frage, ob der Kapitalisierungszinssatz bei Berechnung des ergänzungsbilanzbedingten Steuervorteils um einen Risikozuschlag zu erhöhen ist. Das Risiko schwankender Steuersätze rechtfertigt schon allein deshalb nicht die Einbeziehung eines Risikozuschlages, weil auch Erträge aus sicheren Geldanlagen einer Steuerbelastung unterliegen, deren künftige Höhe a priori ebenso unbekannt ist.

Problematischer als die Höhe des Steuersatzes ist die Voraussetzung, dass der Gesellschafter einer Personengesellschaft über ein ausreichendes Verlustverrechnungspotential verfügen muss, damit es zu einer uneingeschränkten Steuervergütung kommen kann. Legt man diese Annahme zugrunde, so impliziert dies, dass der Gesellschafter über positive Einkünfte verfügt, die der Höhe nach ausreichen, um eventuelle Verluste aus der Ergänzungsbilanz auszugleichen. Diese positiven Einkünfte können aus der Beteiligung an der betreffenden Personengesellschaft – allerdings ohne Einbeziehung der Ergänzungsbilanzeffekte selbst – aber auch aus (anderen) Gewerbebetrieben oder aus anderen Einkunftsarten (bspw. aus Vermietung und Verpachtung) resultieren. Während für die Nutzung des abschreibungsbedingten Steuervorteils einzelner Vermögenswerte nur unternehmensinterne Gewinne zur Verfügung stehen,[401] gelingt die Nutzung des ergänzungsbilanzbedingten Steuervorteils bei Personengesellschaften selbst dann, wenn entsprechende positive Einkünfte außerhalb des Unternehmens bestehen.

---

399 Vgl. Hommel/Dehmel, in: Königsmaier/Rabel, Festschrift Mandl, S. 293.
400 Dies ergibt sich bereits aus dem Stichtagsprinzip.
401 Bei der Fair Value-Ermittlung einzelner Vermögensgegenstände wird die Rechtsform der Kapitalgesellschaft unterstellt.

Aufgrund der Progression des Steuertarifes ist weiterhin festzustellen, ob die anderen Einkünfte so hoch sind, dass der der Berechnung zugrunde liegende Steuersatz nicht unterschritten wird. Geht man bspw. bei der Bewertung des ergänzungsbilanzbedingten Steuervorteils vom Spitzensteuersatz aus, so müssen die anderen Einkünfte so hoch sein, dass nach Einbeziehung der Ergänzungsbilanzeffekte (immer noch) ein zu versteuerndes Einkommen verbleibt, welches dem Spitzensteuersatzniveau entspricht.

Die Frage, ob die Diskontierung des ergänzungsbilanzbedingten Steuervorteils mit dem (quasi-)sicheren Basiszinssatz oder unter Einbeziehung eines Risikozuschlags erfolgt, kann m.E. nur differenzierend beantwortet werden. Unter der Annahme, dass der Gesellschafter während der Abschreibungsdauer der Ergänzungsbilanz über ausreichend hohe und sichere Einkünfte aus anderen Einkunftsarten verfügt, ist der Steuervorteil aus der Ergänzungsbilanz (quasi-)sicher. Es gilt für den Kapitalisierungszinssatz zur Ermittlung des ergänzungsbilanzbedingten Steuervorteils:

$$z = r_f^{nSt} \tag{5-1}$$

mit z = Kapitalisierungszinssatz für die Ermittlung des TAB

Verfügt der Gesellschafter hingegen über keine positiven Einkünfte aus anderen Einkunftsarten, so stehen für die steuerliche Nutzung der Ergänzungsbilanzabschreibungen nur Einkünfte aus dem zu bewertenden Unternehmen[402] zur Verfügung. Relevant sind hier jedoch nicht die ausgeschütteten finanziellen Überschüsse, sondern der einheitlich und gesondert festzustellende Gewinnanteil des Gesellschafters aus der Steuerbilanz sowie je nach Bewertungsfunktion eventuelle Sonderbilanzgewinne. Unter dieser Voraussetzung sind die ergänzungsbilanzbedingten Steuervorteile nicht sicher und nur dann realisierbar, wenn ein entsprechendes zu versteuerndes Einkommen aus der Gesellschaftsbeteiligung besteht. Es gilt:

[402] Ohne Einbeziehung der Ergänzungsbilanz selbst.

$$z = i^{nSt} \tag{5-2}$$

5.2 Endogenitätsproblem

5.2.1 Gegenseitige Abhängigkeit von Unternehmenswert und TAB

Die Ermittlung des Unternehmenswertes anhand des Kapitalwertkalküls wurde bereits in Formel (3-3) vorgestellt. Es gilt:[403]

$$UW = \sum_{t=1}^{T} \frac{F\ddot{U}_t^{bV}}{(1+i)^t} + \frac{F\ddot{U}_{T+1}^{bV}}{i} \cdot \frac{1}{(1+i)^T} + \sum_{t=1}^{\infty} \frac{F\ddot{U}_t^{nbV}}{(1+i)^t}$$

Mit	UW	=	Unternehmenswert (im Zeitpunkt t =0)
	$F\ddot{U}_t^{bV}$	=	Erwartungswert der finanziellen Überschüsse in Periode t aus dem betriebsnotwendigen Vermögen (hier: Detailplanungsphase)
	$F\ddot{U}_{T+1}^{bV}$	=	Erwartungswert des (jährlich gleichbleibenden) finanziellen Überschusses aus dem betriebsnotwendigen Vermögen in der ewigen Rente
	$F\ddot{U}_t^{nbV}$	=	Erwartungswert der finanziellen Überschüsse aus dem nicht betriebsnotwendigen Vermögen
	i	=	Kapitalisierungszinssatz
	t	=	Periodenindex
	T	=	Anzahl der Jahre der Detailplanungsphase

Obige Formel berücksichtigt jedoch (noch) nicht den Einfluss der (bewertungsinduzierten) Ergänzungsbilanz auf den Unternehmenswert. Liegt ein solcher vor, gilt allgemein:

$$UW^{mT} = UW^{oT} + TAB^{ErgBil} \tag{5-3}$$

[403] Aus den in Abschnitt 3.3.4 dargelegten Gründen erfolgt eine Beschränkung der weiteren Untersuchung auf die Nettokapitalisierungsverfahren und – insoweit hier Unterschiede zwischen FTE-Ansatz und Ertragswertverfahren auftreten sollten – auf das Ertragswertverfahren.

Bestimmt man den Unternehmenswert ohne Ergänzungsbilanzeffekt (UW^{oT}) unter Verwendung eines Nettokapitalisierungsverfahrens[404], so ergibt sich aus Formel (5-3) die nachfolgende, ausführliche Darstellung:

$$UW^{mT} = \sum_{t=1}^{T} \frac{F\ddot{U}_t^{bV}}{(1+i)^t} + \frac{F\ddot{U}_{T+1}^{bV}}{i} \cdot \frac{1}{(1+i)^T} + \sum_{t=1}^{\infty} \frac{F\ddot{U}_t^{nbV}}{(1+i)^t} + TAB^{ErgBil} \tag{5-4}$$

mit UW^{mT} = Unternehmenswert unter Einbeziehung des ergänzungsbilanzbedingten Steuervorteils (TAB)

UW^{oT} = Unternehmenswert ohne Einbeziehung des ergänzungsbilanzbedingten Steuervorteils (TAB)

TAB^{ErgBil} = Tax Amortisation Benefit bzw. Steuervorteil, resultierend aus der Abschreibungsfähigkeit der in der Ergänzungsbilanz enthaltenen Wirtschaftsgüter[405]

Gleichwohl ist anzumerken, dass der Unternehmenswert ohne Einbeziehung des ergänzungsbilanzbedingten Steuervorteils (UW^{oT}) ebenso nach einem Bruttokapitalisierungsverfahren bestimmt und dann – wie in Formel (5-3) gezeigt – um den TAB angepasst werden kann. Die direkte Einbeziehung der ergänzungsbilanzbedingten Steuereffekte in den Zähler des Kapitalwertkalküls – vergleichbar der Behandlung der gesamthänderisch verursachten Ertragsteuern – erscheint zwar vordergründig der üblichen Vorgehensweise (insbesondere bei den Nettokapitalisierungsverfahren) zu entsprechen, bringt jedoch Folgeprobleme mit sich, welche aus dem im Folgenden dargestellten Endogenitätsproblem resultieren.

Der TAB – hier und im Folgenden zu verstehen als der aus der Abschreibungsfähigkeit der in der (bewertungsinduzierten) Ergänzungsbilanz enthaltenen Vermögensgegenstände resultierende Steuervorteil – ergibt sich aus der Summe der Barwerte der jährlichen Steuerersparnisse des Anteilseig-

---

[404] Zur Beschränkung der Untersuchung auf die Nettokapitalisierungsverfahren vgl. Abschnitt 3.3.4.

[405] Neben den in der Ergänzungsbilanz enthaltenen Wirtschaftsgüter sind hierunter auch die Korrekturansätze der bereits in der Gesamthandsbilanz bilanzierten Wirtschaftsgüter zu verstehen.

ners über die Nutzungsdauer der in der Ergänzungsbilanz enthaltenen Vermögensgegenstände bzw. des Geschäfts- oder Firmenwertes:

$$TAB^{ErgBil} = \sum_{t=0}^{n_{max}} \frac{SE_t^{ErgBil}}{(1+z)^t} \tag{5-5}$$

mit n_{max} = im Zeitpunkt t=0 bestehende (Rest-)Nutzungsdauer der Ergänzungsbilanz, festzulegen nach der Restnutzungsdauer der (am längsten abschreibungsfähigen) in der Ergänzungsbilanz enthaltenen Wirtschaftsgüter

SE_t^{ErgBil} = durch Abschreibungen der in der Ergänzungsbilanz enthaltenen Wirtschaftsgüter resultierende Steuerersparnis in der Periode t

Die jährliche Steuerersparnis ist abhängig vom Steuersatz des Anteilseigners und von der Höhe der Ergänzungsbilanzabschreibungen. Betrachtet man aus Vereinfachungsgründen gewerbesteuerliche Effekte [406] zunächst nicht, [407] ergibt sich die jährliche Steuerersparnis aus:

$$SE_t^{ErgBil} = s_{ESt_t} \cdot \sum_{k=1}^{K} a_{k,t}^{ErgBil} \tag{5-6}$$

mit $a_{k,t}^{ErgBil}$ = Abschreibungsbetrag der Periode t aus der Ergänzungsbilanz, bezogen auf das Wirtschaftsgut k

s_{ESt_t} = Einkommensteuersatz des Anteilseigners in Periode t (inklusive Nebensteuern[408])

k = Summenindex

406 Einschließlich der Auswirkungen aus der teilweisen Anrechnung der Gewerbesteuer auf die Einkommensteuer (§ 35 EStG).

407 Die Einbeziehung gewerbesteuerlicher Effekte bildet den Gegenstand von Abschnitt 5.5.

408 Solidaritätszuschlag und ggf. Kirchensteuer.

K	=	Anzahl der in der Ergänzungsbilanz enthaltenen Wirtschaftsgüter

Der periodenspezifische Abschreibungsbetrag a ergibt sich aus dem Abschreibungsvolumen sowie aus der Restnutzungsdauer und der Abschreibungsmethode der in der Ergänzungsbilanz enthaltenen Wirtschaftsgüter (einschließlich Geschäfts- oder Firmenwert). Zur Komplexitätsreduktion und aufgrund der Tatsache, dass für Neuanlagen die degressive Abschreibung steuerlich zum 1. Januar 2011 abgeschafft wurde,[409] beschränkt sich diese Untersuchung auf die lineare Abschreibung. Somit gilt für den Abschreibungsbetrag einer Periode:

$$a_{k_t}^{ErgBil} = \frac{su_{k_{t=0}}^{ErgBil}}{n_k} \tag{5-7}$$

mit	$su_{k_{t=0}}^{ErgBil}$	=	in der Ergänzungsbilanz bei Zugang zu aktivierender Aufstockungsbetrag des abschreibungsfähigen Wirtschaftsguts k (Step Up des einzelnen Wirtschaftsgutes k)
	n_k	=	(planmäßige) Nutzungsdauer des Wirtschaftsguts k in der Ergänzungsbilanz

Das gesamte Abschreibungsvolumen entspricht bei (vollständig) abschreibungsfähigen Wirtschaftsgütern dem in der Ergänzungsbilanz aktivierten Aufstockungsbetrag, dem sogenannten Step Up, welcher sich aus der Differenz von Kaufpreis und Buchwert des übernommen Kapitalkontos ergibt. Der Buchwert des übernommenen Kapitalkontos entspricht wiederum der Summe der Buchwerte der übernommenen Wirtschaftsgüter. Problematisch ist jedoch, dass sich dieser Aufstockungsbetrag selbst wiederum aus dem Unternehmenswert ergibt, da gilt:

---

409 Vgl. § 7 Abs. 2 EStG.

$$\sum_{k=1}^{K} su_{k_{t=0}}^{ErgBil} = UW^{mT} - \sum_{k=1}^{K} RBW_{k_{t=0}}^{GesBil} \tag{5-8}$$

mit $RBW_{k_{t=0}}^{GesBil}$ = bei Bildung der Ergänzungsbilanz vorhandener (Rest-)Buchwert des (aktiven oder passiven) Wirtschaftsguts[410] k in der Gesamthandsbilanz

Eine Wechselwirkung besteht deshalb, weil einerseits die Höhe des TAB vom Unternehmenswert beeinflusst wird, andererseits jedoch der TAB Einfluss auf den Unternehmenswert hat. Es liegt ein Endogenitätsproblem vor, welches zu lösen ist.

Der werterhöhende Einfluss des TAB ist – wie erwähnt – unter anderem aus der Bewertung einzelner Vermögenswerte bekannt[411] und wird vereinzelt auch im Zusammenhang mit der Unternehmensbewertung problematisiert.[412] Hier zeigt sich ebenfalls das oben aufgezeigte Endogenitätsproblem, für dessen Lösung die Literatur zwei Wege vorschlägt. Neben der iterativen Lösung ist dies die formale Lösung durch Verwendung eines Step Up-Faktors, mit dem der in der ersten Stufe ohne Einbeziehung von Abschreibungseffekten ermittelte Wert in der zweiten Stufe korrigiert wird. Im Folgenden werden beide Wege methodisch vorgestellt und es wird untersucht, ob beide Ansätze auch grundsätzlich für die Lösung des Endogenitätsproblems bei der Bestimmung des Unternehmenswertes der Personengesellschaft geeignet sind.

410 Unter dem steuerlichen Begriff „Wirtschaftsgut" werden Aktiv- und Passivposten zusammengefasst. Vgl. § 6 Abs. 1 EStG, der in S. 1 von Wirtschaftsgütern spricht und darunter Aktiv- und Passivposten aufführt. Im Gegensatz zum Steuerrecht verwendet das Handelsrecht das Begriffspaar „Vermögensgegenstand" und „Schuld".

411 In der Literatur ist der rechnerische Umgang mit dem TAB nicht neu. So ist bspw. bei der Bewertung von immateriellen Vermögenswerten eine Einbeziehung des TAB in den Wert anerkannt; vgl. hierzu IDW S 5 2010, Rn. 47; Kohl/Schilling, StuB 2007, S. 546 sowie Mackenstedt/Fladung/Himmel, WPg 2006 S. 1045, m.w.N. oder Kasperzak/Nestler, DB 2007, S. 473 ff.

412 Vgl. Wagner/Rümmele, WPg 1995, S. 435 ff.; Wagner, WPg 2007, S. 929 ff.; Wagner, WPg 2008, S. 834 ff.; Popp, WPg 2008, S. 935 ff. und Hommel/Dehmel, in: Königsmaier/Rabel, Festschrift Mandl, S. 285 ff.

5.2.2 Iterative Lösung des Endogenitätsproblems

Der iterative Ansatz löst das Endogenitätsproblem approximativ durch eine schrittweise Annäherung an das Ergebnis. Bei der Bewertung des ergänzungsbilanzbedingten Steuervorteils erfolgt dies anhand der nachfolgend dargestellten Vorgehensweise.

Im ersten Schritt wird zunächst ein (vorläufiger) Unternehmenswert bestimmt, der den Einfluss des TAB ignoriert. Anschließend wird der sich aus diesem Unternehmenswert ergebende (vorläufige) TAB berechnet, wobei unberücksichtigt bleibt, dass sich durch den TAB der Unternehmenswert und somit auch die Grundlage für den TAB selbst vergrößert. Im zweiten Schritt wird der vorläufige Unternehmenswert (ohne Einbeziehung des Steuervorteils) um den im ersten Schritt ermittelten, vorläufigen TAB erhöht. In der Konsequenz erhöht sich auch das für die im zweiten Schritt erneut vorzunehmende Berechnung des Steuervorteils relevante Aufstockungsvolumen. In Abhängigkeit von der Abschreibungsfähigkeit und der gewählten Aufstockungsmethode ergeben sich hieraus wiederum positive Auswirkungen auf die Höhe des TAB. Der im ersten Schritt ermittelte TAB ist nach oben anzupassen. Im dritten Schritt wird dann dem vorläufigen Unternehmenswert der im vorangegangenen (zweiten) Schritt ermittelte, angepasste TAB hinzugerechnet. Dies führt zu einer weiteren Erhöhung des Aufstockungsvolumens, die jedoch geringer ausfällt als im vorhergehenden Schritt.

Die Schrittfolge wird so lange wiederholt, bis die Auswirkung aus der Durchführung der letzten Berechnung ein kritisches Maß unterschreitet. Erst dann wird abgebrochen.

Die zuvor beschriebene Vorgehensweise lässt sich anhand eines Beispiels anschaulich darstellen:[413]

---

413 Die im Beispiel geschilderte Vorgehensweise lässt zur Komplexitätsreduktion zunächst Effekte aus der Veräußerungsgewinnbesteuerung und die Einbeziehung der Gewerbesteuer außer Acht.

Ein 100% Kommanditanteil einer GmbH & Co. KG soll bewertet werden. Der Komplementär ist an den Gewinnen und Verlusten nicht beteiligt. Bewertungsstichtag ist der 01.01.T1. Der Unternehmenswert ohne Einbeziehung des TAB beträgt 1.200 T€. Das zu übertragene Kapitalkonto weist zum Bewertungsstichtag einen Saldo von 800 T€ aus. Der steuerliche Teilwert einer Maschine (Restnutzungsdauer 5 Jahre, lineare Abschreibung) übersteigt deren Buchwert um 600 T€. Weitere stille Reserven bestehen nicht. Der Diskontierungszins beträgt 10 %, der Einkommensteuersatz 40 %.

Schritt 1:

Der TAB berechnet sich aus dem Barwert der jährlichen Steuerersparnis, die der Erwerber durch die Bildung einer Ergänzungsbilanz erhält. Da der (vorläufig ermittelte) Unternehmenswert das Kapitalkonto übersteigt, ist der Differenzbetrag in einer Ergänzungsbilanz zu erfassen und auf die Vermögensgegenstände zu verteilen, deren Teilwert den Buchwert übersteigt. Stille Reserven bestehen nur in einer Maschine, so dass hier zunächst von einer Aufstockung von 400 T€ auszugehen ist. Diese Aufstockung führt zu Ergänzungsbilanzabschreibungen in den Perioden T1 bis T5 in Höhe von 80 T€ p.a., was eine jährliche Steuerersparnis von 32 T€ (40 % von 80 T€) begründet. Der Barwert dieser in den Perioden T1 bis T5 entstehenden Steuerersparnisse beträgt rd. 121,3 T€[414] und entspricht dem vorläufigen TAB, berücksichtigt jedoch noch nicht die wechselseitige Abhängigkeit zum Unternehmenswert.

Schritt 2:

Da der TAB einen Einfluss auf den Unternehmenswert hat, ist der Unternehmenswert um den TAB zu erhöhen und beträgt nun 1.321 T€ (1.200 T€ + 121 T€). Ausgehend von diesem angepassten (vorläufigen) Unternehmenswert ist der TAB – wie in Schritt 1 – neu zu berechnen. Durch die (erhöhte) Aufstockung um 521 T€ erhöhen sich die jährlichen Ergänzungsbilanzab-

[414] Barwert einer fünfjährigen, nachschüssigen Rente von 32 T€ beim Zinssatz 10 %.

schreibungen (104,2 T€) und die Steuerersparnis beträgt 41,7 T€ p.a. Der Barwert der Steuerersparnisse der Perioden T1 bis T5 beträgt 158,1 T€.

Schritt 3 ff.:

Durch Wiederholung der Berechnung werden der TAB und der Unternehmenswert sukzessive erhöht, allerdings fallen die Auswirkungen von Schritt zu Schritt geringer aus.[415] Die Berechnung wird abgebrochen, wenn die Auswirkungen ein kritisches Maß, also bspw. 2 T€ unterschreiten. Dies bedeutet im Einzelnen:

Schritt 3: TAB = 169,2 T€ (weitere Auswirkung: 11,1 T€)

Schritt 4: TAB = 172,6 T€ (weitere Auswirkung: 3,4 T€)

Schritt 5: TAB = 173,7 T€ (weitere Auswirkung: 1,1 T€)

Nach dem fünften Schritt wird die Iteration abgebrochen (1,1 T€ < 2 T€) und der (approximierte) Unternehmenswert unter Einbeziehung des TAB auf 1.373,7 T€ (1.200 T€ + 173,7 T€) festgelegt.

5.2.3 Formale Lösung des Endogenitätsproblems

Das bereits in Abschnitt 5.2.1 vorgestellte Endogenitätsproblem lässt sich bei der Bewertung von Vermögenswerten formal lösen, indem die Wirkungen der Abschreibungsfähigkeit und die Zirkularität gemeinsam in einem Aufstockungsfaktor berücksichtigt werden, der gleichzeitig eine Bestimmung des Barwertes beinhaltet. Überträgt man diese Vorgehensweise auf die Ermittlung des Unternehmenswertes einer Personengesellschaft ergibt sich für die formale Lösung, dass methodisch in einem ersten Schritt der Unternehmenswert ohne Einbeziehung des TAB ermittelt wird und dieser dann in einem zweiten Schritt mit dem Step Up-Faktor multipliziert wird:[416]

$$UW^{mT} = UW^{oT} \cdot SF \tag{5-9}$$

[415] Wie bereits an den ersten beiden Schritten zu erkennen ist. Die Auswirkung beträgt im ersten Schritt +121,3 T€ und reduziert sich im zweiten Schritt auf 36,8 T€ (158,1 T€ - 121,3 T€).

[416] Vgl. bspw. Hommel/Dehmel, in: Königsmaier/Rabel, Festschrift Mandl, S. 288 f.

mit SF = Step Up-Faktor

Im Folgenden gilt daher – aufbauend auf den in Formel (5-3) und Formel (5-9) gewonnen Erkenntnissen – für den Step Up-Faktor:

$$SF = 1 + \frac{TAB^{ErgBil}}{UW^{oT}} \quad (5\text{-}10)$$

Die Herleitung des Step Up-Faktors erfolgt abhängig vom Untersuchungsgegenstand und von der Wahl des Bewertungsverfahrens. Da der Einfluss der Ergänzungsbilanz auf den Unternehmenswert den Gegenstand der Untersuchung bildet, versteht sich der Unternehmenswert ohne Einbeziehung des TAB (UW^{oT}) als einer, der bereits die steuerlichen Effekte aus der Abschreibungsfähigkeit der Wirtschaftsgüter auf Ebene der Gesellschaft beinhaltet.[417] Somit ist zu untersuchen, ob ein darüber hinaus gehender Einfluss durch die Möglichkeit der Bildung einer Ergänzungsbilanz besteht.

Der Step Up-Faktor beinhaltet die Bestimmung des (Renten-)Barwertes der über eine bestimmte Zeit entstehenden, jährlichen Steuerersparnisse. Dies setzt voraus, dass zunächst Aussagen zur Höhe dieser Steuerersparnisse und zu ihrem zeitlichen Anfallen zu treffen sind, was bei der Bewertung eines Vermögenswertes keine Schwierigkeiten bereitet. Bei der Bewertung einer Personengesellschaft resultiert die Steuerersparnis jedoch aus der Vielzahl aller in der Ergänzungsbilanz erfassten Wirtschaftsgüter. Diese sind – je nach Einzelfall – nur teilweise abschreibungsfähig und weisen unterschiedliche Nutzungsdauern auf. Erforderlich ist daher, einen für den gesamten Berechnungszeitraum geltenden, konstanten Abschreibungsbetrag zu bestimmen, was im Wege der Schätzung oder – wie noch zu erarbeiten ist[418] – durch rechnerische Ermittlung geschehen kann. Aus diesem Grund ist die formale Lösung nur dann anwendbar, wenn die Aufstockung in der Ergän-

[417] Hommel/Dehmel betrachten abschreibungsbedingte Steuervorteile insgesamt, also durch Abschreibung des gesamten Kaufpreises, welcher vereinfachend auf den Geschäfts- oder Firmenwert entfällt. Da die Einbeziehung von Steuereffekten aufgrund von Abschreibungen auf der Ebene der Gesamthand unstreitig ist, bilden den Gegenstand dieser Untersuchung lediglich die Auswirkungen der Ergänzungsbilanzabschreibungen.

[418] Vgl. Abschnitt 5.3.3.

zungsbilanz nach der Gleichverteilungstheorie erfolgt.[419] Neben dem konstanten Abschreibungsbetrag und der definierten Abschreibungsdauer sind für die formale Lösung ein für den gesamten Berechnungszeitraum konstanter Steuersatz und ein konstanter Kapitalisierungszinssatz weitere Voraussetzungen.[420]

5.2.4 Gegenüberstellung der unterschiedlichen Lösungsansätze

Der iterative Lösungsansatz liefert unter der Voraussetzung einer ausreichenden Anzahl von Iterationsschritten und bei vollständiger Einbeziehung aller relevanten Komponenten ein (annähernd) exaktes Ergebnis zur Bewertung des ergänzungsbilanzbedingten Steuervorteils und ist in der Lage, auf vereinfachende Annahmen zu verzichten. Ein Nachteil besteht jedoch in der aufwendigen Modellierung, die alle für ein exaktes Ergebnis relevanten Daten einbezieht und die Auswirkungen der gewählten Aufstockungs- und Abschreibungsmethode wirtschaftsgutspezifisch abbildet. Im Einzelnen sind für eine exakte Ermittlung des ergänzungsbilanzbedingten Steuervorteils die folgenden Daten erforderlich:[421]

- Aufstellung der in der Gesamthandsbilanz bilanzierten Wirtschaftsgüter sowie jeweils zugehöriger (Rest-)Buchwerte, (Rest-)Nutzungsdauer und Abschreibungsmethode;
- Aufstellung der vollständig abgeschriebenen Wirtschaftsgüter, soweit diese nicht mit einem Erinnerungswert bereits bei den bilanzierten Vermögensgegenständen aufgeführt sind; hierzu gehören auch solche Wirtschaftsgüter, die bilanziell sofort als Aufwand erfasst wurden;
- Aufstellung der Wirtschaftsgüter, die nicht bilanzierungsfähig sind bzw. bei denen von einem Bilanzierungswahlrecht kein Gebrauch gemacht wurde (z.B. selbst erstellte immaterielle Vermögensgegenstände) und Bestimmung der zugehörigen (Rest-)Nutzungsdauer und Abschreibungsmethode;

---

419 Diese Restriktion wird in den Abschnitten 5.2.4, 5.3.2 und 5.3.3 noch detailliert begründet.

420 Vgl. Hommel/Dehmel, in: Königsmaier/Rabel, Festschrift Mandl, S. 290.

421 Vgl. auch Abschnitt 2.1.5.4.

- Aufstellung der Teilwerte für alle Wirtschaftsgüter der drei vorgenannten Gruppen sowie Teilwert des Geschäfts- oder Firmenwertes,[422]
- Bestimmung der Aufstockungsmethode.[423]

In Abhängigkeit von den Umständen des Einzelfalls und vom Bewertungsanlass sind die erforderlichen Daten dem Bewerter jedoch nicht vollumfänglich zugänglich. Aber auch wenn das zu bewertende Unternehmen alle vorhandenen Daten bereitwillig zur Verfügung stellt, sind im Rahmen von aufwendigen Vorüberlegungen die einzelnen Teilwerte der bilanzierten und der nicht bilanzierten Wirtschaftsgüter sowie des Geschäfts- oder Firmenwertes zu bestimmen. Sind die Eingangsdaten nicht zugänglich und werden Annahmen getroffen, um die fehlenden Angaben zu ergänzen, kann dies dazu führen, dass der iterative Ansatz zwar in der Lage ist, ein exaktes Ergebnis zu liefern, dieses jedoch durch die Schätzung der Eingangsdaten fehlerbehaftet sein kann. Ersetzt man also – aus Gründen der Vereinfachung freiwillig oder aus Gründen fehlender Informationen gezwungenermaßen – die exakten Eingangsdaten durch Schätzungen, so ist im Hinblick auf die Genauigkeit die iterative der formalen Lösung, welche – wie im Folgenden noch deutlicher wird – vereinfachende Annahmen[424] erfordert, nicht mehr überlegen. Der Rechenweg kann dann grundsätzlich nach den Präferenzen des Bewerters gewählt werden.

Werden anstelle von exakten Eingangsdaten Schätzwerte verwendet, ist aus Gründen der einfacheren Handhabung der formale Ansatz in der Praxis vorzugswürdig. Der Bewerter wird sich vorab also die Frage stellen, ob die Eingangsdaten überhaupt ausreichend vorhanden und valide sind, um den mit dem iterativen Lösungsweg verbundenen Aufwand zu rechtfertigen und dann einzelfallbezogen entscheiden, welcher Berechnungsmethode der Vorzug zu geben ist. Daneben spricht – unter der Voraussetzung, dass die erforderliche

[422] Je nach Aufstockungsmethode und in Abhängigkeit vom Aufstockungsvolumen kann auf die Bestimmung der Teilwerte bei einzelnen Gruppen oder beim Geschäfts- oder Firmenwert verzichtet werden. Vgl. im Detail Abschnitt 5.6.

[423] Zu den unterschiedlichen Aufstockungsmethode vgl. Abschnitt 2.1.4.2.

[424] Hier ist insbesondere das Erfordernis eines konstanten Abschreibungsbetrages, Steuersatzes und Kapitalisierungszinssatzes sowie die Aufstockung nach der Gleichverteilungstheorie zu nennen.

Abschätzung eines konstanten Abschreibungsbetrages und einer konstanten Nutzungsdauer umsetzbar ist – m.E. für eine approximierte Bestimmung des ergänzungsbilanzbedingten Steuervorteils durch Verwendung eines Step Up-Faktors, dass hier eine unmittelbare Einbeziehung in das Kapitalwertkalkül möglich ist und auf eine aufwendige Modellierung verzichtet werden kann. Die auf diesem Weg (zunächst) gewonnen Erkenntnisse über den Einfluss der Ergänzungsbilanz auf den Unternehmenswert unterstützen den Bewerter bei der im Einzelfall zu treffenden Entscheidung, ob darüber hinaus exaktere Eingangsdaten zu ermitteln sind und ggf. eine iterative Bewertung vorzunehmen ist.

Für die (ggfls. in einem zweiten Schritt vorzunehmende) iterative Berechnung spricht, dass hier auch der Einfluss der unterschiedlichen Aufstockungsmethoden auf den TAB betrachtet werden kann, wohingegen die formale Lösung nur bei Annahme der Gleichverteilungstheorie anwendbar ist. Weil die verschiedenen Aufstockungsmethoden zu unterschiedlichen Ergebnissen führen können, merkt die Literatur zu Recht an, dass die Wahl der Aufstockungsmethode in Abhängigkeit von der Verteilung der stillen Reserven und von der Interessenlage des Erwerbers getroffen werden muss.[425] Von der gewählten Aufstockungsmethode kann daher – wie noch zu zeigen sein wird[426] – auch die Höhe des ergänzungsbilanzbedingten Steuervorteils abhängen. Die Bedeutung der Aufstockungsmethode ist anhand der Vorgehensweise bei der Iteration deutlich nachvollziehbar und daran zu erkennen, dass sich die Relationen zwischen den einzelnen aufzustockenden Wirtschaftsgütern bei der Verteilung der stillen Reserven von Iterationsschritt zu Iterationsschritt verschieben kann. So wird bspw. bei Anwendung der (einfachen) Stufentheorie ein Mehrkapital erst nach Durchführung einiger Iterationsschritte auf nicht bilanzierte Wirtschaftsgüter und nach Durchführung weiterer Iterationsschritte auf den Geschäfts- oder Firmenwert verteilt. Bei Anwendung der modifizierten Stufentheorie besteht, wenn auch weniger ausgeprägt, grundsätzlich dasselbe Problem. Lediglich die Aufstockung bei Anwendung der Gleichverteilungstheorie (nach dem Verhältnis der stillen Re-

[425] Vgl. Adolf, in: Brück/Sinewe, Unternehmenskauf, S. 162.
[426] Die Relevanz der Aufstockungsmethode ist Gegenstand von Abschnitt 5.6.

serven) gewährleistet, dass sich die Ergänzungsbilanzabschreibungen proportional zum Aufstockungsvolumen entwickeln. Fällt jedoch die Wahl auf die Anwendung der Stufentheorie oder der modifizierten Stufentheorie, so bedeutet dies, dass in jedem Schritt der Iteration auch eine neue Verteilung der stillen Reserven vorzunehmen bzw. neu zu berechnen ist, bevor die Höhe der Ergänzungsbilanzabschreibungen ermittelt werden kann.[427] Folglich bestehen auch hier Wechselwirkungen, da die Höhe des TAB die auf die einzelnen Wirtschaftsgüter zu verteilenden stillen Reserven bestimmt, diese aber wiederum in Abhängigkeit von ihrer Verteilung Auswirkungen auf die Höhe des TAB haben.

Die folgenden Abschnitte sind so aufgebaut, dass zunächst die formale Lösung entwickelt wird. Der Step Up-Faktor wird hierbei im Grundmodell schrittweise hergeleitet (Abschnitt 5.3) und dann in den weiteren Abschnitten um die (zwangsläufig) entstehenden Konsequenzen aus der erhöhten Veräußerungsgewinnbesteuerung (Abschnitt 5.4) und um gewerbesteuerliche Effekte (Abschnitt 5.5) erweitert. Im Anschluss wird – wie angekündigt – die Relevanz der Aufstockungsmethode näher untersucht (Abschnitt 5.6). Dies dient gleichzeitig dazu, die bereits aufgezeigte Methodik der iterativen Lösung anhand einer beispielhaften Modellierung nochmals detailliert zu veranschaulichen.

5.3 Grundmodell zur Einbeziehung des ergänzungsbilanzbedingten Steuervorteils in das Kapitalwertkalkül

5.3.1 Konzeption eines Modells zur Approximation des TAB

Ziel der nachfolgenden Ausführungen ist es, aufbauend auf vorhandenen Erkenntnissen ein Modell zu entwickeln und vorzustellen, welches – auf der Grundlage der Ausführungen in den Abschnitten 5.2.1 und 5.2.3 – die formale Ermittlung des Unternehmenswertes durch Anpassung des Kapitalwertkal-

---

[427] Zur methodischen Umsetzung vgl. Abschnitt 5.6.

küls um die Berücksichtigung des ergänzungsbilanzbedingten Steuervorteils ermöglicht.

In der Ergänzungsbilanz ist (üblicherweise) eine Vielzahl von Wirtschaftsgütern enthalten, die (i.d.R. zumindest teilweise) abnutzbar und durch unterschiedliche (Rest-)Nutzungsdauern gekennzeichnet sind. Diese Nutzungsdauern können mitunter sehr lang sein und im Einzelfall bis zu 50 oder mehr Jahre betragen. Da die Nutzungsdauer der am längsten abschreibungsfähigen Wirtschaftsgüter somit (im Regelfall) die Dauer der Detailplanungsphase in der Unternehmensbewertung übersteigt, entfällt der Einfluss des ergänzungsbilanzbedingten Steuervorteils regelmäßig überwiegend zeitlich auf die Phase der ewigen Rente. Dies spricht bei der Betrachtung der formalen Lösung – aufbauend auf den in Abschnitt 5.2.1 genannten Argumenten – für eine separierte Ermittlung des TAB als gesonderte Komponente des Unternehmenswerts. Eine unmittelbare Einbeziehung der unter Zugrundelegung der tatsächlichen einzelnen Nutzungsdauern ermittelten ergänzungsbilanzbedingten Steuervorteile durch Ausweitung der Detailplanungsphase[428] ist theoretisch zwar ohne Weiteres vorstellbar, jedoch keinesfalls praktikabel. Außerdem und vor allem wäre aber für die Detailplanungsphase das Endogenitätsproblem auf Ebene der jährlichen finanziellen Überschüsse zu lösen, was für weitere Komplexität bei der formalen Lösung sorgt und eine unmittelbare Berücksichtigung im Rahmen der finanziellen Überschüsse selbst dann problematisch macht, wenn das Aufstockungsvolumen der Ergänzungsbilanz bereits bis zum Ende der Detailplanungsphase abgeschrieben ist. Eine alternativ vorstellbare Einbeziehung in die Phase der ewigen Rente ist deshalb nicht möglich, weil das Abschreibungsvolumen der Ergänzungsbilanz limitiert ist und zeitlich nicht unbegrenzt zur Verfügung steht.

Die Abschreibungsreihen der in der Ergänzungsbilanz zu erfassenden Wirtschaftsgüter sind bei Erwerb bekannt. Sie unterliegen – unter der Voraussetzung, dass Abgänge während der Nutzungsdauer nicht stattfinden – keinen Schwankungen wie die in der Detailplanungsphase anzusetzenden finanziel-

[428] Vgl. Abschnitt 3.3.3.1.

len Überschüsse. Jedoch nehmen die jährlichen Abschreibungen im Zeitverlauf ab, da Wirtschaftsgüter mit kürzeren Nutzungsdauern vollständig abgeschrieben sind.

Wie bereits vorgestellt, kann das aus der gegenseitigen Abhängigkeit von Unternehmenswert und ergänzungsbilanzbedingtem Steuervorteil resultierende Endogenitätsproblem – insofern nicht eine iterative Berechnung vorgenommen wird – formal gelöst werden, indem der Unternehmenswert ohne Einbeziehung des ergänzungsbilanzbedingten Steuervorteils ermittelt und mit einem Step Up-Faktor multipliziert wird. Dies setzt jedoch – neben dem Erfordernis gleichbleibender Steuer- und Diskontierungszinssätze – voraus, dass eine Annahme zur Bestimmung einer (einheitlichen) Nutzungsdauer der Ergänzungsbilanz als Grundlage für die Bestimmung eines konstanten, jährlichen Abschreibungsbetrages getroffen werden kann. Als weitere Annahme kommt hinzu, dass das Abschreibungsvolumen der Ergänzungsbilanz vollständig genutzt werden kann, also die geplante Haltedauer der Beteiligung n_{max} länger ist als die Nutzungsdauer der Ergänzungsbilanz.

5.3.2 Festlegung des abschreibungsfähigen Anteils der Ergänzungsbilanzaktiva

Ein werterhöhender Einfluss auf den Unternehmenswert wird dadurch erzielt, dass bei der Personengesellschaft der oberhalb der (anteilig) erworbenen Buchwerte liegende Anteil des Kaufpreises abgeschrieben werden kann, soweit er abnutzbaren Wirtschaftsgüter (einschließlich Geschäfts- oder Firmenwert) zuzurechnen ist. Entfällt ein Teil des oberhalb des übernommenen Kapitalkontos liegenden Kaufpreises auf Wirtschaftsgüter, die nicht abnutzbar sind, z.B. auf Grund und Boden, so ergeben sich aus diesen keine positiven Einflüsse auf den Unternehmenswert. Da aber auch diese Wirtschaftsgüter in der Ergänzungsbilanz zu erfassen sind und einen Teil des Aufstockungsvolumens abbilden, ist der abschreibungsfähige Anteil des Aufstockungsvolumens d zu bestimmen.

Wie bereits oben[429] skizziert, setzt die formale Lösung daher annahmegemäß voraus, dass eine Aufstockung unter Anwendung der Gleichverteilungstheorie erfolgt, bei der der aus dem ergänzungsbilanzbedingten Steuervorteil resultierende Differenzbetrag $(UW^{mT} - UW^{oT})$ im selben Verhältnis verteilt wird wie der Differenzbetrag aus UW^{oT} und übernommenem Kapitalkonto. Würde der Differenzbetrag aus $UW^{mT} - UW^{oT}$ in einem anderen Verhältnis verteilt als dies beim Differenzbetrag aus UW^{oT} und übernommenem Kapitalkonto der Fall ist, so hätte dies Auswirkungen auf d. Derartige Auswirkungen können sich sowohl bei der einfachen Stufentheorie als auch bei der modifizierten Stufentheorie ergeben,[430] so dass bei diesen Methoden (nur) die Anwendung der iterativen Lösung verbleibt. Im Gegensatz zur formalen Lösung ist die iterative Lösung – wie später[431] noch gezeigt wird – unabhängig von der Wahl der Aufstockungsmethode.

5.3.3 Bestimmung der durchschnittlichen Nutzungsdauer der Ergänzungsbilanzaktiva

5.3.3.1 Darstellung des Teilproblems und möglicher Lösungsansatz

Den Gegenstand der folgenden Ausführungen bildet das in den Abschnitten 5.2.3 und 5.3.1 vorgestellte und zur Lösung des Endogenitätsproblems bestehende Erfordernis, eine einheitliche, durchschnittliche Nutzungsdauer aller übernommenen und abschreibungsfähigen Wirtschaftsgüter (einschließlich Geschäfts- oder Firmenwert) zu bestimmen oder valide zu approximieren, so dass dem abschreibungsfähigen Anteil des in der Ergänzungsbilanz enthaltenen Aufstockungsvolumens eine einheitliche Nutzungsdauer zugrunde gelegt werden kann. Sind keine stillen Reserven in den Wirtschaftsgütern vorhanden und somit in der Ergänzungsbilanz nur ein Geschäfts- oder Firmenwert zu erfassen, so richtet sich die Nutzungsdauer der (gesamten) Ergänzungsbilanz nach der steuerlichen Nutzungsdauer des Geschäfts- oder Firmenwertes.

---

429 Vgl. Abschnitte 5.2.3 und 5.2.4.
430 Vgl. auch Abschnitt 5.2.2.
431 Vgl. Abschnitt 5.6.

Die in der Ergänzungsbilanz erfassten und abzuschreibenden Wirtschaftsgüter sind in der Realität jedoch zumeist hinsichtlich des abschreibungsfähigen (Rest-)Buchwertes und der Nutzungsdauer heterogen. Innerhalb einer bestimmten Bandbreite können jeweils alle Ausprägungen hinsichtlich Abschreibungsvolumen und Nutzungsdauer vertreten sein. Da für die formale Lösung eine einheitliche Nutzungsdauer der Ergänzungsbilanz erforderlich ist, muss der Bewerter diese (vorab) festlegen. Dies kann – in Abhängigkeit von den Auswirkungen des ergänzungsbilanzdingten Steuervorteils und von der Heterogenität der aufzunehmenden Wirtschaftsgüter – durch Schätzung oder durch rechnerische Ermittlung erfolgen.

Da Zinseffekte nicht vernachlässigt werden können, ist der einfache Durchschnitt der Nutzungsdauern keine geeignete Größe. Wie aus folgendem Beispiel ersichtlich, ist selbst der mit den AfA-Volumina gewichtete Durchschnitt kein valider Schätzer:

Wirtschaftsgut	*AfA-Volumen (€)*	*Nutzungsdauer*	*AfA p.a. (€)*
A	*6.000*	*4*	*1.500*
B	*4.800*	*16*	*300*

Der einfache Durchschnitt der Nutzungsdauern beträgt im Beispiel 10 Jahre, der mit den einzelnen AfA-Volumen gewichtete Durchschnitt rd. 9,33 Jahre.

Zu untersuchen ist, welche der auf diesen Vorüberlegungen basierenden Abschreibungsreihen einem Investor c.p. den größten Steuervorteil verschaffen würde. Beurteilt man diese Frage anhand eines Barwertvergleichs, so beträgt bei Anwendung eines Zinssatzes von 10 % der Barwert der Abschreibungen der im Beispiel aufgeführten Wirtschaftsgüter A und B rd. *7.102* €. Der Barwert der Abschreibungen eines Wirtschaftsgutes mit einem AfA-Volumen von 10.800 € (= 6.000 € + 4.800 €) beträgt bei einer Nutzungsdauer von 10 Jahren rd. *6.636* € und bei einer Nutzungsdauer von 9,33 Jahren rd. *6.817* €. Wie zu erkennen ist, vernachlässigen beide Durchschnittswerte die Tatsache, dass bei Berücksichtigung von Zinseffekten Abschreibungen in frühen Perioden ein höherer Wert beizumessen ist, so dass die Verwendung von Durchschnittsgrößen hier im Ergebnis zu geringeren Barwerten führt. Gesucht ist die Nutzungsdauer, die, angewendet auf das gesamte Abschreibungsvolumen, zu einem Barwert der Abschreibungen führt, der der Summe der Barwerte der einzelnen Abschreibungsreihen der Wirtschaftsgüter A und B entspricht, nämlich einem Barwert von *7.102 €*. Die gesuchte Nutzungsdauer kann iterativ ermittelt werden und liegt im Beispiel bei rd. 8,34 Jahren und damit oberhalb der beiden Durchschnittswerte.

Allgemein formuliert besteht das Problem darin, dass in der Ergänzungsbilanz K Wirtschaftsgüter erfasst werden, deren individuelles AfA-Volumen su_k^{ErgBil} und deren individuellen Nutzungsdauern n_k beliebig verteilt sein können. Um dieses Problem zu lösen ist für jedes dieser K Wirtschaftsgüter unter Verwendung der Nutzungsdauer n_k und des Zinssatzes z der Barwert der Abschreibungen einzeln zu bestimmen. Der hier anzuwendende Barwertfaktor einer nachschüssigen Rente bestimmt sich aus:

$$RBF_{nachsch.} = \frac{(1+z)^n - 1}{z} * \frac{1}{(1+z)^n}$$

(5-11)

mit $RBF_{nachsch.}$ = Rentenbarwertfaktor einer nachschüssigen, auf n Perioden zeitlich begrenzten Rente

Im nächsten Schritt sind die für die einzelnen Wirtschaftsgüter ermittelten Barwerte der Abschreibungen zu summieren, so dass sich der Barwert der aus der Ergänzungsbilanz (insgesamt) resultierenden Abschreibungen ergibt. Gesucht ist nun die Nutzungsdauer $\bar{n}$, die bezogen auf das gesamte abschreibungsfähige Aufstockungsvolumen $(SU^{ErgBil} * d)$ zu einem Barwert der (sich aus $\bar{n}$ ergebenden) Abschreibungen führt, welcher der Summe der Barwerte entspricht, wenn man die tatsächlichen individuellen Nutzungsdauern der Wirtschaftsgüter zugrunde legt. Es soll demnach gelten:

$$\sum_{k=1}^{K} \frac{su_k^{ErgBil}}{n_k} * \frac{(1+z)^{n_k}-1}{z*(1+z)^{n_k}} = \frac{SU^{ErgBil}*d}{\bar{n}} * \frac{(1+z)^{\bar{n}}-1}{z*(1+z)^{\bar{n}}} \quad (5\text{-}12)$$

mit SU^{ErgBil} = in der Ergänzungsbilanz bei Zugang zu aktivierendes Aufstockungsvolumen aller in der Ergänzungsbilanz enthaltenen Wirtschaftsgüter (Step Up)

d = Quote des abschreibungsfähigen Anteils des Aufstockungsvolumens in der Ergänzungsbilanz

$\bar{n}$ = zum Bewertungsstichtag bestehende durchschnittliche (Rest-)Nutzungsdauer der Ergänzungsbilanz

Zunächst problematisch erscheint die Tatsache, dass die in Formel (5-12) aufgeführte Gleichung nicht analytisch, sondern lediglich nummerisch lösbar ist. Bevor in Abschnitt 5.3.3.3 ein Ansatz aufgezeigt wird, der eine praktikable Problemlösung liefert, ist festzustellen, welche Werte die Nutzungsdauern einzelner Wirtschaftsgüter n_k annehmen können.

5.3.3.2 Verteilung von Nutzungsdauern in der Praxis

Einer eigenen Auswertung der vom Bundesministerium der Finanzen herausgegebenen *AfA-Tabelle für die allgemein verwendbaren Anlagengüter*[432] ist zu entnehmen, dass Wirtschaftsgüter überwiegend Nutzungsdauern im unteren Untersuchungsbereich aufweisen. Rd. 80 % der in der AfA-Tabelle genannten 201 Wirtschaftsgüter verfügen über eine Nutzungsdauer von 15 oder weniger Jahren. Hingegen haben lediglich 14 der aufgeführten Wirtschaftsgüter eine Nutzungsdauer von mehr als 20 Jahren. Längere Nutzungsdauern als 33 Jahre sind in der AfA-Tabelle für allgemein verwendbare Wirtschaftsgüter nicht genannt, liegen jedoch insbesondere bei Gebäuden und Bauwerken vor.[433] Im praktischen Bewertungsfall werden lediglich weni-

[432] BMF, Schreiben vom 15. Dezember 2000, IV D 2 – S 1551 – 188/00, BStBl I 2000, S. 1532. Weitere Anwendbarkeit bestätigt durch BMF, Schreiben vom 29. März 2007, IV C 6 – O 1000/07/0018 (koordinierter Ländererlass – "Schreiben zur Eindämmung der Normenflut").

[433] Die Nutzungsdauern von Gebäuden ergeben sich aus § 7 Abs. 4-5a EStG. Soweit Gebäude Betriebsvermögen darstellt, liegt auch hier die Nutzungsdauer bei 33,3 Jahren.

ge Wirtschaftsgüter existieren, deren Nutzungsdauern länger als 33 Jahre sind, so dass eine Einzelfallbetrachtung vorgenommen werden kann.

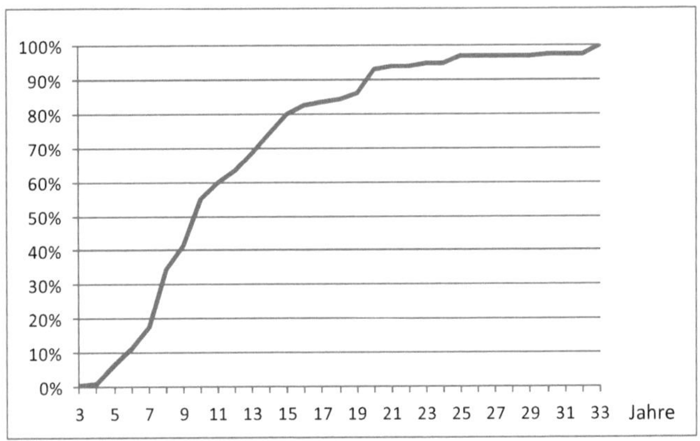

Abbildung 20: Verteilung der Nutzungsdauern in der allgemeinen AfA-Tabelle des BMF[434]

5.3.3.3 Modell zur Bestimmung einer äquivalenten Nutzungsdauer der Ergänzungsbilanz

Wie sich aus den Ausführungen in Abschnitt 5.3.3.2 ergibt, ist die Anzahl der – zur Bestimmung der Abschreibungsbeträge einzelner Wirtschaftsgüter – anzusetzenden Nutzungsdauern begrenzt. Zur Vereinfachung kann man daher die Abschreibungsvolumen aller Wirtschaftsgüter mit identischen Nutzungsdauern klassifizieren und in einem Tabellenkalkulationsprogramm auflisten. Aus der begrenzten Anzahl auftretender Nutzungsdauern resultiert auch eine begrenzte Anzahl zu erfassender Werte, welche basierend auf den Erkenntnissen aus Abschnitt 5.3.3.2 selten oberhalb von 40 Jahren liegen wird. Für diese Summe der AfA-Volumina mit identischer Nutzungsdauer wird zunächst der Barwert gebildet. Anschließend ist die Summe der einzelnen Barwerte zu bilden und durch Iteration oder Zielwertsuche ein Wert für $\bar{n}$

Bei Bauwerken (z.B. Staudämmen, Brücken oder Schleusen) ergeben sich teilweise aus den wirtschaftszweigspezifischen AfA-Tabellen Nutzungsdauern oberhalb von 33 Jahren.

434 Nach eigenen Berechnungen.

zu bestimmen, der zum identischen Barwert führt, so dass die in Formel (5-12) aufgezeigte Gleichung gilt.

An nachfolgendem Beispiel veranschaulicht bedeutet dies, dass in Spalte 1 die beobachtbaren Nutzungsdauern abgetragen werden. Spalte 2 zeigt das zur jeweiligen Nutzungsdauer gehörende, hier beliebig gewählte und verteilte AfA-Volumen als Summe der Aufstockungsbeträge der einzelnen Wirtschaftsgüter mit der entsprechenden Nutzungsdauer. Spalte 3 macht Aussagen zum berechneten Barwert, wobei gilt $z = 0{,}1$.

t	$\sum_{k=1}^{K} su_k^{ErgBil}$ wenn gilt: $n_k = t$	$\sum_{k=1}^{K} \frac{su_k^{ErgBil}}{n_k} * RBF_{nachsch.}$ wenn gilt: $n_k = t$
1	1.000	909,09090
2	400	347,10743
3	350	290,13273
4	300	237,73990
5	200	151,63147
6	180	130,65782
7	150	104,32326
8	120	80,02389
9	110	70,38806
10	500	307,22835
11	10	5,90460
12	5	2,83903
13	4	2,18564
14	3	1,57857
15	2	1,01414
16	3	1,46694
17	4	1,88742
18	5	2,27817
19	2	0,88051
20	100	42,56781
	3.448	2.690,92674

Bezogen auf das Beispiel ist zur Bestimmung von $\bar{n}$ die folgende Gleichung zu lösen:

$$2.690{,}92674 = \frac{3.448}{\bar{n}} * \frac{(1+0{,}1)^{\bar{n}} - 1}{0{,}1 * (1+0{,}1)^{\bar{n}}}$$

Da die analytische Lösung nicht möglich ist, bietet sich eine durch Tabellenkalkulationsprogramme unterstütze Zielwertsuche für $\bar{n}$ an, welche im Beispiel zum Ergebnis $\bar{n}$ = 4,34386 führt. Alternativ hätte das Ergebnis durch Iteration approximiert werden können. Als ein möglicher geeigneter Startwert kommt die mit den AfA-Volumen gewichtete mittlere Nutzungsdauer in Betracht, welche hier 4,83410 beträgt.

Liegt die beabsichtigte (oder annahmegemäß anzusetzende) Haltedauer der Beteiligung unterhalb der Nutzungsdauer mindestens eines in der Ergänzungsbilanz erfassten Wirtschaftsgutes, so ist das Modell entsprechend anzupassen; in diesem Fall ist nämlich nicht die gesamte Nutzungsdauer, sondern lediglich die Haltedauer bei der Bestimmung der Rentenbarwerte der betroffenen Wirtschaftsgüter bzw. Wirtschaftsgüterklassen anzusetzen.

5.3.3.4 Kritische Würdigung

Ähnlich wie im Zusammenhang mit der iterativen Lösung des Endogenitätsproblems bereits in Abschnitt 5.2.2 erörtert, sind auch zur Bestimmung einer äquivalenten einheitlichen Nutzungsdauer der Ergänzungsbilanz $\bar{n}$ eine Reihe von Eingangsdaten erforderlich. Hier werden ebenfalls die in Abschnitt 5.2.2 zur Bestimmung von Abschreibungsbeträgen erforderlichen Daten benötigt, sofern ein exaktes Ergebnis angestrebt wird. Gleichwohl ist anzumerken, dass im Rahmen einer Unternehmensbewertung eine Vielzahl von Schätzungen besteht und den Unternehmenswert beeinflusst, so dass m.E. auch hier bis zu einem gewissen Maß Ungenauigkeiten toleriert werden können. Um aber das Ausmaß und die damit verbundenen Risiken einzugrenzen, kann der Bewerter – bei Verwendung einer Tabellenkalkulation – die Werte zwischen den einzelnen Klassen der Nutzungsdauern verschieben und so eine Einschätzung über die Auswirkungen auf $\bar{n}$ gewinnen.
Das Aufstockungsvolumen ändert sich jedoch durch die Einbeziehung des ergänzungsbilanzbedingten Steuervorteils in den Unternehmenswert; hieraus kann sich – je nach Wahl der Aufstockungsmethode – ebenfalls ein Einfluss auf $\bar{n}$ ergeben.

Die Bedeutung der Aufstockungsmethode wurde bereits in Abschnitt 5.2.4 und in Abschnitt 5.3.2 erwähnt. Um eine Beeinflussung von $\bar{n}$ und d durch die Wahl der Aufstockungsmethode und die hieraus unter Umständen resultierende Verschiebung der Aufstockungsvolumina zwischen den einzelnen gebildeten Klassen zu vermeiden, ist bei der formalen Lösung vereinfachend von einer Aufstockung nach der Gleichverteilungstheorie (nach dem Verhältnis der stillen Reserven) auszugehen,[435] so dass sich die Ergänzungsbilanzabschreibungen proportional zum Aufstockungsvolumen entwickeln.

5.3.4 Formale Erweiterung des Kapitalwertkalküls

Nachdem es unter den in den beiden vorhergehenden Abschnitten dargelegten Annahmen gelingt, den abschreibungsfähigen Anteil des in der Ergänzungsbilanz aktivierten Aufstockungsvolumens und dessen äquivalente Nutzungsdauer $\bar{n}$ zu bestimmen, steht, mit der Schätzung eines über die durchschnittliche Nutzungsdauer konstanten Abschreibungsbetrages, der Anwendung der formalen Lösung unter Verwendung eines Step Up-Faktors nichts im Wege.

Zunächst ist der Barwert der durch die Ergänzungsbilanz entstehenden Steuerersparnis zu berechnen. Nimmt man einen über die gesamte Abschreibungsdauer der Ergänzungsbilanz konstanten Abschreibungsbetrages[436] und Einkommensteuersatzes an, ist die jährliche Steuerersparnis gleichbleibend. Der TAB bestimmt sich unter den in Abschnitt 5.3.1 vorgestellten Annahmen durch den Rentenbarwert der endlichen Zahlungsreihe der jährlichen ergänzungsbilanzbedingten Steuerersparnisse.

Zu klären ist nunmehr, zu welchem Zeitpunkt die aus den Ergänzungsbilanzabschreibungen resultierenden Steuerersparnisse entstehen. Ergänzungsbi-

---

435 Die Relevanz der einzelnen Aufstockungsmethoden wird in Abschnitt 5.6 gesondert behandelt.

436 Wie bereits in Abschnitt 5.2.1 erwähnt, ist steuerlich lediglich die lineare AfA zulässig. Die degressive AfA wurde durch das Unternehmensteuerreformgesetz 2008 abgeschafft, jedoch durch das Jahressteuergesetz 2009 für einen Übergangszeitraum vom 01. Januar 2009 bis 31. Dezember 2010 wieder eingeführt.

lanzbedingte Steuerersparnisse wirken sich zeitlich in Abhängigkeit von der Art der zur Verrechnung zur Verfügung stehenden Einkünfte aus. Stehen zur Verlustverrechnung solche Einkünfte zur Verfügung, für die – in der Regel quartalsweise – Steuervorauszahlungen zu leisten sind, so wirken sich Ergänzungsbilanzabschreibungen bereits unterjährig auf die Höhe der Steuerbelastung aus, weil in der Regel für die Bemessung der Steuervorauszahlungen die zuletzt durchgeführte Veranlagung relevant ist. Im ersten Jahr der Nutzung von Ergänzungsbilanzabschreibungen kann es zu Abweichungen kommen, falls nicht auf Antrag des Steuerpflichtigen oder auf Ersuchen der Finanzverwaltung bereits das prognostizierte Einkommen der Besteuerung zugrunde gelegt wird. Stehen für die Verrechnung der Abschreibungen hingegen Einkünfte zur Verfügung, die einer Quellensteuer[437] unterliegen, so führen die Ergänzungsbilanzabschreibungen spätestens mit Veranlagung des betreffenden Zeitraums, also im Regelfall im Folgejahr, zu Steuervorteilen.

Für die Bestimmung des Rentenbarwertes ist im Folgenden annahmegemäß eine jährliche, nachschüssig entstehende Zahlung anzunehmen, so dass der in Formel (5-11) vorgestellte Rentenbarwertfaktor verwendet werden kann. Der ergänzungsbilanzbedingte Steuervorteil bestimmt sich sodann durch Multiplikation des Rentenbarwertfaktors mit der jährlichen, durch die Ergänzungsbilanz hervorgerufenen, annahmegemäß konstanten Steuerersparnis:

$$TAB^{ErgBil} = SE_{const.}^{ErgBil} * RBF_{nachsch.} \qquad (5\text{-}13)$$

mit $SE_{const.}^{ErgBil}$ = konstante Steuerersparnis einer Periode innerhalb der Abschreibungsdauer der Ergänzungsbilanz, resultierend aus der Abschreibung der Aufstockungsbeträge

437 In Betracht kommen hier insbesondere Einkünfte aus nichtselbständiger Tätigkeit, die dem Lohnsteuerabzug unterliegen.

Für die über die definierte Nutzungsdauer der Ergänzungsbilanz jährlich realisierbare und konstante Steuerersparnis gilt:

$$SE^{ErgBil}_{const.} = \frac{SU^{ErgBil} * d}{\bar{n}} * s_{ESt_{const.}} \qquad (5\text{-}14)$$

mit $s_{ESt_{const.}}$ = konstanter Einkommensteuersatz

Aufbauend auf diesen Überlegungen ist der bereits in Formel (5-10) vorgestellte Step Up-Faktor zu ermitteln. Da das in der Ergänzungsbilanz bei Zugang zu aktivierende Aufstockungsvolumen abhängig vom Unternehmenswert ist und umgekehrt, entsteht ein Endogenitätsproblem, welches – wie in Abschnitt 5.2.3 beschrieben – gelöst werden kann, indem zunächst die Steuerersparnis auf Basis des vorläufigen (ohne Einbeziehung des TAB ermittelten) Unternehmenswertes bestimmt wird. Da dieser vorläufige Unternehmenswert niedriger ist als der endgültige, um den TAB erhöhte, Unternehmenswert sind auch das auf Basis des vorläufigen Unternehmenswertes berechnete Aufstockungsvolumen, die hieraus resultierende Steuerersparnis und der hieraus resultierende TAB zu niedrig und somit lediglich vorläufig. Entsprechend Formel (5-8) gilt zunächst für das aus dem vorläufigen Unternehmenswertes und der vorläufigen Ergänzungsbilanz resultierende Aufstockungsvolumen:

$$SU^{vorl.ErgBil} = UW^{oT} - \sum_{k=1}^{K} RBW^{GesBil}_{k_{t=0}} \qquad (5\text{-}15)$$

mit $SU^{vorl.ErgBil}$ in der Ergänzungsbilanz bei Zugang zu aktivierendes Aufstockungsvolumen aller in der Ergänzungsbilanz enthaltenen Wirtschaftsgüter (Step Up) auf Basis des vorläufigen Unternehmenswertes

Die aus der vorläufigen Ergänzungsbilanz resultierende vorläufige Steuerersparnis ermittelt sich aus:

$$SE_{const.}^{vorl.ErgBil} = \frac{SU^{vorl.ErgBil} * d}{\bar{n}} * s_{ESt_{const.}} \tag{5-16}$$

mit $SE_{const.}^{vorl.ErgBil}$ = konstante Steuerersparnis einer Periode innerhalb der Abschreibungsdauer der vorläufigen Ergänzungsbilanz, resultierend aus der Abschreibung der Aufstockungsbeträge

Damit gilt für den vorläufigen, auf Basis des Unternehmenswertes ohne Einbeziehung des ergänzungsbilanzbedingten Steuervorteils ermittelten TAB:

$$TAB^{ErgBil\,vorl.} = SE_{const.}^{vorl.ErgBil} * RBF_{nachsch.} \tag{5-17}$$

mit $TAB^{ErgBil\,vorl.}$ = vorläufiger Tax Amortisation Benefit bzw. (vorläufiger) Steuervorteil, resultierend aus der Abschreibungsfähigkeit der in der vorläufigen Ergänzungsbilanz enthaltenen Wirtschaftsgüter

Der endgültige TAB ergibt sich auf Basis des vorläufigen TAB aus folgender Beziehung, welche das bestehende Endogenitätsproblem[438] auflöst:

$$TAB^{ErgBil} = \frac{TAB^{ErgBil\,vorl.}}{1 - \frac{TAB^{ErgBil\,vorl.}}{SU^{vorl.ErgBil} * d}} \tag{5-18}$$

Setzt man nun schrittweise die bekannten Beziehungen ein, so gilt:

$$TAB^{ErgBil} = \frac{SE_{const.}^{vorl.ErgBil} * RBF_{nachsch.}}{1 - \frac{SE_{const.}^{vorl.ErgBil} * RBF_{nachsch.}}{SU^{vorl.ErgBil} * d}} \tag{5-19}$$

[438] Vgl. zum Umgang mit der Zirkularität auch Wagner, WPg 2008, S. 840.

bzw. unter Verwendung der Erkenntnisse aus Formel (5-16):

$$TAB^{ErgBil} = \frac{\frac{SU^{vorl.ErgBil} * d}{\bar{n}} * RBF_{nachsch.} * s_{ESt_{const.}}}{1 - \frac{\frac{SU^{vorl.ErgBil} * d}{\bar{n}} * s_{ESt_{const.}} * RBF_{nachsch.}}{SU^{vorl.ErgBil} * d}} \tag{5-20}$$

Hat man $\bar{n}$ unter Anwendung der in Abschnitt 5.3.3.3 vorgestellten Vorgehensweise rechnerisch ermittelt, so ist ein Teil bereits bekannt, nämlich der Barwert der Ergänzungsbilanzabschreibungen, welcher in Formel (5-20) im Zähler und im Nenner als $\frac{SU^{vorl.ErgBil} * d}{\bar{n}} * RBF_{nachsch.}$ enthalten ist. In diesem Fall ist es ebenfalls möglich, den ergänzungsbilanzbedingten Steuervorteil absolut zu berechnen und dem Unternehmenswert UW^{oT} hinzuzurechnen. Ist die Verwendung eines Step Up-Faktors beabsichtigt, so lässt sich die zu verwendende Formel (5-20) durch Kürzen vereinfachen zu:

$$TAB^{ErgBil} = \frac{\frac{SU^{vorl.ErgBil} * d}{\bar{n}} * RBF_{nachsch.} * s_{ESt_{const.}}}{1 - \frac{s_{ESt_{const.}} * RBF_{nachsch.}}{\bar{n}}} \tag{5-21}$$

Bei vollständiger Darstellung des Rentenbarwertfaktors ergibt sich folgendes Ergebnis, wodurch die Formel jedoch deutlich umfangreicher wird:

$$TAB^{ErgBil} = \frac{\frac{SU^{vorl.ErgBil} * d}{\bar{n}} * s_{ESt_{const.}} * \frac{(1+z)^{\bar{n}} - 1}{z * (1+z)^{\bar{n}}}}{1 - \frac{\frac{(1+z)^{\bar{n}} - 1}{z * (1+z)^{\bar{n}}}}{\bar{n}} * s_{ESt_{const.}}} \tag{5-22}$$

Mit dem in Formel (5-22) erzielten Ergebnis wird – wie beschrieben und bereits in Formel (5-9) und (5-10) aufgezeigt – der zunächst ohne Einbeziehung des TAB ermittelte Unternehmenswert multipliziert und in einen Unternehmenswert überführt, der den Werteinfluss durch den TAB berücksichtigt. Zunächst gilt für den Step Up-Faktor:

$$SF = 1 + \frac{SU^{vorl.ErgBil} * d}{UW^{oT}} * \frac{\frac{(1+z)^{\bar{n}} - 1}{z * \bar{n} * (1+z)^{\bar{n}}} * s_{ESt_{const.}}}{1 - \frac{(1+z)^{\bar{n}} - 1}{z * \bar{n} * (1+z)^{\bar{n}}} * s_{ESt_{const.}}} \tag{5-23}$$

oder leicht umgeformt:

$$SF = 1 + \frac{SU^{vorl.ErgBil} * d}{UW^{oT}} * \frac{\frac{1}{z * \bar{n}} - \frac{1}{z * \bar{n} * (1+z)^{\bar{n}}} * s_{ESt_{const.}}}{1 - \frac{(1+z)^{\bar{n}} - 1}{z * \bar{n} * (1+z)^{\bar{n}}} * s_{ESt_{const.}}} \tag{5-24}$$

Somit gilt für den endgültigen Unternehmenswert, der den steuerlichen Vorteil aus der Ergänzungsbilanz berücksichtigt:

$$UW^{mT} = UW^{oT} * \left[1 + \frac{SU^{vorl.ErgBil} * d}{UW^{oT}} * \frac{\frac{1}{z * \bar{n}} - \frac{1}{z * \bar{n} * (1+z)^{\bar{n}}} * s_{ESt_{const.}}}{1 - \frac{(1+z)^{\bar{n}} - 1}{z * \bar{n} * (1+z)^{\bar{n}}} * s_{ESt_{const.}}} \right] \tag{5-25}$$

5.4 Erweiterung des Grundmodells um die Berücksichtigung der erhöhten Veräußerungsgewinnbesteuerung

Mit dem durch die Ergänzungsbilanz entstehenden Vorteil der höheren Abschreibungsfähigkeit eines möglichen Kaufpreises systematisch verbunden ist der Nachteil einer erhöhten Veräußerungsgewinnbesteuerung.[439] Durch die während der Besitzdauer des Gesellschaftsanteils geltend gemachten Ergänzungsbilanzabschreibungen mindert sich das steuerliche Kapitalkonto des Veräußerers, so dass sich der Veräußerungsgewinn erhöht bzw. ein Veräußerungsverlust sich reduziert. Es kommt zu einer Erhöhung der Bemessungsgrundlage des Veräußerungsgewinns in Höhe des in Anspruch genommenen Abschreibungsvolumens der Ergänzungsbilanz. Wird annahmegemäß das gesamte Abschreibungsvolumen der Ergänzungsbilanz im Be-

[439] Eine Besteuerung des Veräußerungsgewinns findet unter Umständen dann nicht statt, wenn die Personengesellschaft ausschließlich vermögensverwaltend tätig ist; vgl. hierzu und zu den weiteren Voraussetzungen Abschnitt 2.1.4.3.

trachtungszeitraum verbraucht (d.h. $n_{max} > n_{HD}$), so gilt für die im Veräußerungszeitpunkt aus den vorgenommenen Ergänzungsbilanzabschreibungen resultierende Steuerbelastung:

$$SB_{VG}^{ErgBil} = s_{ESt_{t=n_{HD}}} * SU^{ErgBil} \tag{5-26}$$

mit SB_{VG}^{ErgBil} = aufgrund von Ergänzungsbilanzabschreibungen entstehende Steuerbelastung im Veräußerungszeitpunkt

n_{HD} = planmäßige Haltedauer der Beteiligung (in Jahren)

Unter Vernachlässigung von Zinsen, also bei $z = 0$ und bei konstantem Steuersatz gilt:

$$\sum_{t=0}^{n_{HD}} SE_t^{ErgBil} = SB_{VG}^{ErgBil} \tag{5-27}$$

Bezieht man Zinsen jedoch in das Kalkül ein, so überwiegt der Steuervorteil, weil sich die Ergänzungsbilanzabschreibungen steuerlich früher auswirken als die (korrespondierende) Erhöhung des steuerpflichtigen Veräußerungsgewinns. Der Barwert der im Veräußerungszeitpunkt eintretenden Steuerbelastung nähert sich mit steigendem Zinssatz und steigender Haltedauer dem Wert von 0.

Durch den Barwert der entstehenden Veräußerungsgewinnbesteuerung mindert sich der ergänzungsbilanzbedingte Steuervorteil. Problematisch ist, dass sich somit auch Auswirkungen auf den Unternehmenswert ergeben, welcher wiederum die Grundlage für die Berechnung sowohl der Steuerentlastung durch die Ergänzungsbilanzabschreibungen als auch der korrespondierenden Steuerbelastung aus der Veräußerungsgewinnbesteuerung ist.

Die erhöhte Veräußerungsgewinnbesteuerung resultiert systematisch aus der Inanspruchnahme von Ergänzungsbilanzabschreibungen – es handelt sich somit um Vor- und Nachteil desselben Sachverhaltes. Deshalb ist – unter den in Abschnitt 4.2.1.2.2 genannten Voraussetzungen – der ergänzungsbilanzbedingte Steuervorteil unter Einbeziehung der Veräußerungsgewinnbesteuerung zu ermitteln. Aufbauend auf Formel (5-20) gilt:

$$TAB^{ErgBil,VG} = \frac{\frac{SU^{vorl.ErgBil} * d}{\bar{n}} * RBF_{nachsch.} * s_{ESt_{const.}} - \frac{SU^{vorl.ErgBil} * d}{(1+z)^{n_{HD}}} * s_{ESt_{VG}}}{1 - \frac{\frac{SU^{vorl.ErgBil} * d}{\bar{n}} * s_{ESt_{const.}} * RBF_{nachsch.} - \frac{SU^{vorl.ErgBil} * d}{(1+z)^{n_{HD}}} * s_{ESt_{VG}}}{SU^{vorl.ErgBil} * d}} \tag{5-28}$$

mit $TAB^{ErgBil,VG}$ = Tax Amortisation Benefit bzw. Steuervorteil, resultierend aus der Abschreibungsfähigkeit der in der Ergänzungsbilanz enthaltenen Wirtschaftsgüter unter Einbeziehung einer erhöhten Veräußerungsgewinnbesteuerung

$s_{ESt_{VG}}$ = für die Besteuerung des Veräußerungsgewinns relevanter Einkommensteuersatz

Formel (5-28) lässt sich umformen zu:

$$TAB^{ErgBil,VG} = \frac{\frac{SU^{vorl.ErgBil} * d * RBF_{nachsch.} * s_{ESt_{const.}} * (1+z)^{n_{HD}} - \bar{n} * SU^{vorl.ErgBil} * d * s_{ESt_{VG}}}{\bar{n} * (1+z)^{n_{HD}}}}{1 - \frac{s_{ESt_{const.}} * RBF_{nachsch.}}{\bar{n}} - \frac{s_{ESt_{VG}}}{(1+z)^{n_{HD}}}} \tag{5-29}$$

bzw. zu:

$$TAB^{ErgBil,VG} = \frac{\frac{SU^{vorl.ErgBil} * d * RBF_{nachsch.} * s_{ESt_{const.}} * (1+z)^{n_{HD}} - \bar{n} * SU^{vorl.ErgBil} * d * s_{ESt_{VG}}}{\bar{n} * (1+z)^{n_{HD}}}}{\frac{\bar{n} * (1+z)^{n_{HD}}}{\bar{n} * (1+z)^{n_{HD}}} - \frac{s_{ESt_{const.}} * RBF_{nachsch.} * (1+z)^{n_{HD}}}{\bar{n} * (1+z)^{n_{HD}}} - \frac{s_{ESt_{VG}} * \bar{n}}{\bar{n} * (1+z)^{n_{HD}}}} \tag{5-30}$$

und dann weiter vereinfachend zu:

$$TAB^{ErgBil,VG} = \frac{SU^{vorl.ErgBil} * d * \left[RBF_{nachsch.} * s_{ESt_{const.}} * (1+z)^{n_{HD}} - \bar{n} * s_{ESt_{VG}}\right]}{\bar{n} * (1+z)^{n_{HD}} - s_{ESt_{const.}} * RBF_{nachsch.} * (1+z)^{n_{HD}} - s_{ESt_{VG}} * \bar{n}}$$

(5-31)

Unter der Voraussetzung, dass $s_{ESt_{const.}} = s_{ESt_{VG}}$ gilt, kann eine weitere Vereinfachung von Formel (5-28) erfolgen, so dass gilt:

$$TAB^{ErgBil,VG} = \frac{s_{ESt_{const.}} * \left[\frac{SU^{vorl.ErgBil} * d * RBF_{nachsch.}}{\bar{n}} - \frac{SU^{vorl.ErgBil} * d}{(1+z)^{n_{HD}}}\right]}{1 - \frac{s_{ESt_{const.}} * \left[\frac{SU^{vorl.ErgBil} * d * RBF_{nachsch.}}{\bar{n}} - \frac{SU^{vorl.ErgBil} * d}{(1+z)^{n_{HD}}}\right]}{SU^{vorl.ErgBil} * d}}$$

(5-32)

bzw. aufbauend auf Formel (5-31) zu:

$$TAB^{ErgBil,VG} = \frac{SU^{vorl.ErgBil} * d * s_{ESt_{const.}} * \left[RBF_{nachsch.} * (1+z)^{n_{HD}} - \bar{n}\right]}{\bar{n} * (1+z)^{n_{HD}} - s_{ESt_{const.}} * RBF_{nachsch.} * (1+z)^{n_{HD}} - s_{ESt_{const.}} * \bar{n}} \quad (5\text{-}33)$$

Ob darüber hinaus Auswirkungen aus den personengebundenen Begünstigungsvorschriften einzubeziehen sind,[440] ist einzelfallbezogen und abhängig von dem zugehörigen Bewertungsanlass sowie der Funktion des Bewerters zu entscheiden.

5.5 Erweiterung des Grundmodells um die Berücksichtigung der Gewerbesteuer

Bisher wurden steuerliche Einflüsse auf den Unternehmenswert der Personengesellschaft nur in einkommensteuerlicher Hinsicht bewertet, die Gewerbesteuer wurde zunächst vernachlässigt. Eine Einbeziehung der Gewerbesteuer kann nur dann unterbleiben, wenn die Personengesellschaft andere Einkünfte als solche aus Gewerbebetrieb erzielt, also bspw. Einkünfte aus Land- und Forstwirtschaft oder aus selbständiger Tätigkeit.

---

440 Vgl. Abschnitt 2.1.4.3.

Die Lücke der bisher (bewusst) vernachlässigten Gewerbesteuereffekte wird durch die folgenden Ausführungen geschlossen. Annahmegemäß wird hierbei unterstellt, dass – wie in der Praxis gängig – eine verursachungsgerechte Aufteilung der Gewerbesteuerbe- und -entlastungen durch Gesellschafterabrede vereinbart ist.[441] Somit ist sichergestellt, dass gewerbesteuerliche Einflüsse aus Ergänzungsbilanzabschreibungen in voller Höhe dem zu bewertenden Gesellschaftsanteil zugerechnet werden.

5.5.1 Erweiterung des Grundmodells

Unter der Annahme einer verursachungsgerechten Gewerbesteueraufteilung gelingt es, einen effektiven Gewerbesteuersatz zu bilden, der die partielle Anrechnung der Gewerbesteuer auf die Einkommensteuer aufgrund der Vorschrift des § 35 EStG unmittelbar berücksichtigt.[442]

In Abhängigkeit von Bewertungsanlass und Funktion des Bewerters ist die Person des Anteilseigners, aus dessen Perspektive die Bewertung erfolgt, zu definieren. Handelt es sich hierbei um eine natürliche Person, so ermittelt sich der (effektive) Gewerbesteuersatz aus:

$$s_{GewSt} = (GewSt.Hebesatz - 3{,}8) * 3{,}5\,\% \tag{5-34}$$

mit s_{GewSt} = Gewerbesteuersatz

Die Gewerbesteuer unterliegt keiner Tarifprogression, weshalb der Gewerbesteuersatz – bei unverändertem Gewerbesteuerhebesatz – für den gesamten Berechnungszeitraum konstant ist. Handelt es sich beim Bewertungssubjekt jedoch um eine Person, die nicht von der Regelung des § 35 EStG erfasst wird, so gilt:

---

441 Vgl. Abschnitt 2.2.2.2.

442 Freibeträge bleiben aufgrund der geringen Auswirkungen unberücksichtigt. Ferner kann angenommen werden, dass diese bereits auf Ebene der Gesamthand verbraucht wurden.

$$s_{GewSt} = GewSt.Hebesatz * 3{,}5\ \% \tag{5-35}$$

Aus dem ermittelten Gewerbesteuersatz und dem Einkommensteuersatz kann ein kombinierter Steuersatz gebildet werden. Dieser beträgt:

$$s_{ESt,GewSt} = s_{ESt_{const.}} + s_{GewSt} \tag{5-36}$$

mit $s_{ESt,GewSt}$ = aus dem Einkommen- und dem Gewerbesteuersatz kombinierter konstanter Steuersatz

Der kombinierte Steuersatz $s_{ESt,GewSt}$ kann nunmehr in das Grundmodell des Bewertungskalküls anstelle von $s_{ESt_{const.}}$ eingesetzt werden, so dass sich für die Bestimmung des TAB folgende Formel ergibt:

$$TAB^{ErgBil} = \frac{\frac{SU^{vorl.ErgBil} * d}{\bar{n}} * RBF_{nachsch.} * s_{ESt,GewSt}}{1 - \frac{\frac{SU^{vorl.ErgBil} * d}{\bar{n}} * s_{ESt,GewSt} * RBF_{nachsch.}}{SU^{vorl.ErgBil} * d}} \tag{5-37}$$

Formel (5-37) berücksichtigt den Einfluss der Ergänzungsbilanzabschreibungen auf die bei Aufgabe der Gesellschafterstellung entstehende Veräußerungsgewinnbesteuerung jedoch noch nicht. Diese Problematik bildet den Gegenstand des folgenden Abschnitts.

5.5.2 Besonderheiten bei Einbeziehung der erhöhten Veräußerungsgewinnbesteuerung

Bei der gewerbesteuerlichen Belastung des Veräußerungsgewinns sind Besonderheiten zu beachten. Da der Veräußerungsgewinn bei natürlichen Personen als Anteilseigner nicht der Gewerbesteuer unterliegt,[443] führt die Verwendung eines kombinierten Steuersatzes zur Einbeziehung einer überhöhten Gewerbesteuerbelastung. Daher gilt im Falle einer natürlichen Person als Anteilseigner:

---

443 Insofern es sich nicht um partielle Anteilsveräußerungen handelt; vgl. Abschnitt 2.2.3.

$$TAB^{ErgBil,VG,GewSt} = \frac{\frac{SU^{vorl.ErgBil} * d}{\bar{n}} * RBF_{nachsch.} * s_{ESt,GewSt} - \frac{SU^{vorl.ErgBil} * d}{(1+z)^{n_{HD}}} * s_{ESt_{VG}}}{1 - \frac{\frac{SU^{vorl.ErgBil} * d}{\bar{n}} * s_{ESt,GewSt} * RBF_{nachsch.} - \frac{SU^{vorl.ErgBil} * d}{(1+z)^{n_{HD}}} * s_{ESt_{VG}}}{SU^{vorl.ErgBil} * d}} \quad (5\text{-}38)$$

mit $TAB^{ErgBil,VG,GewSt}$ = Tax Amortisation Benefit bzw. Steuervorteil, resultierend aus der Abschreibungsfähigkeit der in der Ergänzungsbilanz enthaltenen Wirtschaftsgüter unter Einbeziehung einer erhöhten Veräußerungsgewinnbesteuerung und unter Einbeziehung von Gewerbesteuereffekten

Handelt es sich beim Anteilseigner nicht um eine natürliche Person, so kann unter der Voraussetzung $s_{ESt_{const.}} = s_{ESt_{VG}}$ Formel (5-32) angepasst werden und ändert sich zu:

$$TAB^{ErgBil,VG} = \frac{s_{ESt,GewSt} * \left[\frac{SU^{vorl.ErgBil} * d * RBF_{nachsch.}}{\bar{n}} - \frac{SU^{vorl.ErgBil} * d}{(1+z)^{n_{HD}}}\right]}{1 - \frac{s_{ESt,GewSt} * \left[\frac{SU^{vorl.ErgBil} * d * RBF_{nachsch.}}{\bar{n}} - \frac{SU^{vorl.ErgBil} * d}{(1+z)^{n_{HD}}}\right]}{SU^{vorl.ErgBil} * d}} \quad (5\text{-}39)$$

5.6 Relevanz der Aufstockungsmethode

5.6.1 Auswirkungen auf den Unternehmenswert

Bereits im Rahmen der Ausführungen zum Vergleich der beiden möglichen Lösungsansätze des Endogenitätsproblems[444] sowie im Zusammenhang mit der Bestimmung von $\bar{n}$[445] und d[446] wurde angemerkt, dass sich – in Abhängigkeit von der gewählten Aufstockungsmethode – sowohl die Quote des abschreibungsfähigen Aufstockungsvolumens als auch das Verhältnis der Aufstockungsbeträge unterscheiden kann, und zwar nach den beiden Situationen vor Einbeziehung des TAB und nach Einbeziehung des TAB in den

444 Vgl. Abschnitt 5.2.4.
445 Vgl. Abschnitt 5.3.2.
446 Vgl. Abschnitt 5.3.3.4.

Unternehmenswert. Indem annahmegemäß davon ausgegangen wurde, dass die Gleichverteilungstheorie zur Anwendung kommt, wurde dieses Teilproblem bisher vernachlässigt. Aus der Sicht des Anteilseigners kann eine andere Aufstockungsmethode jedoch im Einzelfall zu einem positiveren Ergebnis führen, weshalb der Anteilseigner sich für diejenige Aufstockungsmethode entscheiden wird, die für ihn am vorteilhaftesten ist. Eine generelle Aussage zur Vorteilhaftigkeit der unterschiedlichen Aufstockungsmethoden kann nicht getroffen werden,[447] vielmehr ist diese Wahl nach den Gegebenheiten des Einzelfalls zu treffen.

Eine Ausweitung des formalen Lösungsansatzes um den Einfluss aus der Aufstockungsmethode birgt ein hohes Maß an Komplexität, so dass stattdessen im Folgenden der Versuch unternommen wird, sowohl die Methodik der unterschiedlichen Aufstockungsmethoden, als auch deren Auswirkungen auf den TAB durch Ausweitung des iterativen Lösungsansatzes und anhand von Beispielrechnungen zu verdeutlichen.

Die Aufstockung der in der Gesamthandsbilanz erfassten Wirtschaftsgüter durch Bildung einer Ergänzungsbilanz kann nach unterschiedlichen Methoden erfolgen: nach der einfachen Stufentheorie, der modifizierten Stufentheorie und der Gleichverteilungstheorie.[448]

Dem Beispielfall, der sowohl Effekte aus der Einbeziehung der Gewerbesteuer sowie des Veräußerungsgewinns vernachlässigt, liegt ein Kapitalisierungszinssatz von 10% und ein Einkommensteuersatz von 35 % zugrunde. Daneben wird nach den drei erforderlichen Gruppen von Wirtschaftsgütern[449] unterschieden und in den einzelnen Gruppen werden Klassen von Wirtschaftsgütern mit identischer Nutzungsdauer gebildet, denen sodann beliebige Restbuchwerte und Teilwerte zugeordnet werden.

---

[447] Adolf, in: Brück/Sinewe, Unternehmenskauf, S. 162.

[448] Zu den Aufstockungsmethoden vgl. Abschnitt 2.1.4.2 m.w.N.

[449] Hierbei handelt es sich erstens um bereits in der Gesamthandsbilanz bilanzierte Wirtschaftsgüter, zweitens um bisher nicht in der Gesamthand erfasste Wirtschaftsgüter (z.B. selbsterstellte immaterielle Vermögensgegenstände des Anlagevermögens) und um den Geschäfts- oder Firmenwert.

Im ersten Beispiel (Beispiel A) sind (spätestens) im letzten Iterationsschritt alle drei Gruppen erforderlich, um die sich ergebenden stillen Reserven zu verteilen. Daher ist das (abschließende) Aufstockungsvolumen der dritten Gruppe (Geschäfts- oder Firmenwert) bei der einfachen Stufentheorie und der modifizierten Stufentheorie identisch. Bei der Gleichverteilungstheorie ergibt sich hingegen ein Unterschied, weil hier der Geschäfts- oder Firmenwert von Beginn an aufgestockt wird.

Im Ergebnis führt dies dazu, dass sich bei der einfachen Stufentheorie und bei der modifizierten Stufentheorie ein Unternehmenswert einschließlich des ergänzungsbilanzbedingten Steuervorteils i.H.v. 5.865,04 € (vgl. Abbildung 21 und Abbildung 22) ergibt; bei der Gleichverteilungstheorie beträgt er jedoch 5.849,85 € (vgl. Abbildung 23), woraus allerdings nicht die generelle Aussage abzuleiten ist, dass die Gleichverteilungstheorie zu einem niedrigeren Unternehmenswert führt. Geht man jedoch davon aus, dass die Abschreibungsdauer der Gruppen 1 und 2 im Mittel unterhalb der 15-jährigen Abschreibungsdauer des Geschäfts- oder Firmenwertes liegt, so ist die Stufentheorie von Vorteil.

	Nutz.-dauer	Buch-wert absolut	Teil-wert absolut	stille Reserven absolut	stille Reserven relativ	Schritt 1 vorläufiger Step Up	Schritt 1 Barwert der AfA	Schritt 2 vorläufiger Step Up	Schritt 2 Barwert der AfA	Schritt 3 vorläufiger Step Up	Schritt 3 Barwert der AfA	Schritt 4 vorläufiger Step Up	Schritt 4 Barwert der AfA	Schritt 5 vorläufiger Step Up	Schritt 5 Barwert der AfA	Schritt 6 vorläufiger Step Up	Schritt 6 Barwert der AfA
Gruppe 1	0	400	700	300	9,1%	272,73		300,00		300,00		300,00		300,00		300,00	
	1	600	1.500	900	27,3%	818,18	743,80	900,00	818,18	900,00	818,18	900,00	818,18	900,00	818,18	900,00	818,18
	3	100	800	700	21,2%	636,36	527,51	700,00	580,27	700,00	580,27	700,00	580,27	700,00	580,27	700,00	580,27
	12	650	1.100	450	13,6%	409,09	232,28	450,00	255,51	450,00	255,51	450,00	255,51	450,00	255,51	450,00	255,51
	17	1	650	649	19,7%	590,00	278,40	649,00	306,23	649,00	306,23	649,00	306,23	649,00	306,23	649,00	306,23
	18	50	100	50	1,5%	45,45	20,71	50,00	22,78	50,00	22,78	50,00	22,78	50,00	22,78	50,00	22,78
	20	200	451	251	7,6%	228,18	97,13	251,00	106,85	251,00	106,85	251,00	106,85	251,00	106,85	251,00	106,85
Zwischensumme		*2.001*	*5.301*	*3.300*	*100,0%*	*3.000,00*	*1.899,84*	*3.300,00*	*2.089,82*	*3.300,00*	*2.089,82*	*3.300,00*	*2.089,82*	*3.300,00*	*2.089,82*	*3.300,00*	*2.089,82*
Gruppe 2	1	0	100	100	18,9%			68,86	62,60	97,35	88,50	100,00	90,91	100,00	90,91	100,00	90,91
	2	0	10	10	1,9%			6,89	5,98	9,74	8,45	10,00	8,68	10,00	8,68	10,00	8,68
	3	0	40	40	7,5%			27,54	22,83	38,94	32,28	40,00	33,16	40,00	33,16	40,00	33,16
	4	0	10	10	1,9%			6,89	5,46	9,74	7,71	10,00	7,92	10,00	7,92	10,00	7,92
	12	0	370	370	69,8%			254,77	144,66	360,21	204,53	370,00	210,09	370,00	210,09	370,00	210,09
Zwischensumme		*0*	*530*	*530*	*100,0%*			*364,94*	*241,52*	*515,97*	*341,47*	*530,00*	*350,76*	*530,00*	*350,76*	*530,00*	*350,76*
Gruppe 3 (GoF)	15	0	200	200								20,95	19,05	30,87	28,07	34,02	30,93
Summe Gruppe 1-3		*2.001,00*	*6.031,00*	*4.030,00*		*3.000,00*	*1.899,84*	*3.664,94*	*2.331,34*	*3.815,97*	*2.431,30*	*3.850,95*	*2.459,63*	*3.860,87*	*2.468,65*	*3.864,02*	*2.471,51*
Unternehmenswert vorläufig					5.000,00		5.000,00		5.000,00		5.000,00		5.000,00		5.000,00		5.000,00
TAB aus diesem Schritt							664,94		815,97		850,95		860,87		864,03		865,04
Unternehmenswert inkl. TAB					5.000,00		5.664,94		5.815,97		5.850,95		5.860,87		5.864,03		5.865,04
Übernommenes Kapitalkonto					2.000,00		2.000,00		2.000,00		2.000,00		2.000,00		2.000,00		
zu verteilendes Aufstockungsvolumen					3.000,00		3.664,94		3.815,97		3.850,95		3.860,87		3.864,03		

Abbildung 21: Aufstockung in der Ergänzungsbilanz nach der einfachen Stufentheorie und Auswirkungen auf den TAB (Beispiel A)

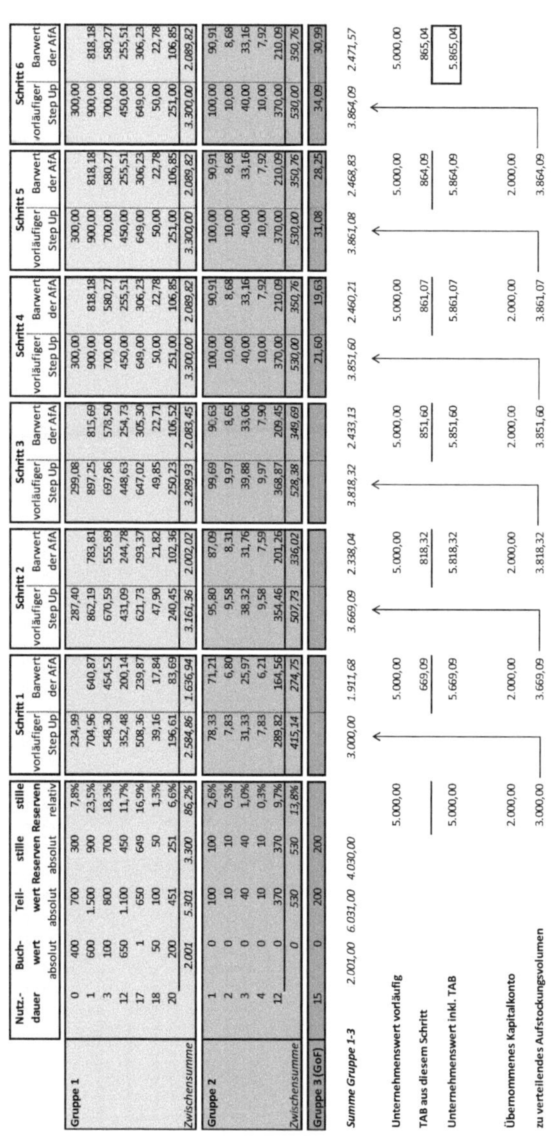

	Nutz.-dauer	Buch-wert absolut	Teil-wert absolut	stille Reserven absolut	stille Reserven relativ	Schritt 1 vorläufiger Step Up	Schritt 1 Barwert der AfA	Schritt 2 vorläufiger Step Up	Schritt 2 Barwert der AfA	Schritt 3 vorläufiger Step Up	Schritt 3 Barwert der AfA	Schritt 4 vorläufiger Step Up	Schritt 4 Barwert der AfA	Schritt 5 vorläufiger Step Up	Schritt 5 Barwert der AfA	Schritt 6 vorläufiger Step Up	Schritt 6 Barwert der AfA
Gruppe 1	0	400	700	300	7,8%	234,99		287,40		299,08		300,00		300,00		300,00	
	1	600	1.500	900	23,5%	704,96	640,87	862,19	783,81	897,25	815,69	900,00	818,18	900,00	818,18	900,00	818,18
	3	100	800	700	18,3%	548,30	454,52	670,59	555,89	697,86	578,50	700,00	580,27	700,00	580,27	700,00	580,27
	12	650	1.100	450	11,7%	352,48	200,14	431,09	244,78	448,63	254,73	450,00	255,51	450,00	255,51	450,00	255,51
	17	1	650	649	16,9%	508,36	239,87	621,73	293,37	647,02	305,30	649,00	306,23	649,00	306,23	649,00	306,23
	18	50	100	50	1,3%	39,16	17,84	47,90	21,82	49,85	22,71	50,00	22,78	50,00	22,78	50,00	22,78
	20	200	451	251	6,6%	196,61	83,69	240,45	102,36	250,23	106,52	251,00	106,85	251,00	106,85	251,00	106,85
Zwischensumme		*2.001*	*5.301*	*3.300*	*86,2%*	*2.584,86*	*1.636,94*	*3.161,36*	*2.002,02*	*3.289,93*	*2.083,45*	*3.300,00*	*2.089,82*	*3.300,00*	*2.089,82*	*3.300,00*	*2.089,82*
Gruppe 2	1	0	100	100	2,6%	78,33	71,21	95,80	87,09	99,69	90,63	100,00	90,91	100,00	90,91	100,00	90,91
	2	0	10	10	0,3%	7,83	6,80	9,58	8,31	9,97	8,65	10,00	8,68	10,00	8,68	10,00	8,68
	3	0	40	40	1,0%	31,33	25,97	38,32	31,76	39,88	33,06	40,00	33,16	40,00	33,16	40,00	33,16
	4	0	10	10	0,3%	7,83	6,21	9,58	7,59	9,97	7,90	10,00	7,92	10,00	7,92	10,00	7,92
	12	0	370	370	9,7%	289,82	164,56	354,46	201,26	368,87	209,45	370,00	210,09	370,00	210,09	370,00	210,09
Zwischensumme		*0*	*530*	*530*	*13,8%*	*415,14*	*274,75*	*507,73*	*336,02*	*528,38*	*349,69*	*530,00*	*350,76*	*530,00*	*350,76*	*530,00*	*350,76*
Gruppe 3 (GoF)	15	0	200	200								21,60	19,63	31,08	28,25	34,09	30,99
Summe Gruppe 1-3		*2.001,00*	*6.031,00*	*4.030,00*		*3.000,00*	*1.911,68*	*3.669,09*	*2.338,04*	*3.818,32*	*2.433,13*	*3.851,60*	*2.460,21*	*3.861,08*	*2.468,83*	*3.864,09*	*2.471,57*
Unternehmenswert vorläufig					5.000,00		5.000,00		5.000,00		5.000,00		5.000,00		5.000,00		5.000,00
TAB aus diesem Schritt							669,09		818,32		851,60		861,07		864,09		865,04
Unternehmenswert inkl. TAB					5.000,00		5.669,09		5.818,32		5.851,60		5.861,07		5.864,09		5.865,04
Übernommenes Kapitalkonto					2.000,00		2.000,00		2.000,00		2.000,00		2.000,00		2.000,00		
zu verteilendes Aufstockungsvolumen					3.000,00		3.669,09		3.818,32		3.851,60		3.861,07		3.864,09		

Abbildung 22: **Aufstockung in der Ergänzungsbilanz nach der modifizierten Stufentheorie und Auswirkungen auf den TAB (Beispiel A)**

	Nutz.-dauer	Buch-wert absolut	Teil-wert absolut	stille Reserven absolut	stille Reserven relativ	Schritt 1 vorläufiger Step Up	Schritt 1 Barwert der AfA	Schritt 2 vorläufiger Step Up	Schritt 2 Barwert der AfA	Schritt 3 vorläufiger Step Up	Schritt 3 Barwert der AfA	Schritt 4 vorläufiger Step Up	Schritt 4 Barwert der AfA	Schritt 5 vorläufiger Step Up	Schritt 5 Barwert der AfA	Schritt 6 vorläufiger Step Up	Schritt 6 Barwert der AfA
Gruppe 1	0	400	700	300	7,4%	223,33		272,63		283,51		285,92		286,45		286,56	
	1	600	1.500	900	22,3%	669,98	609,07	817,88	743,53	850,54	773,22	857,75	779,77	859,34	781,22	859,69	781,54
	3	100	800	700	17,4%	521,09	431,96	636,13	527,32	661,53	548,38	667,14	553,02	668,37	554,05	668,65	554,28
	12	650	1.100	450	11,2%	334,99	190,21	408,94	232,20	425,27	241,47	428,87	243,52	429,67	243,97	429,85	244,07
	17	1	650	649	16,1%	483,13	227,97	589,79	278,29	613,33	289,40	618,53	291,86	619,68	292,40	619,93	292,52
	18	50	100	50	1,2%	37,22	16,96	45,44	20,70	47,25	21,53	47,65	21,71	47,74	21,75	47,76	21,76
	20	200	451	251	6,2%	186,85	79,54	228,10	97,10	237,21	100,97	239,22	101,83	239,66	102,02	239,76	102,06
Zwischensumme		*2.001*	*5.301*	*3.300*	*81,9%*	*2.456,58*	*1.555,70*	*2.998,91*	*1.899,15*	*3.118,64*	*1.974,97*	*3.145,07*	*1.991,71*	*3.150,91*	*1.995,41*	*3.152,20*	*1.996,22*
Gruppe 2	1	0	100	100	2,5%	74,44	67,67	90,88	82,61	94,50	85,91	95,31	86,64	95,48	86,80	95,52	86,84
	2	0	10	10	0,2%	7,44	6,46	9,09	7,89	9,45	8,20	9,53	8,27	9,55	8,29	9,55	8,29
	3	0	40	40	1,0%	29,78	24,68	36,35	30,13	37,80	31,34	38,12	31,60	38,19	31,66	38,21	31,67
	4	0	10	10	0,2%	7,44	5,90	9,09	7,20	9,45	7,49	9,53	7,55	9,55	7,57	9,55	7,57
	12	0	370	370	9,2%	275,43	156,39	336,24	190,92	349,67	198,54	352,63	200,23	353,28	200,60	353,43	200,68
Zwischensumme		*0*	*530*	*530*	*13,2%*	*394,54*	*261,11*	*481,64*	*318,76*	*500,87*	*331,48*	*505,12*	*334,29*	*506,06*	*334,91*	*506,26*	*335,05*
Gruppe 3 (GoF)	15	0	200	200	4,96%	148,88	75,49	181,75	92,16	189,01	95,84	190,61	96,65	190,96	96,83	191,04	96,87
Summe Gruppe 1-3		*2.001,00*	*6.031,00*	*4.030,00*		*3.000,00*	*1.892,30*	*3.662,31*	*2.310,07*	*3.808,52*	*2.402,29*	*3.840,80*	*2.422,66*	*3.847,93*	*2.427,15*	*3.849,50*	*2.428,14*

		Schritt 1	Schritt 2	Schritt 3	Schritt 4	Schritt 5	Schritt 6
Unternehmenswert vorläufig	5.000,00	5.000,00	5.000,00	5.000,00	5.000,00	5.000,00	5.000,00
TAB aus diesem Schritt		662,31	808,52	840,80	847,93	849,50	849,85
Unternehmenswert inkl. TAB	5.000,00	5.662,31	5.808,52	5.840,80	5.847,93	5.849,50	5.849,85
Übernommenes Kapitalkonto	2.000,00	2.000,00	2.000,00	2.000,00	2.000,00	2.000,00	
zu verteilendes Aufstockungsvolumen	3.000,00	3.662,31	3.808,52	3.840,80	3.847,93	3.849,50	

Abbildung 23: Aufstockung in der Ergänzungsbilanz nach der Gleichverteilungstheorie und Auswirkungen auf den TAB (Beispiel A)

Die in den Abschnitten 5.3.2 und 5.3.3.4 thematisierte Änderung von $\bar{n}$ und d lässt sich ebenso für das Beispiel isoliert berechnen. Die Ergebnisse für d sind aus Abbildung 24, die Ergebnisse für $\bar{n}$ aus Abbildung 25 ersichtlich.

	Iterationsschritt					
	Nr. 1	**Nr. 2**	**Nr. 3**	**Nr. 4**	**Nr. 5**	**Nr. 6**
einfache Stufentheorie	90,91%	91,81%	92,14%	92,21%	92,23%	92,24%
modifizierte Stufentheorie	92,17%	92,17%	92,17%	92,21%	92,23%	92,24%
Gleichverteilungstheorie	92,56%	92,56%	92,56%	92,56%	92,56%	92,56%

Abbildung 24: Entwicklung der Quote des abschreibungsfähigen Step Up in Abhängigkeit von der Aufstockungsmethode

	Iterationsschritt					
	Nr. 1	**Nr. 2**	**Nr. 3**	**Nr. 4**	**Nr. 5**	**Nr. 6**
einfache Stufentheorie	9,25	9,14	9,11	9,05	9,02	9,01
modifizierte Stufentheorie	9,10	9,10	9,10	9,06	9,02	9,01
Gleichverteilungstheorie	9,35	9,35	9,35	9,35	9,35	9,35

Abbildung 25: Entwicklung der mittleren Nutzungsdauer in Abhängigkeit von der Aufstockungsmethode

Mit Ausnahme der Feststellung, dass bei Anwendung der Gleichverteilungstheorie der Anteil des Abschreibungsvolumens am Step Up auf Basis des vorläufigen Unternehmenswerts und des endgültigen Unternehmenswerts identisch ist, ist aus den in Abbildung 24 und Abbildung 25 gemachten Aussagen keine Allgemeingültigkeit abzuleiten, weil sich bei anderen Werten eine abweichende Entwicklung ergeben kann.

Im zweiten Beispiel (Beispiel B) wird c.p. ein niedrigerer vorläufiger Unternehmenswert i.H.v. 4.500 € gewählt (Abbildung 26, Abbildung 27, Abbildung 28), so dass das Aufstockungsvolumen geringer ausfällt und eine Verteilung der im letzten Iterationsschritt vorhandenen stillen Reserven ausschließlich auf die Wirtschaftsgüter der Gruppen 1 und 2 realisierbar ist. Zu erkennen ist, dass nun der Unternehmenswert auch in den Gruppen 1 und 2 divergiert.

	Nutz.-dauer	Buch-wert absolut	Teil-wert absolut	stille Reserven absolut	stille Reserven relativ	Schritt 1 vorläufiger Step Up	Schritt 1 Barwert der AfA	Schritt 2 vorläufiger Step Up	Schritt 2 Barwert der AfA	Schritt 3 vorläufiger Step Up	Schritt 3 Barwert der AfA	Schritt 4 vorläufiger Step Up	Schritt 4 Barwert der AfA	Schritt 5 vorläufiger Step Up	Schritt 5 Barwert der AfA	Schritt 6 vorläufiger Step Up	Schritt 6 Barwert der AfA
Gruppe 1	0	400	700	300	9,1%	227,27		277,65		288,81		291,29		291,84		291,96	
	1	600	1.500	900	27,3%	681,82	619,83	832,94	757,22	866,44	787,67	873,86	794,42	875,51	795,92	875,87	796,25
	3	100	800	700	21,2%	530,30	439,60	647,84	537,03	673,90	558,63	679,67	563,41	680,95	564,47	681,23	564,71
	12	650	1.100	450	13,6%	340,91	193,57	416,47	236,48	433,22	245,99	436,93	248,09	437,75	248,56	437,94	248,66
	17	1	650	649	19,7%	491,67	232,00	600,64	283,42	624,80	294,81	630,15	297,34	631,34	297,90	631,60	298,02
	18	50	100	50	1,5%	37,88	17,26	46,27	21,08	48,14	21,93	48,55	22,12	48,64	22,16	48,66	22,17
	20	200	451	251	7,6%	190,15	80,94	232,30	98,88	241,64	102,86	243,71	103,74	244,17	103,94	244,27	103,98
Zwischensumme		*2.001*	*5.301*	*3.300*	*100,0%*	*2.500,00*	*1.583,20*	*3.054,12*	*1.934,11*	*3.176,94*	*2.011,89*	*3.204,16*	*2.029,13*	*3.210,20*	*2.032,95*	*3.211,53*	*2.033,80*
Gruppe 2	1	0	100	100	18,9%												
	2	0	10	10	1,9%												
	3	0	40	40	7,5%												
	4	0	10	10	1,9%												
	12	0	370	370	69,8%												
Zwischensumme		*0*	*530*	*530*	*100,0%*												
Gruppe 3 (GoF)	15	0	200	200													
Summe Gruppe 1-3		*2.001,00*	*6.031,00*	*4.030,00*		*2.500,00*	*1.583,20*	*3.054,12*	*1.934,11*	*3.176,94*	*2.011,89*	*3.204,16*	*2.029,13*	*3.210,20*	*2.032,95*	*3.211,53*	*2.033,80*
Unternehmenswert vorläufig					4.500,00		4.500,00		4.500,00		4.500,00		4.500,00		4.500,00		4.500,00
TAB aus diesem Schritt							554,12		676,94		704,16		710,20		711,53		711,83
Unternehmenswert inkl. TAB					4.500,00		5.054,12		5.176,94		5.204,16		5.210,20		5.211,53		5.211,83
Übernommenes Kapitalkonto					2.000,00		2.000,00		2.000,00		2.000,00		2.000,00		2.000,00		
zu verteilendes Aufstockungsvolumen					2.500,00		3.054,12		3.176,94		3.204,16		3.210,20		3.211,53		

Abbildung 26: Aufstockung in der Ergänzungsbilanz nach der einfachen Stufentheorie und Auswirkungen auf den TAB (Beispiel B)

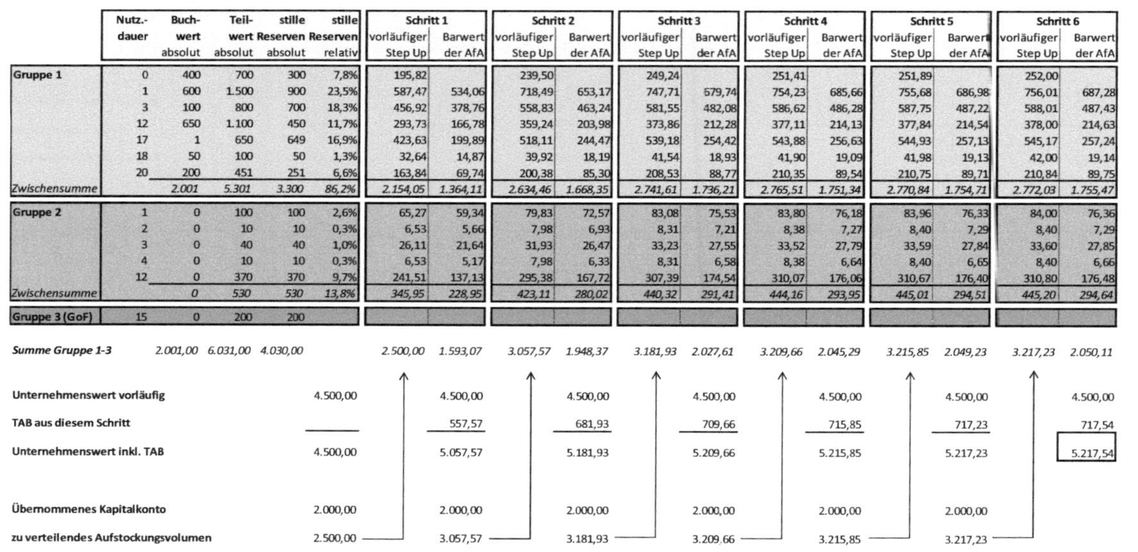

	Nutz.-dauer	Buchwert absolut	Teilwert absolut	stille Reserven absolut	stille Reserven relativ	Schritt 1 vorläufiger Step Up	Schritt 1 Barwert der AfA	Schritt 2 vorläufiger Step Up	Schritt 2 Barwert der AfA	Schritt 3 vorläufiger Step Up	Schritt 3 Barwert der AfA	Schritt 4 vorläufiger Step Up	Schritt 4 Barwert der AfA	Schritt 5 vorläufiger Step Up	Schritt 5 Barwert der AfA	Schritt 6 vorläufiger Step Up	Schritt 6 Barwert der AfA
Gruppe 1	0	400	700	300	7,8%	195,82		239,50		249,24		251,41		251,89		252,00	
	1	600	1.500	900	23,5%	587,47	534,06	718,49	653,17	747,71	679,74	754,23	685,66	755,68	686,98	756,01	687,28
	3	100	800	700	18,3%	456,92	378,76	558,83	463,24	581,55	482,08	586,62	486,28	587,75	487,22	588,01	487,43
	12	650	1.100	450	11,7%	293,73	166,78	359,24	203,98	373,86	212,28	377,11	214,13	377,84	214,54	378,00	214,63
	17	1	650	649	16,9%	423,63	199,89	518,11	244,47	539,18	254,42	543,88	256,63	544,93	257,13	545,17	257,24
	18	50	100	50	1,3%	32,64	14,87	39,92	18,19	41,54	18,93	41,90	19,09	41,98	19,13	42,00	19,14
	20	200	451	251	6,6%	163,84	69,74	200,38	85,30	208,53	88,77	210,35	89,54	210,75	89,71	210,84	89,75
Zwischensumme		*2.001*	*5.301*	*3.300*	*86,2%*	*2.154,05*	*1.364,11*	*2.634,46*	*1.668,35*	*2.741,61*	*1.736,21*	*2.765,51*	*1.751,34*	*2.770,84*	*1.754,71*	*2.772,03*	*1.755,47*
Gruppe 2	1	0	100	100	2,6%	65,27	59,34	79,83	72,57	83,08	75,53	83,80	76,18	83,96	76,33	84,00	76,36
	2	0	10	10	0,3%	6,53	5,66	7,98	6,93	8,31	7,21	8,38	7,27	8,40	7,29	8,40	7,29
	3	0	40	40	1,0%	26,11	21,64	31,93	26,47	33,23	27,55	33,52	27,79	33,59	27,84	33,60	27,85
	4	0	10	10	0,3%	6,53	5,17	7,98	6,33	8,31	6,58	8,38	6,64	8,40	6,65	8,40	6,66
	12	0	370	370	9,7%	241,51	137,13	295,38	167,72	307,39	174,54	310,07	176,06	310,67	176,40	310,80	176,48
Zwischensumme		*0*	*530*	*530*	*13,8%*	*345,95*	*228,95*	*423,11*	*280,02*	*440,32*	*291,41*	*444,16*	*293,95*	*445,01*	*294,51*	*445,20*	*294,64*
Gruppe 3 (GoF)	15	0	200	200													
Summe Gruppe 1-3		*2.001,00*	*6.031,00*	*4.030,00*		*2.500,00*	*1.593,07*	*3.057,57*	*1.948,37*	*3.181,93*	*2.027,61*	*3.209,66*	*2.045,29*	*3.215,85*	*2.049,23*	*3.217,23*	*2.050,11*
Unternehmenswert vorläufig					4.500,00		4.500,00		4.500,00		4.500,00		4.500,00		4.500,00		4.500,00
TAB aus diesem Schritt							557,57		681,93		709,66		715,85		717,23		717,54
Unternehmenswert inkl. TAB					4.500,00		5.057,57		5.181,93		5.209,66		5.215,85		5.217,23		5.217,54
Übernommenes Kapitalkonto					2.000,00		2.000,00		2.000,00		2.000,00		2.000,00		2.000,00		
zu verteilendes Aufstockungsvolumen					2.500,00		3.057,57		3.181,93		3.209,66		3.215,85		3.217,23		

Abbildung 27: **Aufstockung in der Ergänzungsbilanz nach der modifizierten Stufentheorie und Auswirkungen auf den TAB (Beispiel B)**

	Nutz.-dauer	Buchwert absolut	Teilwert absolut	stille Reserven absolut	stille Reserven relativ	Schritt 1 vorläufiger Step Up	Schritt 1 Barwert der AfA	Schritt 2 vorläufiger Step Up	Schritt 2 Barwert der AfA	Schritt 3 vorläufiger Step Up	Schritt 3 Barwert der AfA	Schritt 4 vorläufiger Step Up	Schritt 4 Barwert der AfA	Schritt 5 vorläufiger Step Up	Schritt 5 Barwert der AfA	Schritt 6 vorläufiger Step Up	Schritt 6 Barwert der AfA
Gruppe 1	0	400	700	300	7,4%	186,10		227,19		236,26		238,26		238,71		238,80	
	1	600	1.500	900	22,3%	558,31	507,56	681,57	619,61	708,78	644,35	714,79	649,81	716,12	651,01	716,41	651,28
	3	100	800	700	17,4%	434,24	359,97	530,11	439,44	551,28	456,98	555,95	460,85	556,98	461,71	557,21	461,90
	12	650	1.100	450	11,2%	279,16	158,51	340,79	193,50	354,39	201,23	357,39	202,93	358,06	203,31	358,20	203,39
	17	1	650	649	16,1%	402,61	189,97	491,49	231,91	511,11	241,17	515,44	243,21	516,40	243,67	516,61	243,77
	18	50	100	50	1,2%	31,02	14,13	37,87	17,25	39,38	17,94	39,71	18,09	39,78	18,13	39,80	18,13
	20	200	451	251	6,2%	155,71	66,28	190,08	80,91	197,67	84,14	199,35	84,86	199,72	85,02	199,80	85,05
Zwischensumme		*2.001*	*5.301*	*3.300*	*81,9%*	*2.047,15*	*1.296,42*	*2.499,09*	*1.582,62*	*2.598,87*	*1.645,81*	*2.620,90*	*1.659,76*	*2.625,76*	*1.662,84*	*2.626,83*	*1.663,52*
Gruppe 2	1	0	100	100	2,5%	62,03	56,40	75,73	68,85	78,75	71,59	79,42	72,20	79,57	72,33	79,60	72,36
	2	0	10	10	0,2%	6,20	5,38	7,57	6,57	7,88	6,83	7,94	6,89	7,96	6,90	7,96	6,91
	3	0	40	40	1,0%	24,81	20,57	30,29	25,11	31,50	26,11	31,77	26,33	31,83	26,38	31,84	26,39
	4	0	10	10	0,2%	6,20	4,92	7,57	6,00	7,88	6,24	7,94	6,29	7,96	6,31	7,96	6,31
	12	0	370	370	9,2%	229,53	130,33	280,20	159,10	291,39	165,45	293,86	166,85	294,40	167,16	294,52	167,23
Zwischensumme		*0*	*530*	*530*	*13,2%*	*328,78*	*217,59*	*401,37*	*265,63*	*417,39*	*276,23*	*420,93*	*278,58*	*421,71*	*279,09*	*421,89*	*279,21*
Gruppe 3 (GoF)	15	0	200	200	4,96%	124,07	62,91	151,46	76,80	157,51	79,87	158,84	80,54	159,14	80,69	159,20	80,73
Summe Gruppe 1-3		*2.001,00*	*6.031,00*	*4.030,00*		*2.500,00*	*1.576,92*	*3.051,92*	*1.925,05*	*3.173,77*	*2.001,91*	*3.200,67*	*2.018,88*	*3.206,61*	*2.022,63*	*3.207,92*	*2.023,45*
Unternehmenswert vorläufig					4.500,00		4.500,00		4.500,00		4.500,00		4.500,00		4.500,00		4.500,00
TAB aus diesem Schritt							551,92		673,77		700,67		706,61		707,92		708,21
Unternehmenswert inkl. TAB					4.500,00		5.051,92		5.173,77		5.200,67		5.206,61		5.207,92		5.208,21
Übernommenes Kapitalkonto					2.000,00		2.000,00		2.000,00		2.000,00		2.000,00		2.000,00		
zu verteilendes Aufstockungsvolumen					2.500,00		3.051,92		3.173,77		3.200,67		3.206,61		3.207,92		

Abbildung 28: **Aufstockung in der Ergänzungsbilanz nach der Gleichverteilungstheorie und Auswirkungen auf den TAB (Beispiel B)**

5.6.2 Auswirkungen bei Einbeziehung der Veräußerungsgewinnbesteuerung und der Gewerbesteuer

Das im vorherigen Abschnitt vorgestellte Beispiel lässt sich zusätzlich um die Auswirkungen der Veräußerungsgewinnbesteuerung und der Gewerbesteuer erweitern. Ausgehend von einer natürlichen Person als Anteilseigner soll der Einkommensteuersatz $s_{ESt_{const.}}$ wie zuvor 35 % betragen. Bezieht man zusätzlich die Gewerbesteuer ein, so ergibt sich annahmegemäß ein kombinierter Steuersatz $s_{ESt,GewSt}$ i.H.v. 40 %. Dies impliziert einen Gewerbesteuerhebesatz von rd. 523 %.

Zur Veranschaulichung erfolgt die Einbeziehung der Veräußerungsgewinnbesteuerung und der Gewerbesteuer aufbauend auf dem im vorherigen Abschnitt dargestellten Beispiel A bei Verwendung der einfachen Stufentheorie. Auf die Darstellung der alternativen Aufstockungsmethoden kann verzichtet werden, da die Auswirkungen auf das folgende Beispiel (vgl. Abbildung 29) übertragbar sind.

Vergleicht man die hinsichtlich ihrer Eingangsdaten identischen Beispiele, so erkennt man in Abbildung 29 im Vergleich zu Abbildung 23 einen erhöhten Unternehmenswert (+ 42,18 €). Diese Erhöhung entsteht einerseits durch die Berücksichtigung der Gewerbesteuerbelastung und die damit verbundene Verwendung des höheren Steuersatzes. Andererseits wirken sich die Auswirkungen aus der Einbeziehung der Veräußerungsgewinnbesteuerung gegenläufig aus.

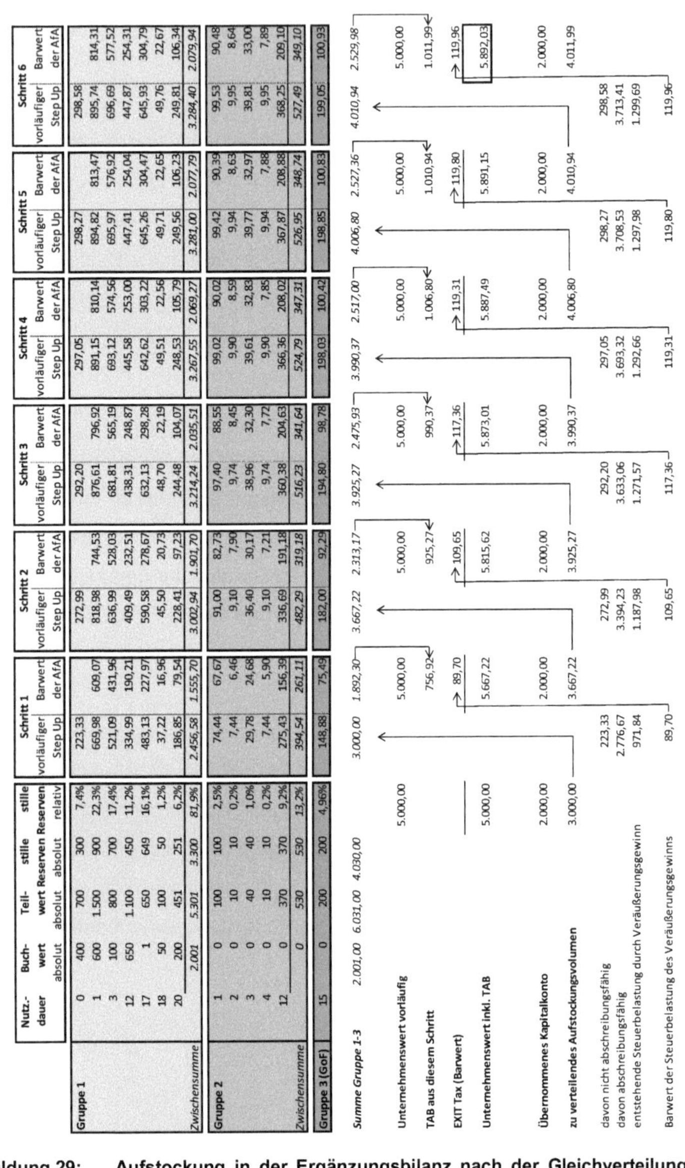

	Nutz.-dauer	Buchwert absolut	Teilwert absolut	stille Reserven absolut	stille Reserven relativ	Schritt 1 vorläufiger Step Up	Schritt 1 Barwert der AfA	Schritt 2 vorläufiger Step Up	Schritt 2 Barwert der AfA	Schritt 3 vorläufiger Step Up	Schritt 3 Barwert der AfA	Schritt 4 vorläufiger Step Up	Schritt 4 Barwert der AfA	Schritt 5 vorläufiger Step Up	Schritt 5 Barwert der AfA	Schritt 6 vorläufiger Step Up	Schritt 6 Barwert der AfA
Gruppe 1	0	400	700	300	7,4%	223,33		272,99		292,20		297,05		298,27		298,58	
	1	600	1.500	900	22,3%	669,98	609,07	818,98	744,53	876,61	796,92	891,15	810,14	894,82	813,47	895,74	814,31
	3	100	800	700	17,4%	521,09	431,96	636,99	528,03	681,81	565,19	693,12	574,56	695,97	576,92	696,69	577,52
	12	650	1.100	450	11,2%	334,99	190,21	409,49	232,51	438,31	248,87	445,58	253,00	447,41	254,04	447,87	254,31
	17	1	650	649	16,1%	483,13	227,97	590,58	278,67	632,13	298,28	642,62	303,22	645,26	304,47	645,93	304,79
	18	50	100	50	1,2%	37,22	16,96	45,50	20,73	48,70	22,19	49,51	22,56	49,71	22,65	49,76	22,67
	20	200	451	251	6,2%	186,85	79,54	228,41	97,23	244,48	104,07	248,53	105,79	249,56	106,23	249,81	106,34
Zwischensumme		*2.001*	*5.301*	*3.300*	*81,9%*	*2.456,58*	*1.555,70*	*3.002,94*	*1.901,70*	*3.214,24*	*2.035,51*	*3.267,55*	*2.069,27*	*3.281,00*	*2.077,79*	*3.284,40*	*2.079,94*
Gruppe 2	1	0	100	100	2,5%	74,44	67,67	91,00	82,73	97,40	88,55	99,02	90,02	99,42	90,39	99,53	90,48
	2	0	10	10	0,2%	7,44	6,46	9,10	7,90	9,74	8,45	9,90	8,59	9,94	8,63	9,95	8,64
	3	0	40	40	1,0%	29,78	24,68	36,40	30,17	38,96	32,30	39,61	32,83	39,77	32,97	39,81	33,00
	4	0	10	10	0,2%	7,44	5,90	9,10	7,21	9,74	7,72	9,90	7,85	9,94	7,88	9,95	7,89
	12	0	370	370	9,2%	275,43	156,39	336,69	191,18	360,38	204,63	366,36	208,02	367,87	208,88	368,25	209,10
Zwischensumme		*0*	*530*	*530*	*13,2%*	*394,54*	*261,11*	*482,29*	*319,18*	*516,23*	*341,64*	*524,79*	*347,31*	*526,95*	*348,74*	*527,49*	*349,10*
Gruppe 3 (GoF)	15	0	200	200	4,96%	148,88	75,49	182,00	92,29	194,80	98,78	198,03	100,42	198,85	100,83	199,05	100,93
Summe Gruppe 1-3		*2.001,00*	*6.031,00*	*4.030,00*		*3.000,00*	*1.892,30*	*3.667,22*	*2.313,17*	*3.925,27*	*2.475,93*	*3.990,37*	*2.517,00*	*4.006,80*	*2.527,36*	*4.010,94*	*2.529,98*
Unternehmenswert vorläufig					5.000,00		5.000,00		5.000,00		5.000,00		5.000,00		5.000,00		5.000,00
TAB aus diesem Schritt							756,92		925,27		990,37		1.006,80		1.010,94		1.011,99
EXIT Tax (Barwert)							89,70		109,65		117,36		119,31		119,80		119,96
Unternehmenswert inkl. TAB					5.000,00		5.667,22		5.815,62		5.873,01		5.887,49		5.891,15		5.892,03
Übernommenes Kapitalkonto					2.000,00		2.000,00		2.000,00		2.000,00		2.000,00		2.000,00		2.000,00
zu verteilendes Aufstockungsvolumen					3.000,00		3.667,22		3.925,27		3.990,37		4.006,80		4.010,94		4.011,99
davon nicht abschreibungsfähig						223,33		272,99		292,20		297,05		298,27		298,58	
davon abschreibungsfähig						2.776,67		3.394,23		3.633,06		3.693,32		3.708,53		3.713,41	
entstehende Steuerbelastung durch Veräußerungsgewinn						971,84		1.187,98		1.271,57		1.292,66		1.297,98		1.299,69	
Barwert der Steuerbelastung des Veräußerungsgewinns						89,70		109,65		117,36		119,31		119,80		119,96	

Abbildung 29: Aufstockung in der Ergänzungsbilanz nach der Gleichverteilungstheorie und Auswirkungen auf den TAB inkl. Gewerbesteuer und Veräußerungsgewinnbesteuerung

6 Sensitivitätsanalysen

Die Ausführungen in den beiden vorausgehenden Kapiteln zeigen deutlich, dass die Höhe des ergänzungsbilanzbedingten Steuervorteils von einer Vielzahl unterschiedlicher Parameter abhängig ist, die im einzelnen Bewertungsfall unterschiedlichste Ausprägungen annehmen können. Erkenntnisse dazu, ob die Ausprägung einzelner Parameter von besonderem Einfluss auf den TAB ist, können dem praxisorientierten Bewerter Hilfestellung sein, problemorientiert die Schwerpunkte seiner Arbeit festzulegen.

6.1 Methodisches Vorgehen

Um den Einfluss einzelner Parameter auf den ergänzungsbilanzbedingten Steuervorteil zu bestimmen, bietet sich die Durchführung einer Sensitivitätsanalyse an. Hierbei handelt es sich um ein Verfahren zur Abschätzung der Änderung eines Zielwertes durch Variation einer (oder mehrerer) Inputgrößen.[450] Diesbezüglich kann auf den in Kapitel 5 gewonnen Erkenntnissen aufgebaut werden.

Da es sich beim ergänzungsbilanzbedingten Steuervorteil um einen absoluten Wert handelt, wird als Zielfunktionswert der Step Up-Faktor gewählt, welcher ausdrückt, um welchen relativen Wert sich der Unternehmenswert einer Personengesellschaft erhöht, wenn aus Ergänzungsbilanzen resultierende Steuereffekte einbezogen werden. Zu untersuchen ist die Reagibilität des Step Up-Faktors bei Modifikation der unterschiedlichen Einflussfaktoren (Inputvariablen). Die Literatur schlägt hierzu zwei Wege vor: zum einen die gleichzeitige Untersuchung mehrerer alternativ möglicher Inputwerte (z.B. minimaler, mittlerer, maximaler Wert) in einer Rechnung, zum anderen die von einem möglichen Wertansatz ausgehende schrittweise Modifikation.[451] Wie im Folgenden noch zu erkennen ist, ist die Ausprägung der Inputgrößen voneinander unabhängig, weshalb die schrittweise Modifikation der Inputgrö-

450 Vgl. Götze, Investitionsrechnung, S. 363 f. Zur Durchführung vgl. allgemein auch Dinkelbach, Sensitivitätsanalysen.
451 Vgl. Götze, Investitionsrechnung, S. 364.

ßen jeweils einzeln – also durch Modifikation lediglich einer Variablen – untersucht wird. Als Ursprungswert werden für die Inputgrößen jeweils die mittleren Ausprägungen des Untersuchungsbereichs angesetzt, wobei der Untersuchungsbereich so breit gewählt wird, dass – nach eigener Abschätzung – eine Aussage für die Mehrzahl der in der Realität auftretenden Ausprägungen gewährleistet ist. Die wertrelevanten Einflussvariablen, deren Ausgangswerte und die Modifikationsintervalle werden im folgenden Abschnitt detailliert vorgestellt.

6.2 Wertrelevante Einflussvariablen

Die Höhe des ergänzungsbilanzbedingten Steuervorteils ist von unterschiedlichen Einflussvariablen abhängig. Von besonderer Bedeutung ist die Höhe der im Unternehmenswert enthaltenen stillen Reserven, also der Aufstockungsbetrag der Ergänzungsbilanz als Differenz aus dem Unternehmenswert und dem übernommenen Kapitalkonto in der Gesamthandsbilanz. Da die stillen Reserven die Grundlage für die Ergänzungsbilanzabschreibungen darstellen, kann ein ergänzungsbilanzbedingter Steuervorteil nur dann entstehen, wenn stille Reserven im Unternehmenswert enthalten sind. Insbesondere bereits längere Zeit existierende Unternehmen verfügen über umfangreiche stille Reserven. Aber auch bei jungen, innovationsstarken Unternehmen beträgt der Unternehmenswert oft ein Vielfaches des Buchwertes des Eigenkapitals. Beim Umfang der stillen Reserven handelt es sich um diejenige Inputgröße, die – nach Einschätzung des Verfassers – über die breiteste Streuung verfügt. Da die Höhe des Step Up-Faktors – wie die folgenden Sensitivitätsanalysen zeigen werden – entscheidend von dieser Einflussgröße abhängig ist, werden die Änderungen der anderen Einflussfaktoren stets in Abhängigkeit vom Umfang der im Unternehmenswert vorhandenen stillen Reserven betrachtet. Hierbei wird der Umfang der stillen Reserven abgebildet, indem der (vorläufige) Wert des Unternehmens bzw. Unternehmensanteils ohne Einbeziehung ergänzungsbilanzbedingter Steuereffekte in Relation zum übernommenen Kapitalkonto in der Gesamthandsbilanz gesetzt wird. Es wird also ein Faktor gebildet, der ausdrückt, um welches Vielfache der

Unternehmenswert bzw. der Wert des Unternehmensanteils ohne Einbeziehung des TAB das übernommene Kapitalkonto übersteigt. Im Rahmen der durchgeführten Sensitivitätsanalysen liegt das untersuchte Intervall im Bereich von Faktor 1 (keine stillen Reserven) bis Faktor 5 (Unternehmenswert ohne TAB entspricht dem fünffachen Buchwert des steuerlichen Eigenkapitals).

Neben dem Umfang der im Unternehmenswert enthaltenen stillen Reserven sind weitere Einflussfaktoren wertrelevant. Die folgende Sensitivitätsanalyse ist so aufgebaut, dass zunächst eine Untersuchung im sogenannten Grundmodell (Abschnitt 6.3) erfolgt, welches im Weiteren um den Einfluss der erhöhten Veräußerungsgewinnbesteuerung (Abschnitt 6.4) erweitert wird. Diese Vorgehensweise wurde gewählt, da nicht bei allen Bewertungsanlässen von einer Veräußerungsabsicht auszugehen ist.

Im Grundmodell sind im Einzelnen die folgenden Einflussfaktoren relevant und zu analysieren:

- Steuersatz (Einkommen- und Gewerbesteuer):
  Für die Ermittlung der durch die Ergänzungsbilanzabschreibungen entstehenden Steuerersparnisse ist eine Differenzierung nach den beiden wertrelevanten Steuerarten (Einkommen- und Gewerbesteuer) entbehrlich, da – wie in Kapitel 5 dargestellt – die Auswirkungen der beiden Steuerarten gemeinsam in einen kombinierten Steuersatz berücksichtigt werden können. Im Rahmen der Sensitivitätsanalyse wird hinsichtlich der laufenden Ergebnisse daher ein kombinierter Steuersatz betrachtet, welcher sich aus Einkommen- und Gewerbesteuer zusammensetzt.
  Der Einkommensteuersatz nimmt Einfluss auf die Höhe der Einkommensteuerersparnis und wirkt sich folglich auf die Höhe des ergänzungsbilanzbedingten Steuervorteils aus. Betont werden muss jedoch (nochmals),[452] dass es sich bei dem dem Modell zugrunde liegenden

[452] Vgl. auch Abschnitt 5.1.

Einkommensteuersatz um einen Durchschnittsteuersatz handelt, welcher letztlich auch durch den Einfluss der Ergänzungsbilanz beeinflusst werden kann.[453] Bei der Berechnung des ergänzungsbilanzbedingten Steuervorteils ist der Einkommensteuersatz daher so zu schätzen, dass er der durchschnittlichen relativen Einkommensteuerbelastung der dem Gesellschafter zuzurechnenden (negativen) Einkünfte aus den Ergänzungsbilanzabschreibungen entspricht. Durch die bestehende Endogenität kann es – je nach Einzelfall – erforderlich sein, die Schätzung des Einkommensteuersatzes nach Maßgabe der gewonnenen Erkenntnisse anzupassen. Diese Notwendigkeit verliert bei hohen Einkommen an Bedeutung, weil Grenz- und Durchschnittsteuersatz sich hier annähern.

Der Gewerbesteuersatz – welcher sich aus der Multiplikation der einheitlichen Gewerbesteuermesszahl mit dem gemeindeindividuellen Gewerbesteuerhebesatz ergibt – beeinflusst die Höhe des ergänzungsbilanzbedingten Steuervorteils vergleichbar dem Einkommensteuersatz. Handelt es sich beim Anteilseigner um eine natürliche Person, so ist allerdings auch die durch die Einbeziehung der Gewebesteuer ausgelöste (teilweise) Anrechnungsfähigkeit gem. § 35 EStG[454] zu beachten und lediglich die effektive Gewerbesteuerbelastung in den kombinierten Steuersatz einzubeziehen. Erst ab einem Hebesatz von mehr als 380 % kommt es zu einer effektiven Gewerbesteuerbelastung, welche bspw. bei einem Hebesatz von 500 % zu einer effektiven Belastung von 4,2 % führt (500 %*3,5 - 380 %*3,5 = 120 %*3,5). Ist der Anteilseigner eine juristische Person, so beträgt die Gewerbesteuerbelastung bei einem Hebesatz von 500 % hingegen 17,5 %.

Der gewählte Ursprungswert für den aus Einkommensteuersatz und Gewerbesteuersatz kombinierten Steuersatz beträgt im Rahmen der

---

[453] Die Vorgehensweise, im Bewertungskalkül einen konstanten Steuersatz zu verwenden, ist üblich. Anderenfalls müssten im Geltungsbereich des Halbeinkünfteverfahrens auch bei der objektivierten Bewertung von Kapitalgesellschaften Anpassungen des Einkommensteuersatzes erfolgen.

[454] Vgl. Abschnitt 2.2.4.

durchgeführten Sensitivitätsanalyse – korrespondierend zu der vom IDW ausgesprochenen Empfehlung hinsichtlich des Einkommensteuersatzes bei der Ermittlung objektivierter Unternehmenswerte – 35 %.[455] Der Variationsbereich deckt das Intervall von 20 % bis 50 % ab.

- Abschreibungsquote:
  Neben der Höhe der stillen Reserven ist darüber hinaus von Bedeutung, zu welchem Anteil diese abschreibungsfähig sind. Da oft auch ein Teil des Aufstockungsbetrages auf nicht abnutzbare Wirtschaftsgüter entfällt, entstehen insoweit keine steuerwirksamen Ergänzungsbilanzabschreibungen. Hinsichtlich der Aufstockungsmethode ist es – wie gezeigt – für Zwecke der hier auf dem formalen Lösungsansatz basierenden Sensitivitätsanalyse erforderlich, stets die Gleichverteilungstheorie zu unterstellen.[456] Der Variationsbereich der Abschreibungsquote beträgt 40 % bis 100 %, der Ursprungswert 70 %.

- Nutzungsdauer:
  Für die Höhe des ergänzungsbilanzbedingten Steuervorteils sind ferner die (Rest-)Nutzungsdauern der in der Ergänzungsbilanz aufgestockten, abschreibungsfähigen Wirtschaftsgüter relevant. Je kürzer diese ausfallen, desto größer ist der Barwert der abschreibungsbedingten Steuerersparnis. Das Modell basiert – wie in Abschnitt 5.3.3.3 vorgestellt – auf einer einheitlichen Nutzungsdauer der Ergänzungsbilanz und differenziert nicht zwischen den einzelnen Wirtschaftsgütern. Der Ursprungswert wurde mit sieben Jahren festgelegt, der Variationsbereich liegt im Intervall von 1 Jahr bis 13 Jahren. Auch wenn diese Werte auf den ersten Blick niedrig erscheinen, so relativieren sie sich vor dem Hintergrund der Ausführungen in Abschnitt 2.1.5.4 ins-

[455] Vgl. IDW, Fragen und Antworten zu IDW S 1, S. 4. Für Personengesellschaften mit einer geringen Anzahl an Anteilseignern hält das IDW auch andere Werte für vertretbar. Für Zwecke der Sensitivitätsanalyse wird daher bei Geltung der Empfehlung des IDW (Einkommensteuersatz i.H.v. 35 %) unterstellt, dass effektiv keine Gewerbesteuerbelastung eintritt.

[456] Vgl. zu den Auswirkungen der unterschiedlichen Aufstockungsmethoden Abschnitt 5.6.

besondere dann, wenn ein hoher Anteil stiller Reserven auf in der Gesamthandsbilanz bereits vollständig abgeschriebene Wirtschaftsgüter entfällt.

- Kapitalisierungszinssatz:
  Der Barwert der ergänzungsbilanzbedingten Steuerersparnis ist abhängig von der Höhe des bei der Barwertermittlung anzusetzenden Steuersatzes. Dies bedeutet, dass die Höhe des TAB mit steigendem Kapitalisierungszinssatz sinkt. Der Ursprungswert des Kapitalisierungszinssatzes beträgt 8 %, was einem Multiplikator von 12,5 entspricht. Der Variationsbereich beträgt 4 % (Multiplikator 25) bis 16 % (Multiplikator: 6,25).

Nach Untersuchung der einzelnen Inputgrößen im Grundmodell wird die bereits in Kapitel 5 vorgestellten Erweiterungen um die Einbeziehung der erhöhten Veräußerungsgewinnbesteuerung in die Sensitivitätsanalyse integriert. Für die Erweiterung um die erhöhte Veräußerungsgewinnbesteuerung sind zusätzlich die beiden folgenden Variablen zu untersuchen:

- Haltedauer der Beteiligung:
  Eine aus den vorgenommenen Ergänzungsbilanzabschreibungen resultierende erhöhte Veräußerungsgewinnbesteuerung entsteht nur dann, wenn zu einem späteren Zeitpunkt die Gesellschaftsbeteiligung aufgegeben wird. Je länger die Beteiligung gehalten wird, desto niedriger ist der Barwert der durch die Veräußerung entstehenden Steuerbelastung und umso weniger wird der TAB gemindert. Der Ursprungswert der Haltedauer wird mit 24 Jahren festgelegt. Der Variationsbereich deckt das Intervall 8 Jahre bis 40 Jahre ab, so dass eine kurzfristig gehaltene Beteiligung ebenso wie eine das gesamte Berufsleben lang gehaltene Beteiligung erfasst werden. Der maximale Wert von 40 Jahren korrespondiert mit der Haltedauer, die in der Bewertungspraxis für die Ermittlung eines effektiven Veräußerungsgewinn-

steuersatzes bei der Bewertung von Kapitalgesellschaften zugrunde gelegt wird.[457]

- <u>Steuersatz beim Veräußerungsgewinn:</u>
  Der Veräußerungsgewinn unterliegt unter Umständen einem anderen Steuersatz als die laufenden finanziellen Überschüsse und stellt deshalb eine gesondert zu untersuchende Einflussvariable dar. Die Divergenz der Steuersätze liegt in den zahlreichen Begünstigungsvorschriften[458] sowie in der Tatsache begründet, dass der Veräußerungsgewinn bei natürlichen Personen nicht der Gewerbesteuerpflicht unterliegt, wenn der Gesellschaftsanteil vollständig veräußert wird. Da m.E. bei objektivierten Unternehmenswertermittlungen jedoch die Bereitschaft, individuelle Steuervergünstigungen in Anspruch zu nehmen, nicht generell unterstellt werden kann, beträgt der Ursprungswert 35 % und wird im Rahmen der Sensitivitätsanalyse in einer Bandbreite von 20 % bis 50 % verändert.

In der nachfolgenden Abbildung 30 sind die der Sensitivitätsanalyse im ursprünglichen Wertansatz zugrunde liegenden Ausprägungen der einzelnen Einflussfaktoren sowie der jeweilige im Rahmen der Sensitivitätsanalysen untersuchte Variationsbereich zusammengefasst.

[457] Bei einer Kursrendite in einer nach Wagner/Sauer/Willershausen für den Aktienmarkt relevanten Größenordnung von 5 % ist sogar eine Haltedauer von mehr als 40 Jahren erforderlich, um den effektiver Veräußerungsgewinnsteuersatz, wie von der Literatur vorgeschlagen und in der Bewertungspraxis üblich, mit der Hälfte des nominalen Steuersatzes zu bemessen. Vgl. Wagner/Saur/Willershausen, WPg 2008, S. 736 sowie Wiese, WPg 2007, S. 371.

[458] Vgl. Abschnitt 2.1.4.3.

Grundmodell	Ursprungswert	individueller Variationsbereich			
kombinierter Steuersatz	35%	20%	28%	42%	50%
Abschreibungsquote	70%	40%	55%	85%	100%
Nutzungsdauer	7 Jahre	1 Jahr	4 Jahre	10 Jahre	13 Jahre
Kapitalisierungszinssatz	8%	4%	6%	10%	12%
Erweiterungen	**Ursprungswert**	**individueller Variationsbereich**			
Haltedauer	24 Jahre	8 Jahre	16 Jahre	32 Jahre	40 Jahre
Steuersatz Veräußerungsgewinn	35%	20%	28%	42%	50%

Abbildung 30: Ursprungswert und Variationsbereich

6.3 Sensitivitäten im Grundmodell

6.3.1 Darstellung der Ergebnisse

Wie in Abschnitt 6.1 dargestellt, bildet der Step Up-Faktor die zu untersuchende Größe, welche in den nachfolgenden Abbildungen (vgl. beispielhaft Abbildung 31) auf der Ordinate dargestellt ist. Die Veränderung dieser zu untersuchenden Größe erfolgt stets in Abhängigkeit von der Höhe des Aufstockungsvolumens in der Ergänzungsbilanz, welches sich anhand der auf der Abszisse abgebildeten Relation des vorläufigen Unternehmenswerts (Markwertes des Eigenkapitals ohne Einbeziehung eines TAB) zum steuerlichen Buchwert des Eigenkapitals (übernommenes Kapitalkonto) ausdrückt. Gelten hinsichtlich der weiteren wertrelevanten Einflussvariablen zunächst die in Abschnitt 6.2 vorgestellten Ursprungswerte, so ist aus Abbildung 31 ersichtlich, dass der Step Up-Faktor mit Zunahme des Aufstockungsvolumens ansteigt und im Untersuchungsbereich einen maximalen Wert von 1,197 annimmt.

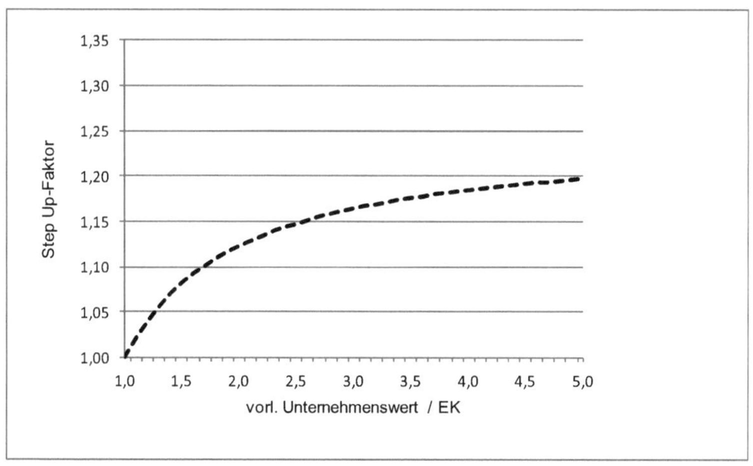

Abbildung 31: Step Up-Faktor in Abhängigkeit vom Aufstockungsvolumen

Neben der Untersuchung des Einflusses auf den Step Up-Faktor, welcher sich aus der Höhe des Aufstockungsvolumens ergibt, werden auch die übrigen wertrelevanten Einflussvariablen betrachtet. Ihr Einfluss auf den Step Up-Faktor wird in den folgenden Abschnitten im Einzelnen analysiert, wobei sich anhand der Verschiebung der in Abbildung 31 gestrichelt dargestellten Linie erkennen lässt, wie sich die jeweilige Variation des Ursprungswertes auswirkt.

6.3.2 Einfluss des für die laufenden Ergebnisse relevanten Steuersatzes

Die Höhe des Einkommensteuersatz wirkt sich im untersuchten Modell deutlich auf die Höhe des Step Up-Faktors aus (vgl. Abbildung 32). In den Eckwerten des Variationsbereiches führt dies zu Step Up-Faktoren von 1,332 bei einem Steuersatz von 50 % bzw. von 1,098 bei einem Steuersatz von 20 %. Gegenüber dem Ursprungswert (gestrichelte Linie in Abbildung 32 bis Abbildung 41) kann daher im Untersuchungsbereich eine Steigerung des Step Up-Faktors von bis zu 11,3 % bzw. eine Minderung von bis zu 8,3 % auftreten.

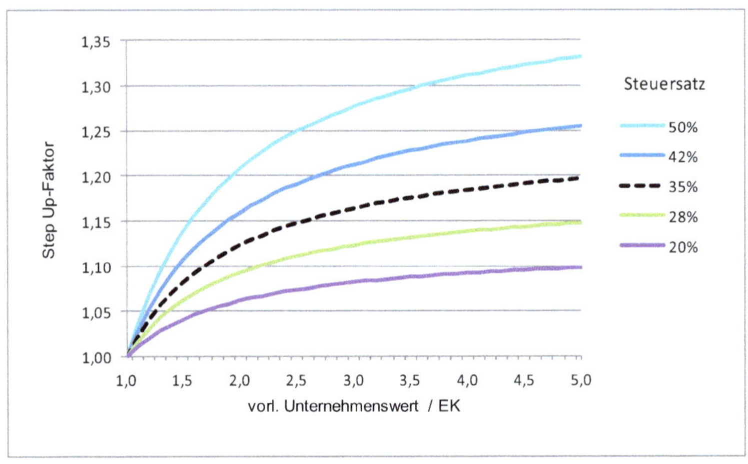

Abbildung 32: Step Up-Faktor bei unterschiedlichen Steuersätzen (Grundmodell)

6.3.3 Einfluss der Abschreibungsfähigkeit des Step Up

Auch die Höhe der Abschreibungsquote als Maß für die Abschreibungsfähigkeit der in der Ergänzungsbilanz aufgestockten Wirtschaftsgüter wirkt sich im untersuchten Modell, wenn auch weniger ausgeprägt, aber dennoch deutlich auf den Step Up-Faktor aus (vgl. Abbildung 33).

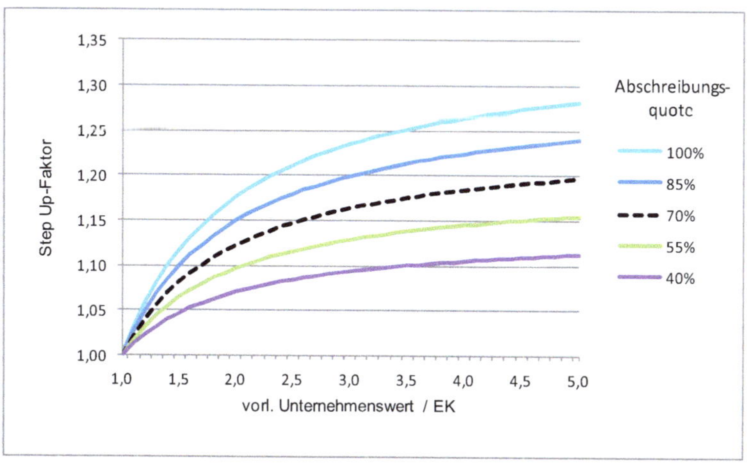

Abbildung 33: **Step Up-Faktor bei unterschiedlichen Abschreibungsquoten (Grundmodell)**

Übersteigt der vorläufige Unternehmenswert den Buchwert um den Faktor von 2,5 so führt dies bei den Randwerten des Variationsbereichs zu einer relativen Veränderung gegenüber dem Ursprungsmodell um - 5,6 % (70 % Abschreibungsquote: 1,148 und 40 % Abschreibungsquote: 1,084) bzw. um + 5,5 % (100 % Abschreibungsquote: 1,211). Diese Entwicklung wird bei steigendem Anteil stiller Reserven noch deutlicher, so dass sich bei Faktor 5 gegenüber dem Ursprungswert eine Änderung des Step Up-Faktors um - 7,0 % (70 % Abschreibungsquote: 1,197 und 40 % Abschreibungsquote: 1,113) bzw. um + 7,1 % (100 % Abschreibungsquote: 1,282) zeigt.

6.3.4 Einfluss der durchschnittlichen Nutzungsdauer

Die Höhe der durchschnittlichen (Rest-)Nutzungsdauer wirkt sich c.p. weniger stark auf die Höhe des Step Up-Faktors aus als der Einkommensteuersatz oder die Abschreibungsquote aus (vgl. Abbildung 34). Der Step Up-Faktor liegt hier bei einem Verhältnis von vorläufigem Unternehmenswert zum Eigenkapital von 2,5 lediglich im Bereich von 1,114 und 1,201. Bei einem Verhältnisfaktor von 5 betragen die Werte 1,151 bzw. 1,268.

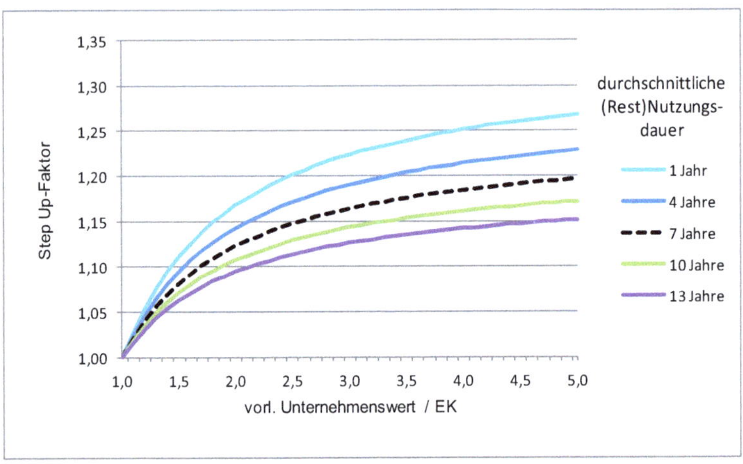

Abbildung 34: Step Up-Faktor bei unterschiedlicher (Rest-)Nutzungsdauer der Ergänzungsbilanz (Grundmodell)

6.3.5 Einfluss des Kapitalisierungszinssatzes

Den geringsten Einfluss auf die Höhe des Step Up-Faktors übt bei den gewählten Ursprungswerten der Diskontierungssatz aus, was sich an Abbildung 35 deutlich erkennen lässt.

Selbst eine Halbierung des Zinssatzes gegenüber dem Ursprungswert von 8 % führt lediglich zu einem maximalen Anstieg des Step Up-Faktor von 1,197 (Ursprungswert) auf 1,240 und somit zu einer relativen Änderung von maximal 3,6 %.

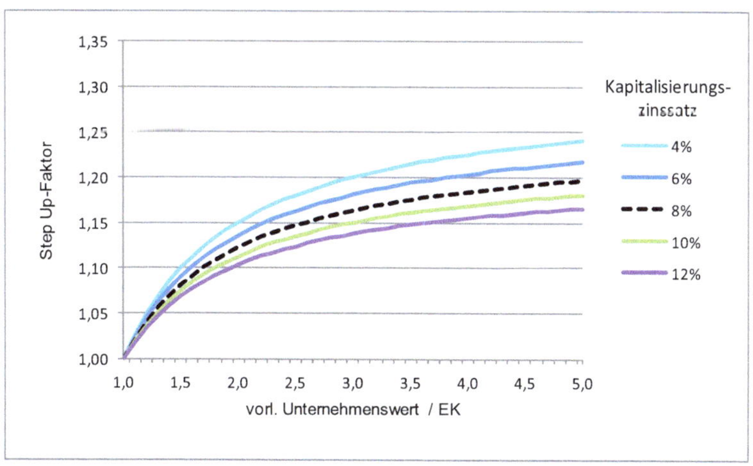

Abbildung 35: **Step Up-Faktor bei unterschiedlichen Diskontierungszinssätzen (Grundmodell)**

6.4 Sensitivitäten unter Einbeziehung der erhöhten Veräußerungsgewinnbesteuerung

6.4.1 Einfluss der Haltedauer der Beteiligung

Abbildung 36 zeigt, dass die Einbeziehung der erhöhten Veräußerungsgewinnbesteuerung bei einer Haltedauer der Beteiligung von 24 Jahren in der Ursprungssituation (gestrichelte Linie) keinen wesentlichen Einfluss auf den Step Up-Faktor nimmt. In der Ursprungssituation des Grundmodells erreicht der Step Up-Faktor im Untersuchungsbereich einen Wert von 1,197, in der Erweiterung reduziert sich dieser Wert durch die Einbeziehung der erhöhten Veräußerungsgewinnbesteuerung auf lediglich 1,168. Ab einer hier nicht abgebildeten Haltedauer von 65 Jahren ist die erhöhte Veräußerungsgewinnbesteuerung quasi nicht mehr relevant. Hier läge der Step Up-Faktor am Rand des auf der Abszisse abgebildeten Bereichs bei einem Wert von 1,196 und somit lediglich noch 0,1 Prozentpunkt unterhalb des Wertes von 1,197 im Grundmodell.

Abbildung 36 zeigt bereits, dass sich eine Verlängerung der Haltedauer weniger stark auf die Höhe des Step Up-Faktors auswirkt als eine Verkürzung. Bei einer Haltedauer von 40 Jahren erhöht sich dieser auf 1,189, während er bei einer Haltedauer von 8 Jahren auf 1,072 sinkt.

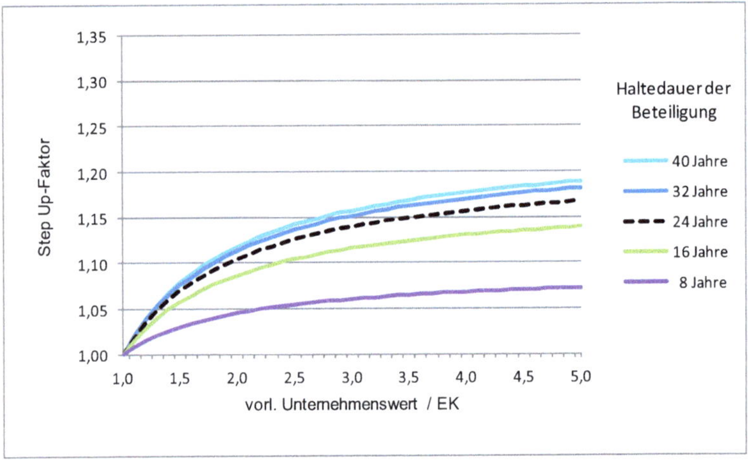

Abbildung 36: Step Up-Faktor bei unterschiedlichen Haltedauern (Erweiterung Veräußerungsgewinnbesteuerung)

6.4.2 Einfluss des für den Veräußerungsgewinn relevanten Steuersatzes

Die Höhe des für die Besteuerung des Veräußerungsgewinns maßgeblichen Steuersatzes hat nur einen geringfügigen Einfluss auf die Höhe des Step Up-Faktors (vgl. Abbildung 37). Im Variationsbereich führt der deutliche Anstieg des Steuersatzes von 20 % auf 50 % selbst am Rand des Untersuchungsbereiches lediglich zu einer Veränderung des Step Up-Faktors von 1,154 auf 1,181.

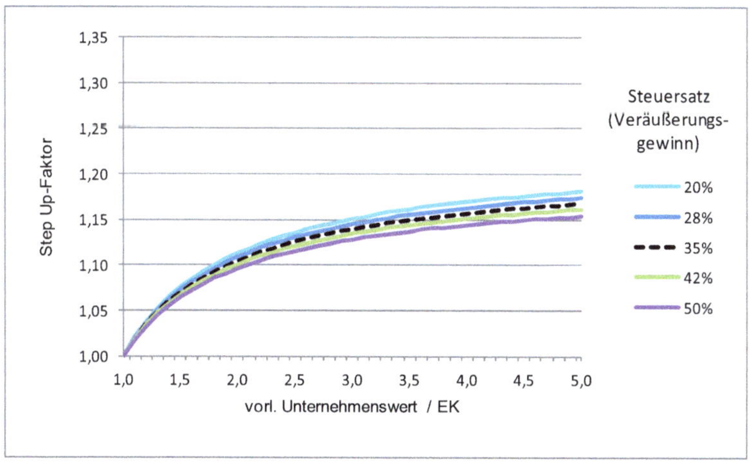

Abbildung 37: **Step Up-Faktor bei unterschiedlichen Steuersätzen für die Besteuerung des Veräußerungsgewinns (Erweiterung Veräußerungsgewinnbesteuerung)**

6.4.3 Einfluss des für die laufenden Ergebnisse relevanten Steuersatzes

Bei der Analyse des Steuersatzes (vgl. Abbildung 38) zeigt sich ein ähnliches Ergebnis wie im Grundmodell (vgl. Abbildung 32). Durch die Einbeziehung der erhöhten Veräußerungsgewinnbesteuerung liegen bei einem Steuersatz von 50 % die maximal erzielten Werte für den Step Up-Faktor jedoch geringfügig (- 0,022) unterhalb der Werte im Grundmodell (Step Up-Faktor 1,310 im Vergleich zum Step Up-Faktor 1,332).

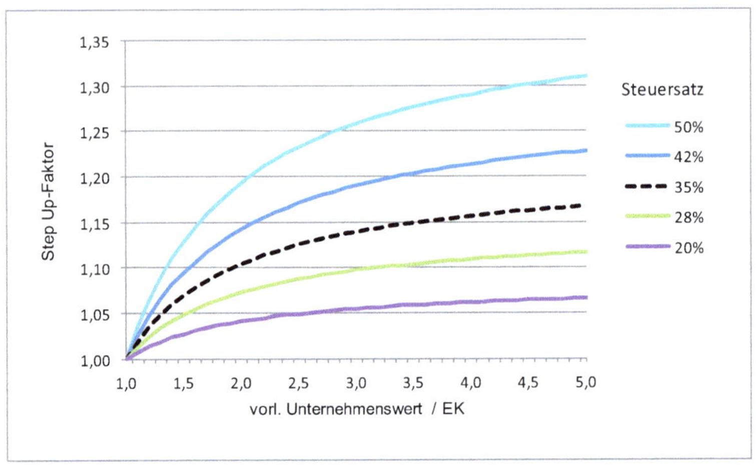

Abbildung 38: **Step Up-Faktor bei unterschiedlichen Steuersätzen (Erweiterung Veräußerungsgewinnbesteuerung)**

6.4.4 Einfluss der Abschreibungsfähigkeit des Step Up

Der sich aus der Höhe der Abschreibungsquote ergebende Einfluss auf den Step Up-Faktor ist aus Abbildung 39 ersichtlich:

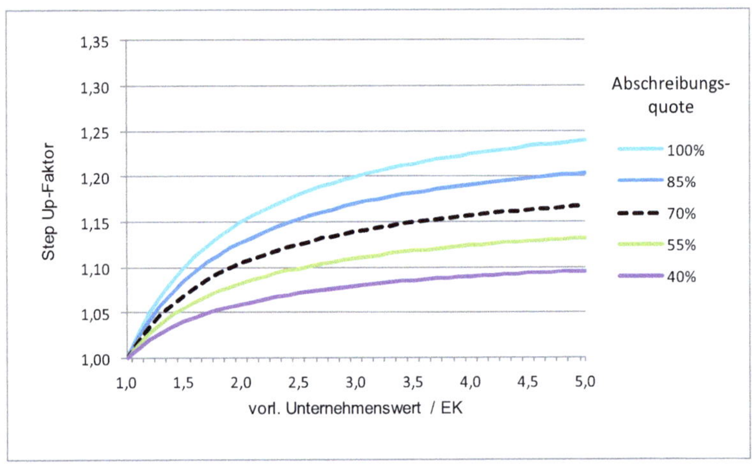

Abbildung 39: **Step Up-Faktor bei unterschiedlichen Abschreibungsquoten (Erweiterung Veräußerungsgewinnbesteuerung)**

Im Vergleich zum Grundmodell ergibt sich bei den Eckwerten des Variationsbereichs eine Verminderung des Step Up-Faktors um 0,017 (Abschreibungsquote: 40%) bzw. eine Erhöhung um 0,042 (Abschreibungsquote: 100 %).

6.4.5 Einfluss der durchschnittlichen Nutzungsdauer

Für die Nutzungsdauer sind – entsprechend den Ergebnissen bei der Analyse des Steuersatzes und der Abschreibungsquote – keine nennenswerten Veränderungen gegenüber dem Grundmodell zu erkennen (vgl. Abbildung 40).

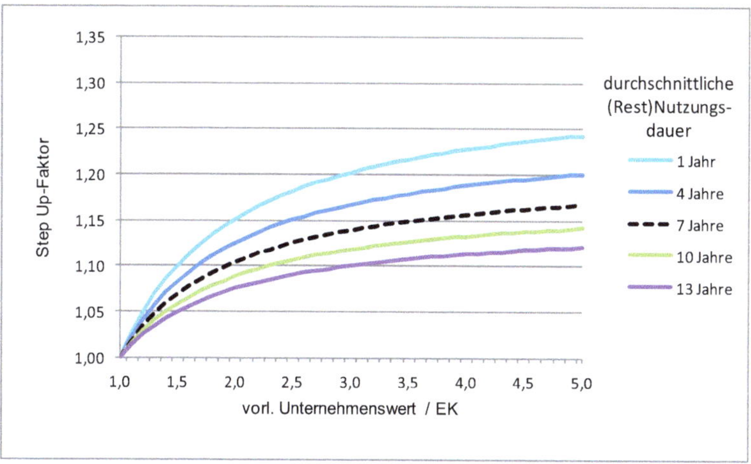

Abbildung 40: Step Up-Faktor bei unterschiedlicher (Rest-)Nutzungsdauer der Ergänzungsbilanz (Erweiterung Veräußerungsgewinnbesteuerung)

6.4.6 Einfluss des Kapitalisierungszinssatzes

In Abschnitt 4.2.1.2.2 wurde bereits umfassend dargestellt, dass die Bemessungsgrundlage der erhöhten Veräußerungsgewinnbesteuerung betragsmäßig dem in Anspruch genommenen Abschreibungsvolumen der Ergänzungsbilanz entspricht. Der Nachteil der erhöhten Veräußerungsgewinnbesteuerung zehrt den Vorteil der Ergänzungsbilanzabschreibungen jedoch nicht auf; dies liegt darin begründet, dass die Ergänzungsbilanzabschreibungen zeitlich früher anfallen und daher die Summe der Barwerte der abschreibungsbedingten Steuervorteile den Barwert des veräußerungsbedingten Steuernachteils übersteigt. Insofern liegt bei Einbeziehung der Veräußerungsgewinnbesteuerung der Vorteil in einkommensteuerlicher Hinsicht c.p. in einem Steuerstundungseffekt. Voraussetzung ist allerdings, dass den Berechnungen ein (positiver) Kapitalisierungszinssatz zugrunde liegt. Beträgt der Kapitalisierungszinssatz 0 %, sind folglich Vorteil und Nachteil identisch, falls den Berechnungen derselbe Steuersatz zugrunde liegt.

Während eine niedrigerer Zinssatz daher – wie in Abschnitt 6.3.4 gezeigt – c.p. zu einer Steigerung des Step Up-Faktors führt, wird gleichzeitig der oben beschriebene Steuerstundungseffekt geringer.

Bei der Analyse der Sensitivität des Kapitalisierungszinssatzes zeigt sich daher nicht wie bei den übrigen Einflussfaktoren im Variationsbereich eine Ecklösung, sondern eine innere Lösung. Der Step Up-Faktor erreicht bei einem Verhältnis von vorläufigen Unternehmenswert zum Eigenkapital in Höhe von 5 sein Maximum bei einem Kapitalisierungszinssatz von 6,29 % (Step Up-Faktor: 117,02 %). Dementsprechend ergibt sich für einen Kapitalisierungszinssatz von 4 % ein Step Up-Faktor von 116,26 %, der unterhalb des Step Up-Faktors von 117,01 % liegt, was einem Kapitalisierungszinssatz von 6 % entspricht.

Wie aus Abbildung 41 ersichtlich, ist der Einfluss des Kapitalisierungszinssatzes jedoch von untergeordneter Bedeutung.

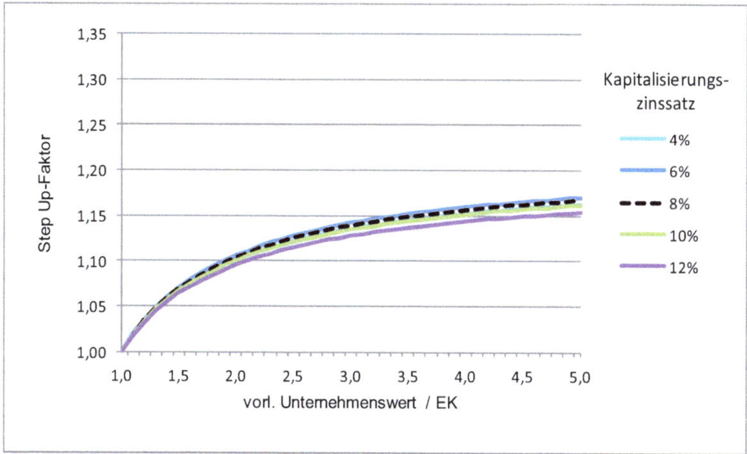

Abbildung 41: **Step Up-Faktor bei unterschiedlichen Diskontierungszinssätzen (Erweiterung Veräußerungsgewinnbesteuerung)**

7 Zusammenfassung

Im Gegensatz zum Zivil- und Handelsrecht entspricht im Steuerrecht der Erwerb eines Gesellschaftsanteils einer Personengesellschaft dem Asset-Deal, da der Anteilseigner die im Kaufpreis enthaltenen stillen Reserven in einer steuerlichen Ergänzungsbilanz abbilden, in der Zukunft abschreiben und steuermindernd nutzen kann. Hieraus leitet die vorliegende Arbeit die Hypothese ab, dass die Ergänzungsbilanz den Unternehmenswert der Personengesellschaft beeinflusst und untersucht den Einfluss der (steuerlichen) Ergänzungsbilanz auf den Unternehmenswert der Personengesellschaft in qualitativer sowie in quantitativer Hinsicht. Die gewonnenen Ergebnisse lassen sich wie folgt zusammenfassen:

Zu den Grundlagen des Steuerrechts:

1.) Das Besteuerungssystem der Personengesellschaft unterscheidet sich grundlegend von dem der Kapitalgesellschaft. Die Personengesellschaft unterliegt nicht wie die Kapitalgesellschaft der Körperschaftsteuerpflicht. Vielmehr werden die gemeinschaftlich erzielten Ergebnisse anteilig den Gesellschaftern als originäre Einkünfte zugerechnet und auf der Gesellschafterebene individuell besteuert.

2.) Eine Personengesellschaft ist dann als steuerliche Mitunternehmerschaft zu qualifizieren, wenn mehrere Personen gemeinsam unternehmerische Initiative entfalten und unternehmerisches Risiko tragen.

3.) Die Einkünfte einer steuerlichen Mitunternehmerschaft werden additiv ermittelt. Der Anteil eines Mitunternehmergesellschafters am steuerlichen Gesamthandsergebnis wird modifiziert um das Ergebnisse einer etwaigen Ergänzungsbilanz, welche die gesellschafterindividuellen Differenzbeträge zu den Wertansätzen in der Gesamthandsbilanz abbildet.

4.) Durch die Abschreibung der in der Ergänzungsbilanz enthaltenen Differenzbeträge kann über die Nutzungsdauer der jeweiligen Vermögensgegenstände eine Minderung der Einkommensteuerbelastung (auf Gesellschafterebene) sowie der Gewerbesteuerbelastung (auf Gesellschaftsebene) erzielt werden. Im Falle einer späteren Veräußerung ergibt sich durch die verminderten fortgeführten Anschaffungskosten korrespondierend eine erhöhte Besteuerung des Veräußerungsgewinns.

Zu den Grundlagen der Unternehmensbewertungslehre:

5.) Unternehmensbewertungen sind stets anlass- und funktionsabhängig durchzuführen. Zwischen den beiden herrschenden Funktionslehren (nach IDW bzw. nach der Kölner Schule) bestehen zwar umfangreiche Similaritäten, jedoch auch grundsätzliche Differenzen, besonders bezüglich der Anerkennung des objektivierten Unternehmenswertes.

6.) Im Hinblick auf die weiteren Untersuchungen ist der Anlass der Bewertung grundlegend für die Frage der bei der Bewertung einzunehmenden Perspektive und daher – besonders bei nicht-entscheidungsorientierten Bewertungsaufgaben – hinsichtlich der resultierenden Prämissen auszulegen.

7.) Bei der Bewertung von Personengesellschaft werden – dem Grundsatz der Steueräquivalenz folgend – im Allgemeinen Steuerwirkungen, die sich auf der Ebene des Anteilseigners ergeben, einbezogen. Eine mittelbare Typisierung scheidet aufgrund der unterschiedlichen Besteuerung von Bewertungs- und Vergleichsobjekt aus.

8.) Bei konsistenter Anwendung und gleichen Prämissen hat die Wahl des Bewertungsverfahrens keinen Einfluss auf die Höhe des Unternehmenswertes. Dies gilt auch für den Einfluss der Ergänzungsbilanz auf den Unternehmenswert, da der Vorteil ergänzungsbilanzbedingter Steuereffekte finanzierungsunabhängig und sowohl liquiditäts- als auch ertragswirksam ist.

Zum Einfluss der Ergänzungsbilanz dem Grunde nach:

9.) In der Möglichkeit, stille Reserven in einer Ergänzungsbilanz abzubilden und in der Folgezeit steuermindernd abzuschreiben, liegt ein rechtsformspezifischer Vorteil der Personengesellschaft gegenüber der Kapitalgesellschaft, der unter den dargestellten Voraussetzungen auch im Unternehmenswert zu berücksichtigen ist.

10.) Ergänzungsabschreibungen wirken sich auf den Unternehmenswert der Personengesellschaft abhängig von der Perspektive des Bewertungssubjektes aus. Während bei der Ermittlung von Entscheidungswerten dem Bewerter die Perspektive bekannt ist, ist sie bei der Ermittlung objektivierter Unternehmenswerte festzulegen. Hier ist m.E. nach der Kriterium dem Transaktionsorientierung zu differenzieren und bei transaktionsorientierten Bewertungsanlässen die Perspektive des Neugesellschafters, bei nicht-transaktionsorientierten Bewertungsanlässe die des derzeitigen Gesellschafters einzunehmen.

11.) Zum Bewertungsstichtag bestehende Ergänzungsbilanzen wirken sich auf die Steuerbelastung und somit auf den Unternehmenswert aus, wenn die Bewertung aus der Perspektive des derzeitigen Gesellschafters erfolgt. Während Einkommensteuereffekte vollständig dem zu bewertenden Gesellschaftsanteil zuzurechnen sind, ist der Umfang gewerbesteuerlicher Effekte davon abhängig, ob eine verursachungsgerechte Verteilung ergänzungsbilanzbedingter Gewerbesteuereffekte zwischen den Gesellschaftern vereinbart wurde.

12.) Für den Unternehmenswert aus der Perspektive des erwerbenden Neugesellschafters sind bestehende Ergänzungsbilanzen nur dann relevant, wenn sie anderen Gesellschaftern zuzurechnen sind und wenn diese aufgrund der Tatsache, dass eine verursachungsgerechte Verteilung ergänzungsbilanzbedingter Gewerbesteuereffekte nicht vereinbart wurde, auch durch den Neugesellschafter in Höhe seiner Beteiligungsquote genutzt werden können.

13.) Im Gegensatz zum bestehenden Gesellschafter kann der Neugesellschafter bewertungsinduzierte Ergänzungsbilanzen bilden, welche seine Einkommensteuerbelastung und somit auch den Wert seines Gesellschaftsanteils beeinflussen. In welchem Umfang sich bewertungsinduzierte Ergänzungsbilanzen in gewerbesteuerlicher Hinsicht auswirken, ist auch hier von der Frage abhängig, ob eine verursachungsgerechte Verteilung vereinbart wurde.

14.) Da bei objektivierten Unternehmenswertermittlungen die einzunehmende Perspektive richtungsweisend für eine mögliche Einflussnahme ist, kann zur Ausräumung verbleibender Unsicherheiten die Definition des Bewertungssubjektes beim objektivierten Unternehmenswert im Rahmen nachfolgender Arbeiten näher betrachtet oder durch den Berufsstandes der Wirtschaftsprüfer klargestellt werden, soweit dies nicht durch Vorgaben der Rechtsprechung oder im Einzelfall durch den Auftraggebers gegeben ist.

15.) Die Berücksichtigung ergänzungsbilanzbedingter Steuervorteile ist bei indirekter Wertermittlung eines Personengesellschaftsanteils problematisch, da bei der quotalen Ableitung des Anteilswertes aus dem Gesamtwert des Unternehmens gesellschafterindividuell auftretende Ergänzungsbilanzeffekte zu berücksichtigen sind. Erfolgt eine indirekte Bewertung, so ist der gesellschafterindividuelle Einfluss der Ergänzungsbilanz getrennt von den Faktoren zu ermitteln, die alle Gesellschaftsanteile betreffen, und gesondert dem zu bewertenden Gesellschaftsanteil zuzurechnen.

Zum Einfluss der Ergänzungsbilanz der Höhe nach:

16.) Die Bewertung ergänzungsbilanzbedingter Steuervorteile erfordert eine Diskontierung. Die Frage, ob diese mit dem (quasi-)risikolosen Basiszinssatz erfolgt oder dieser um einen Risikozuschlag zu erhöhen ist, ist m.E. abhängig von der Festlegung, ob der ergänzungsbilanzbedingte Steuervorteil sicher ist. Dies ist der Fall, wenn der Gesellschafter während der Nutzungsdauer der Ergänzungsbilanz über ausreichend andere, nicht aus der zu bewertenden Gesellschaftsbeteiligung resultierende und hinsichtlich ihrer Höhe nicht risikobehaftete Einkünfte verfügt.

17.) Da einerseits die Höhe des bewertungsinduzierten TAB vom Unternehmenswert beeinflusst wird, andererseits der TAB auch Einfluss auf den Unternehmenswert hat, besteht eine Endogenitätsproblem, welches sowohl iterativ als auch formal gelöst werden kann.

18.) Die iterative Lösung liefert ein (annähernd) exaktes Ergebnis, erfordert jedoch – je nach Einzelfall – eine umfangreiche Datengrundlage sowie eine aufwendige Modellierung. Sind die Eingangsdaten nicht zugänglich und werden Annahmen getroffen, um die fehlenden Angaben zu ergänzen, kann dies die Genauigkeit der iterativen Lösung beeinträchtigen, so dass sie der formalen Lösung, welche vereinfachende Annahmen erfordert und zugrunde legt, nicht mehr überlegen ist. Der Rechenweg kann in diesem Fall grundsätzlich nach den Präferenzen des Bewerters gewählt werden.

19.) Vorteil der formalen Lösung ist die Möglichkeit der unmittelbaren Einbeziehung in das Kapitalwertkalkül, welche eine vergleichsweise bequeme Approximation des ergänzungsbilanzbedingten Steuervorteils ermöglicht, die den Bewerter im Einzelfall bei der Entscheidung unterstützt, ob über die approximative Berechnung hinaus exaktere Daten zu ermitteln sind und ggfls. eine iterative Ermittlung vorzunehmen ist.

20.) Die vorgestellte formale Lösung behandelt das Endogenitätsproblem methodisch, indem der in einem ersten Schritt ohne Einbeziehung von Ergänzungsbilanzeffekten ermittelte Unternehmenswert in einem zweiten Schritt durch Multiplikation mit einem Aufstockungsfaktor (Step Up-Faktor) multipliziert und so um den zunächst vernachlässigten Einfluss der Ergänzungsbilanz angepasst wird.

21.) Für die vorgestellte formale Lösung ist die Abschätzung einer Abschreibungsquote sowie einer durchschnittlichen, einheitlichen Nutzungsdauer der Ergänzungsbilanz erforderlich. Ferner bedingt die formale Lösung, dass die Aufstockung (annahmegemäß) nach der Gleichverteilungsmethode erfolgt.

22.) Mit dem durch die Ergänzungsbilanzabschreibungen entstehenden Steuervorteil systematisch verbunden ist der Nachteil einer erhöhten Veräußerungsgewinnbesteuerung im möglichen Verkaufsfall. Aus diesem Grund wurde hinsichtlich der formalen Lösung zunächst ein Grundmodell entwickelt, welches in einem zweiten Schritt um die Auswirkungen der erhöhten Veräußerungsgewinnbesteuerung erweitert wurde. In einem dritten Schritt erfolgte eine Erweiterung um gewerbesteuerliche Effekte, die dann zu berücksichtigen sind, wenn die zu bewertende Gesellschaft einen Gewerbebetrieb unterhält.

23.) Der im Rahmen der formalen Lösung vernachlässigte Einfluss der unterschiedlichen Aufstockungsmethode kann lediglich iterativ gelöst werden. Eine allgemeingültige Aussage zur Dominanz einer einzelnen Methode kann nicht getroffen werden, vielmehr ist die Wahl der optimalen Aufstockungsmethode einzelfallbezogen zu treffen.

Zum Einfluss der einzelnen Werttreiber:

24.) Der TAB wird der Höhe nach von einer Vielzahl von Variablen beeinflusst. Im Einzelnen handelt es sich um:

- den Einkommen- und Gewerbesteuersatz,
- die Abschreibungsquote,
- die Nutzungsdauer,
- den Kapitalisierungszinssatz,

sowie bei Einbeziehung der erhöhten Veräußerungsgewinnbesteuerung weiterhin um:

- die Haltedauer der Beteiligung,
- den Steuersatz für den Veräußerungsgewinn.

25.) Welche Einflussfaktoren im Rahmen der bestehenden Multivariabilität den TAB in Abhängigkeit von ihrer Ausprägung besonders beeinflussen, wurde methodisch durch eine Sensitivitätsanalyse untersucht, wobei eine gesonderte Darstellung der durch die Einbeziehung der erhöhten Veräußerungsgewinnbesteuerung auftretenden Effekte erfolgte. Die Erkenntnisse der Sensitivitätsanalyse liefern dem praxisorientierten Bewerter erste Anhaltspunkte für eine mögliche Schwerpunktbildung im konkreten, praktischen Bewertungsfall.

26.) Auch wenn die Ergebnisse der Sensitivitätsanalyse abhängig von den gewählten Daten sind, zeigt die Untersuchung, dass der Unternehmenswert der Personengesellschaft durch die Einbeziehung der Ergänzungsbilanz ohne Weiteres um bis zu 20 % oberhalb des Unternehmenswertes liegen kann, der sich unter Vernachlässigung von Ergänzungsbilanzeffekten ergibt. Es zeigt sich, dass Steuersatz und Abschreibungsquote den Unternehmenswert in vergleichsweise größerem Ausmaß beeinflussen als die übrigen Variablen.

Zusammenfassend ist festzustellen, dass in der Möglichkeit, stille Reserven in einer Ergänzungsbilanz abzubilden und in der Folgezeit steuermindernd abzuschreiben, ein rechtsformspezifischer Vorteil der Personengesellschaft gegenüber der Kapitalgesellschaft liegt, der sich auch quantifizieren lässt. Aufgrund der im Rahmen dieser Arbeit dargestellten Auswirkungen ist davon auszugehen, dass die gewonnen Erkenntnisse nicht nur theoretisch, sondern auch für die Bewertungspraxis von Relevanz sein werden. Dieser Umstand begründet die persönliche Zuversicht des Verfassers, dass künftig die Ergänzungsbilanz bei Wertermittlungen verstärkt berücksichtigt werden wird und ihre Einbeziehung nicht nur bei Entscheidungswertermittlungen, sondern auch bei objektivierten Unternehmenswertermittlungen Anerkennung finden wird.

Literaturverzeichnis

B

Baetge, Jörg/ Krause, Clemens	Die Berücksichtigung des Risikos bei der Unternehmensbewertung", in: BFuP 1994, S. 433-456;
Baetge, Jörg/ Niemeyer, Kai/ Kümmel, Jens/ Schulz, Roland	Darstellung des Discounted Cashflow-Verfahren (DCF-Verfahren) mit Beispiel, in: Peemöller, Praxishandbuch der Unternehmensbewertung, S. 339-477;
Ballwieser, Wolfgang	Unternehmensbewertung. Prozeß, Methoden und Probleme, 3. Auflage, Stuttgart 2011 (Unternehmensbewertung);
Ballwieser, Wolfgang	Betriebswirtschaftliche (kapitalmarkttheoretische) Anforderungen an die Unternehmensbewertung, in: WPg 2008 Sonderheft, S. S102-S108;
Ballwieser, Wolfgang	Aktuelle Aspekte der Unternehmensbewertung, in: WPg 1995, S. 119-129;
Ballwieser, Wolfgang	Die Wahl des Kalkulationszinsfußes bei der Unternehmensbewertung und Berücksichtigung von Risiko und Geldentwertung, in: BfuP 1981, S. 97-114;

Ballwieser, Wolfgang/ Böcking, Hans-Joachim/ Drukarcyk, Jochen/ Schmidt, Reinhard H.	Bilanzrecht und Kapitalmarkt. Festschrift zum 65. Geburtstag von Prof. Dr. Dr. h.c. Dr. h.c. Adolf Moxter, Düsseldorf 1994 (Bearbeiter, in: Ballwieser u.a., Festschrift Moxter);
Ballwieser, Wolfgang/ Kruschwitz, Lutz/ Löffler, Andreas	Einkommensteuer und Unternehmensbewertung- Probleme mit der Steuerreform 2008, in: WPg 2007, S. 765-769;
Barthel. Carl W.	Unternehmenswert: Dominanz der Argumentationsfunktion, in: FB 2005, S. 32-38;
Baumann, Raimund	Der Einfluss latenter Ertragsteuern auf die zivilrechtliche Bewertung von Anteilen an Personengesellschaften, 1. Aufl., Baden-Baden 1996 (Latente Ertragsteuern);
Beck, Ralf/ Klar, Michael	Asset Deal versus Share Deal - Eine Gesamtbetrachtung unter expliziter Berücksichtigung des Risikoaspekts, in: DB 2007, S. 2819-2826;
Beck'sches Steuer- und Bilanzrechtslexikon	Beck'sches Steuer- und Bilanzrechtslexikon, München Edition 4/2011 (Bearbeiter, in: Beck'sches Steuer- und Bilanzrechtslexikon);
Behringer, Stefan	Unternehmensbewertung der Mittel- und Kleinbetriebe, 3. Aufl., Berlin 2004 (Unternehmensbewertung der Mittel- und Kleinbetriebe);

Blum, Andreas	Auswirkungen der Unternehmenssteuerreform 2008 auf die Bewertung von Unternehmen mittels APV-Ansatz, in: WPg 2008, S. 455-463;
Blümich, Walter	Einkommensteuergesetz Körperschaftsteuergesetz Gewerbesteuergesetz, Loseblatt, 112. Auflage, München 2011, Stand: September 2011 (Bearbeiter, in: Blümich, EStG/KStG/GewStG);
Born, Karl	Unternehmensanalyse und Unternehmensbewertung, 2. Aufl., Stuttgart 2003;
Brähler, Gernot	Der Wertmaßstab der Unternehmensbewertung nach § 738 BGB, in: WPg 2008, S. 209-213;
Breithecker, Volker/ Förster, Guido/ Förster, Ursula/ Klapdor, Ralf	Unternehmensteuerreformgesetz 2008 Kommentar, Berlin 2007 (Bearbeiter, in: Breithecker/Förster/Förster/Klapdor, UntStRefG);
Brennan, Michael J.	Taxes, Market Valuation and Corporate Financial Policy, in: NTJ 1970, S. 417-427;
Brönner, Herbert	Die Besteuerung der Gesellschaften, 18. Aufl., Stuttgart 2007 (Die Besteuerung der Gesellschaften);

Brösel, Gerrit	Eine Systematisierung der Nebenfunktionen der funktionalen Unternehmensbewertungs-theorie, in: BFuP 2006, S. 128-143;
Brück, Michael J.J./ Sinewe, Patrick	Steueroptimierter Unternehmenskauf, 2. Aufl., Wiesbaden 2010 (Bearbeiter, in: Brück/Sinewe, Unternehmenskauf);
Busse von Colbe, Walther	Der Zukunftserfolgswert: Die Ermittlung des künftigen Unternehmenserfolgs und seine Bedeutung für die Bewertung von Industrieunternehmen, Wiesbaden 1957 (Zukunftserfolgswert);
Busse von Colbe, Walther	Objektive oder subjektive Unternehmensbewertung?, in: ZfB 1957, S. 113-125;
Busse v. Colbe, Walther/ Coenenberg, Adolf G.	Unternehmensakquisition und Unternehmensbewertung. Grundlagen und Fallstudien, Stuttgart 1992 (Unternehmensakquisition);

C

Castello, Marc/ Klingbeil, Christian/ Schröder, Jakob	IDW RS HFA 16: Bewertungen bei der Abbildung von Unternehmenserwerben und bei Werthaltigkeitsprüfungen nach IFRS, in: WPg 2006, S. 1028-1036;
Coenenberg, Adolf G./ Schultze, Wolfgang	Unternehmensbewertung: Konzeptionen und Perspektiven, in: DBW 2002, S. 597-621;

Copeland, Thomas E./ Weston, John F. — Financial Theory and Corporate Policy, 3. Aufl., Massachusetts 1988 (Financial Theory);

Copeland, Thomas E./ Weston John F./ Shastri, Kuldeep — Financial Theory and Corporate Policy, 4. Aufl., Boston 2005 (Financial Theory);

D

Dausend, Florian/ Schmitt, Dirk — Abgeltungssteuern und die Zukunft des IDW S 1, in: FB 2007, S. 287-292;

Diedrich, Ralf/ Stier, Carolin — Zur Berücksichtigung einer realisationsorientierten Kursgewinnbesteuerung bei der Unternehmensbewertung – Anmerkungen zum Haltedauerproblem, in: WPg 2013, S. 29-36;

Dinkelbach, Werner — Sensititvitätsanalysen und parametrische Programmierung, Heidelberg/New York 1969 (Sensitivitätsanalysen);

Dörges, Claudia E./ Strauch, Joachim — Veräußerungsgewinnbesteuerung in der Unternehmensbewertung. Die Auswirkungen des StEnlG 1999/2000/2002, Westfälische Wilhelms-Universität Münster, Wirtschaftswissenschaftliche Fakultät, Lehrstuhl für Betriebswirtschaftslehre, insb. Controlling, Arbeitspapier Nr. 1-1, November 1999 (Veräußerungsgewinnbesteuerung);

Dörschell, Andreas/ Franken, Lars/ Schulte, Jörn — Ermittlung des objektivierten Unternehmenswertes für Personengesellschaften nach der Unternehmensteuerreform, in: WPg 2008, S. 444-454;

Drukarczyk, Jochen — Unternehmensbewertung, 4. Aufl., München 2003 (Unternehmensbewertung);

Drukarczyk, Jochen/ Schüler, Andreas — Unternehmensbewertung, 6. Aufl., München 2009 (Unternehmensbewertung);

E

Ebenroth, Carsten T./ Müller, Thomas — Die Abfindungsklausel im Recht der Personengesellschaften und der GmbH – Grenzen privatautonomer Gestaltung, in: BB 1993, S. 1153-1160;

Eggesiecker, Fritz/ Ellerbeck, Eike — Fünftelregelung und Progressionsvorbehalt, in: DStR 2007, S. 1281-1289;

Ellrott, Helmut/ Förschle, Gerhart/ Kozikowski, Michael/ Winkeljohann,Norbert — Beck'scher Bilanzkommentar Handels- und Steuerbilanz, 7. Aufl., München 2010 (Bearbeiter, in Ellrott u.a., BBK);

Elser, Thomas — Asset deal versus share deal - Steuerlicher Vorteilhaftigkeitsvergleich und Preiswirkungen. Dargestellt am Beispiel der beabsichtigten Veräußerung einer 100%igen Beteiligung an einer Kapitalgesellschaft durch eine natürliche Person, in: DStR 2007, S. 1827-1832;

Engels, Wolfram — Betriebswirtschaftliche Bewertungslehre im Licht der Entscheidungstheorie, Bd. 18 der Beiträge zur betriebswirtschaftlichen Forschung, herausgegeben von E. Gutenberg, W. Hasenack, K. Hax und E. Schäfer, Köln und Opladen 1962 (Betriebswirtschaftliche Bewertungstheorie);

F

Fischer-Winkelmann, Wolf/Busch, Kai — Die praktische Anwendung der verschiedenen Unternehmensbewertungsverfahren - Empirische Untersuchung im steuerberatenden Berufsstand, in: FB 2009, S. 715-726;

G

Götze, Wolfgang — Investitionsrechnung. Modelle und Analyse zur Beurteilung von Investitionsvorhaben, 6. Aufl., Heidelberg 2005 (Investitionsrechnung);

Goetzke, Wolfgang/ Sieben, Günter — Moderne Unternehmensbewertung und Grundsätze ihrer ordnungsmäßigen Durchführung, GEBERA-Schriften, Bd. 1, Köln 1977 (Bearbeiter, in: Goetzke/Sieben, Moderne Unternehmensbewertung);

Gosch, Dietmar — Körperschaftsteuergesetz Kommentar, 2. Aufl., München 2009 (Bearbeiter, in: Gosch, KStG);

Grashoff, Dietrich — Steuerrecht 2011, 7. Aufl., München 2011 (Steuerrecht 2011);

Groh, Manfred — Gewinnerzielungsabsicht und Mitunternehmerschaft – Anmerkungen zum Beschluß des Großen Senats des BFH vom 25.6.1984 GrS 4/82, in: DB 1984, S. 2424-2428;

Großfeld, Bernhard — Zweckmäßige Abfindungsklauseln, in: AG 1988, S. 217-223;

Gschwendtner, Hubertus — Veräußerung eines Kommanditanteils und negatives Kapitalkonto in der Gesamtbilanz der Mitunternehmerschaft – Besprechung des BFH-Urteils vom 14.6.1994, VIII R 37/93, in: DStR 1995, S. 914-921;

Gummert, Hans/ Weipert, Lutz — Münchener Handbuch des Gesellschaftsrechts, Bd. 1 und Bd. 2, 3. Aufl., München 2009 (Bearbeiter, in: MHdGesR Bd. 1 bzw. Bd. 2);

Güroff, Georg/ Selder,Johannes/ Wagner, Ludwig — Gewerbesteuergesetz; 7. Aufl., München 2009 (Bearbeiter, in Glanegger/Gündorf, GewStG);

H

Hallerbach, Dorothee — Die Personengesellschaft im Einkommensteuerrecht - Zivilrechtliche Einordnung und einkommensteuerliche Folgen, München 1999 (Die Personengesellschaft im Einkommensteuerrecht);

Hayn, Marc — Unternehmensbewertung: Die funktionalen Wertkonzeptionen. Gemeinsamkeiten, Unterschiede und Konsequenzen für die Überarbeitung des Entwurfs der HFA-Stellungnahme 2/1983, in: DB 2000, S. 1346-1353;

Helbling, Carl — Unternehmensbewertung und Steuern. Unternehmensbewertung in Theorie und Praxis, insbesondere die Berücksichtigung der Steuern aufgrund der Verhältnisse in der Schweiz und Deutschland, 9. Aufl., Düsseldorf 1998 (Unternehmensbewertung und Steuern);

Henke, Michael/ Siebert, Hilmar/ Söffge/ Fabian — Personal Taxes in Business Valuation and its Constraints in Adaption - From a theoretical analysis to the question of the Tax-CAPM's empirical evidence, in: CF biz 2010, S. 188-196;

Henselmann, Klaus	Geschichte der Unternehmensbewertung, in: Peemöller, Praxishandbuch der Unternehmensbewertung, S. 91-126;
Henselmann, Klaus	Unternehmensrechnung und Unternehmenswert: Ein situativer Ansatz, Aachen 1999 (Unternehmensrechnung und Unternehmenswert);
Henselmann, Klaus	Gründe und Formen typisierender Unternehmensbewertung, in: BFuP 2006, S. 144-157;
Henselmann, Klaus/ Barth, Thomas	Unternehmensbewertung in Deutschland: Empirie zur Bewertungspraxis, Norderstedt 2009 (Empirie zur Bewertungspraxis);
Henselmann, Klaus/ Kniest, Wolfgang	Unternehmensbewertung: Praxisfälle mit Lösungen, 3. Aufl., Berlin 2002 (Praxisfälle);
Hering, Thomas	Unternehmensbewertung, 2. Aufl., München 2006 (Unternehmensbewertung);
Herrmann, Carl/ Heuer, Gerhard/ Raupach, Arndt	Einkommensteuer- und Körperschaftsteuergesetz Kommentar, Loseblatt, Köln, Stand: September 2012 (Bearbeiter, in: Herrmann/Heuer/ Raupach, EStG/KStG);
Holzapfel, Hans-Joachim/ Pöllath, Reinhard	Unternehmenskauf in Recht und Praxis: Rechtliche und steuerliche Aspekte, 14. Aufl., Köln 2010 (Unternehmenskauf);

Hommel, Michael/ Dehmel, Inga	Tax Amortisation Benefit und Fair Value – Traumwelten auf der Spur, in: Königsmaier/Rabel, Festschrift Mandl, S. 281-302;
Hommel, Michael/ Pauly, Denise/ Nagelschmitt, Sabine	IDW ES 1 – Neuerungen beim objektivierten Unternehmenswert, in: BB 2007, S. 2728-2732;

I

Institut der Wirtschaftsprüfer in Deutschland e.V. (IDW)	IDW Stellungnahme zur Rechnungslegung: Anwendung der Grundsätze des IDW S 1 bei der Bewertung von Beteiligungen und sonstigen Unternehmensanteilen für die Zwecke eines handelsrechtlichen Jahresabschlusses, Stand: 29. November 2012, (IDW RS HFA 10 2012);
Institut der Wirtschaftsprüfer in Deutschland e.V. (IDW)	Fragen und Antworten zur praktischen Anwendung des IDW Standards: Grundsätze zur Durchführung von Unternehmensbewertungen (IDW S 1 i.d.F. 2008), Stand 25. April 2012 (Fragen und Antworten zu IDW S 1);
Institut der Wirtschaftsprüfer in Deutschland e.V. (IDW)	IDW Standard: Grundsätze zur Bewertung immaterieller Vermögenswerte, Stand: 25. Mai 2010 (IDW S 5 2010);

Institut der Wirtschaftsprüfer in Deutschland e.V. (IDW) — IDW Arbeitstagung Baden-Baden 2008: Arbeitsunterlage „Aktuelle Fragen zur Unternehmensbewertung und zur Bewertung immaterieller Vermögenswerte“, Düsseldorf 2008 (IDW, Arbeitsunterlage „Aktuelle Fragen zur Unternehmensbewertung“);

Institut der Wirtschaftsprüfer in Deutschland e.V. (IDW) — IDW Standard: Grundsätze zur Durchführung von Unternehmensbewertungen, Stand: 2. April 2008 (IDW S 1 2008);

Institut der Wirtschaftsprüfer in Deutschland e.V. (IDW) — WP Handbuch 2008. Wirtschaftsprüfung, Rechnungslegung, Beratung, Band II, 13. Auflage, Düsseldorf 2007 (IDW, WP Handbuch II 2008);

Institut der Wirtschaftsprüfer in Deutschland e.V. (IDW) — Entwurf einer Neufassung des IDW Standards: Grundsätze zur Durchführung von Unternehmensbewertungen, Stand: 5.September 2007 (IDW ES 1 2007);

Institut der Wirtschaftsprüfer in Deutschland e.V. (IDW) — IDW Stellungnahme zur Rechnungslegung: Bewertungen bei der Abbildung von Unternehmenserwerben und bei Werthaltigkeitsprüfungen nach IFRS, Stand: 18. Oktober 2005, (IDW RS HFA 16 2005);

Institut der Wirtschaftsprüfer in Deutschland e.V. (IDW) — IDW Standard: Grundsätze zur Durchführung von Unternehmensbewertungen, Stand: 28. Juni 2000, (IDW S 1 2000);

Institut der Wirtschaftsprüfer in Deutschland e.V. (IDW) — Berichterstattung über Sitzungen: 57. bis 61. Sitzung des Arbeitskreises Unternehmensbewertung, in: FN-IDW 1997, S. 33-34;

J

Jaensch, Günther — Wert und Preis der ganzen Unternehmung, Köln und Opladen 1966 (Wert und Preis);

Jonas, Martin — Relevanz persönlicher Steuern? - Mittelbare und unmittelbare Typisierung der Einkommensteuer in der Unternehmensbewertung, in: WPg 2008, S. 826-833;

K

Kaiser, Dagmar/ Schnitzler, Klaus/ Friederici, Peter — Dauner-Lieb, Heidel, Ring, Nomos Kommentar Bürgerliches Gesetzbuch, Band 4, Familienrecht, 2. Auflage, Baden-Baden 2010 (Bearbeiter, in: Kaiser/Schnitzler/ Friederici, BGB);

Kammer der Wirtschaftstreuhänder (Österreich) — Fachgutachten des Fachsenats für Betriebswirtschaft und Organisation des Instituts für Betriebswirtschaft, Steuerrecht und Organisation der Kammer der Wirtschaftstreuhänder zur Unternehmensbewertung, Stand: 27. Februar 2006 (KFS BW1);

Kasperzak, Rainer/ Nestler, Anke	Zur Berücksichtigung des Tax Amortisation Benefit bei der Fair Value-Ermittlung immaterieller Vermögenswerte nach IFRS 3, in: DB 2007, S. 473-478;
Kessler, Wolfgang/ Köhler, Stefan/ Kröner, Michael	Konzernsteuerrecht National – International, München 2008 (Bearbeiter, in: Kessler/Köhler/Kröner, Konzernsteuerrecht);
Kirchhoff, Paul/ Söhn, Hartmut/ Mellinghoff, Rudolf	Einkommensteuergesetz Kommentar, Loseblatt, Heidelberg Stand: Juli 2012 (Bearbeiter, in: Kirchhoff/Söhn/Mellinghoff, EStG);
Kofler, Herbert/ Nadvornik, Wolfgang/ Pernsteiner, Helmut	Betriebswirtschaftliches Prüfungswesen in Österreich, Festschrift für Karl Vodrazka zum 65. Geburtstag, Wien 1996 (Festschrift Vodrazka);
Kohl, Torsten/ Schilling, Dirk	Die Bewertung immaterieller Vermögenswerte gem. IDW ES 5: Eine Würdigung unter Berücksichtigung ausgewählter Praxisprobleme, in: StuB 2007, S. 541-548;
Kolbe, Stefan	Korrespondierende Abschreibung in der Steuerbilanz einer Personengesellschaft und in den Ergänzungsbilanzen der Gesellschafter, in: StuB 2010, S. 398;

Königsmaier, Heinz/ Rabel, Klaus	Unternehmensbewertung. Theoretische Grundlagen – Praktische Anwendung, Festschrift für Gerwald Mandl zum 70. Geburtstag, Wien 2010 (Bearbeiter, in: Königmaier/ Rabel, Festschrift Mandl);
Korn, Christian	Verlust der Steuerermäßigung nach § 35 EStG bei mehrstöckigen Personengesellschaften, in: DStR 2011, S. 903-904;
Kruschwitz, Lutz	Investitionsrechnung, 12. Aufl., München 2009 (Investitionsrechnung);
Kruschwitz, Lutz	Finanzierung und Investition, 3. Aufl., München und Wien 2002 (Finanzierung und Investition);
Kruschwitz, Lutz	Risikoabschläge, Risikozuschläge und Risikoprämien in der Unternehmensbewertung, in: DB 2001, S. 2409-2413;
Künnemann, Martin	Objektivierte Unternehmensbewertung, Frankfurt/M., Bern, New York 1985 (Objektivierte Unternehmensbewertung);
KunowskiStefan/ Popp/Matthias	Besonderheiten der Bewertungsverfahren, Abschnitt I: Berücksichtigung von Steuern, in: Peemöller, Praxishandbuch der Unternehmensbewertung, S. 941-976.

L

Lintner, John | The valuation of risk assets and selection of risky investments in stock portfolios and capital budgets, in: Review of Economics and Statistics 1965, Vol. 47/No. 1, S. 13-37;

Lüdicke, Jochen/ Sistermann/Christian | Unternehmenssteuerrecht. Gründung Finanzierung Umstrukturierung Übertragung Liquidation, München 2008 (Bearbeiter, in: Lüdicke/Sistermann, Unternehmensteuerrecht);

M

Mackenstedt, Andreas/ Fladung, Hans-Dieter/ Himmel, Holger | Ausgewählte Aspekte bei der Bestimmung beizulegender Zeitwerte nach IFRS 3 – Anmerkungen zu IDW RS HFA 16, in: WPg 2006, S. 1037-1048;

Mandl, Gerwald | Discounted Cash-flow-Verfahren. Ein Verfahrensvergleich, in: Kofler/Nadvornik/Pernsteiner, Festschrift Vodrazka, S. 405-424;

Mandl, Gerwald/ Rabel, Klaus | Methoden der Unternehmensbewertung (Überblick), in: Peemöller, Praxishandbuch der Unternehmensbewertung, S. 49-90;

Mandl, Gerwald/ Rabel, Klaus | Unternehmensbewertung. Eine praxisorientierte Einführung, Wien 1997 (Unternehmensbewertung);

Markowitz, Harry M. — Portfolio Selection, in: JoF 1952, Vol. 7/No. 1, S. 77-91;

Matschke, Manfred J. — Die Argumentationsfunktion der Unternehmensbewertung, in: Goetzke/Sieben, Moderne Unternehmensbewertung, S. 91-103;

Matschke, Manfred J. — Der Entscheidungswert der Unternehmung, Wiesbaden 1975 (Entscheidungswert);

Matschke, Manfred J./ Brösel, Gerrit — Unternehmensbewertung. Funktionen - Methoden – Grundsätze, 3. Aufl., Wiesbaden 2007 (Unternehmensbewertung);

Maul, Karl-Heinz — Unternehmensbewertung auf der Basis von Nettoausschüttungen, in: WPg 1953, S. 57-63;

Möllmann, Peter — Kommentar zum BFH-Urteil vom 22.07.2010 (IV R 29/07): Gewerbesteuer auf Gewinne aus der Veräußerung von Anteilen an Personengesellschaften, in: BB 2010, S. 2999;

Mossin, Felix — Equilibrium in a Capital Asset Market, in: Econometrica 1966, Vol. 34/No. 4, S. 768-783;

Moxter, Adolf — Grundsätze ordnungsmäßiger Unternehmensbewertung, 2. Aufl., Wiesbaden 1983 (Grundsätze ordnungsmäßiger Unternehmensbewertung);

Münstermann, Hans — Wert und Bewertung der Unternehmung, Wiesbaden 1966 (Wert und Bewertung);

N

Neu, Norbert — Unternehmenssteuerreform 2001: Die pauschalierte Gewerbesteueranrechnung nach § 35 EStG, in: DStR 2000, S. 1933-1939;

Nölle, Jens — Grundlagen der Unternehmensbewertung, in: Schacht/Fackler, Praxishandbuch Unternehmensbewertung, S. 13-31;

Nonnenmacher, Rolf — Anteilsbewertung bei Personengesellschaften, Königstein/Ts. 1981 (Anteilsbewertung);

Nowak, Karsten — Marktorientierte Unternehmensbewertung, 2. Aufl., Wiesbaden 2003 (Marktorientierte Unternehmensbewertung);

O

Ottersbach, Jörg H. — Gewerbesteuerklauseln unter Berücksichtigung des § 35 EStG, in: DStR 2002, S. 2023 -2025;

P

Peemöller, Volker — Stand und Entwicklung der Unternehmensbewertung. Eine kritische Bestandsaufnahme, in: DStR 1993, S. 409-416;

Peemöller, Volker | Praxishandbuch der Unternehmensbewertung, 4. Aufl., Herne 2004 (Bearbeiter, in: Peemöller, Praxishandbuch der Unternehmensbewertung);

Peemöller, Volker | Wert und Werttheorien, in: Peemöller, Praxishandbuch der Unternehmensbewertung, S. 1-15;

Pelka, Jürgen/ Niemann, Walter | Jahres- und Konzernabschluss nach Handels- und Steuerrecht, München 2010 (Bearbeiter, in: Pelka/Niemann, Jahres- und Konzernabschluss);

Piltz, Detlev | Die Unternehmensbewertung in der Rechtsprechung, 3. Aufl., Düsseldorf 1994 (Unternehmensbewertung in der Rechtsprechung);

Pluskat, Sorika | Akquisitionsmodelle beim Erwerb einer Kapitalgesellschaft nach der Unternehmenssteuerreform, in: DB 2001, S. 2215-2222;

Popp, Matthias | Ausgewählte Aspekte der objektivierten Bewertung von Personengesellschaften, in: WPg 2008, S. 935-944;

Popp, Matthias | Bewertung ertragsteuerlicher Verlustvorträge im Rahmen der entscheidungsorientierten Unternehmensbewertungslehre, München 1997 (Bewertung ertragsteuerlicher Verlustvorträge);

R

Richter, Frank	Valuation with or without personal income taxes?, in: sbR 2004, S. 20-45;
Rödder, Thomas/ Hötzel, Oliver/ Mueller-Thuns, Thomas	Unternehmenskauf, Unternehmensverkauf. Zivil- und steuerrechtliche Gestaltungspraxis, München 2003 (Unternehmenskauf);
Rogall, Matthias	Steuerliche Einflussfaktoren beim Kapitalgesellschaftskauf, in: DStR 2003, S. 750-756;

S

Säcker, Franz Jürgen/ Rixecker, Roland	Münchener Kommentar zum Bürgerlichen Gesetzbuch, 5. Aufl., München 2009 (Bearbeiter, in: Säcker/Rixecker, BGB)
Schacht, Ulrich/ Fackler, Matthias	Praxishandbuch Unternehmensbewertung. Grundlagen, Methoden, Fallbeispiele, 2. Aufl., Wiesbaden 2009 (Bearbeiter, in Schacht/Fackler, Praxishandbuch Unternehmensbewertung);
Schanz, Sebastian/ Kollruss, Thomas/ Zipfel, Lars	Zur Vorteilhaftigkeit der Thesaurierungsbegünstigung für Personenunternehmen: Stand der Diskussion und Beispiele, in: DStR 2008, S. 1702-1706;
Schmidt, Ludwig	Einkommensteuergesetz, 30. Aufl., München 2011 (Bearbeiter, in: Schmidt, EStG);

Schmidt, Reinhard H./ Terberger, Eva	Grundzüge der Investitions- und Finanzierungstheorie, 4. Aufl., Wiesbaden 1997 (Investitions- und Finanzierungstheorie);
Schultze, Wolfgang	Methoden der Unternehmensbewertung. Gemeinsamkeiten, Unterschiede, Perspektiven, 2. Aufl., Düsseldorf, 2003 (Methoden der Unternehmensbewertung);
Schulz, Werner/ Hauß, Jörn	Familienrecht: Handkommentar, 2. Aufl., Baden-Baden 2012 (Bearbeiter, in: Schulz/Hauß, Familienrecht);
Schulze zur Wiesche, Dieter	Mitunternehmerschaft und Mitunternehmerstellung, in: DB 1997, S. 244-247;
Schwedthelm, Rolf	Die Unternehmensumwandlung, 6. Auflage, Köln 2008 (Unternehmensumwandlung);
Schwetzler, Bernhard	Unternehmensbewertung und Risiko, in: DB 2002, S. 390-391;
Semler, Johannes/ Stengel, Arndt	Umwandlungsgesetz, München 2003 (Bearbeiter, in: Semler/Stengel, UmwG);
Seppelfricke, Peter	Handbuch Aktien- und Unternehmensbewertung: Bewertungsverfahren Unternehmensanalyse Erfolgsprognose, 4. Aufl., Stuttgart 2012 (Handbuch Aktien- und Unternehmensbewertung);

Sharpe, William F. Capital Asset Prices - A Theory of Market Equilibrium under Conditions of Risk, in: JoF 1964, Vol. 19/No. 3, S. 425-442;

Sieben, Günter Der Substanzwert der Unternehmung, Wiesbaden 1963 (Substanzwert);

Siegel, Theodor Der steuerliche Einfluss von stillen Reserven und Firmenwert auf die Unternehmensbewertung und auf die Bemessung von Abfindungsansprüchen, in: Ballwieser u.a., Festschrift Moxter, S. 1483-1502;

Siepe, Günter Kapitalisierungszinssatz und Unternehmensbewertung, in: WPg 1998, S. 325-338;

Siepe, Günter Die Berücksichtigung von Ertragsteuern bei der Unternehmensbewertung (Teil II), in: WPg 1997, S. 37-44;

Siepe, Günter Die Berücksichtigung von Ertragsteuern bei der Unternehmensbewertung (Teil I), in: WPg 1997, S. 1-10;

Statistisches Bundesamt Deutschland Fachserie 14, Reihe 10.1: Finanzen und Steuern, Realsteuervergleich: Realsteuern, kommunale Einkommen- und Umsatzsteuerbeteiligungen 2011, Wiesbaden 2012 (realsteuervergleich 2011);

Streitferdt, Felix — Unternehmensbewertung mit den DCF-Verfahren nach der Unternehmensteuerreform 2008, in: FB 2007, S. 268-276;

Sudhoff, Heinrich — Unternehmensnachfolge, 5. Auflage, München 2005, (Bearbeiter, in: Sudhoff, Unternehmensnachfolge);

Sudhoff, Heinrich — GmbH & Co. KG, 6. Auflage, München 2005, (Bearbeiter, in: Sudhoff, GmbH & Co.KG);

W

Wagner, Franz W. — Unterschiedliche Wirkungen bewertungsbedingter und transaktionsbedingter latenter Ertragsteuern auf Abfindungs- und Ausgleichansprüche?, in: WPg 2008, S. 834-840;

Wagner, Franz W. — Der Einfluss der Besteuerung auf zivilrechtliche Abfindungs- und Ausgleichsansprüche bei Personengesellschaften, in: WPg 2007, S. 929-937;

Wagner, Franz W. — Unternehmensbewertung und vertragliche Abfindungsbemessung, in: BFuP 1994, S. 477-498;

Wagner, Franz W. — Der Einfluss der Einkommensteuer auf die Entscheidung über den Verkauf einer Unternehmung, in: DB 1972, S. 1637-1642;

Wagner, Franz W./ Nonnenmacher, Rolf	Die Abfindung bei der Ausschließung aus einer Personengesellschaft: Besprechung der Entscheidung des BGH vom 12.02.1979, in: ZGR 1981, S. 674-683;
Wagner, Franz W./ Rümmele, Peter	Ertragsteuern in der Unternehmensbewertung: Zum Einfluss von Steuerrechtsänderungen, in: WPg 1995, S. 433-441;
Wagner, Wolfgang/ Jonas, Martin/ Ballwieser, Wolfgang/ Tschöpel, Andreas	Weiterentwicklung der Grundsätze zur Durchführung von Unternehmensbewertungen (IDW S 1), in: WPg 2004, S. 889-898;
Wagner, Wolfgang/ Saur, Gerhard/ Willershausen, Timo	Zur Anwendung der Neuerungen der Unternehmensbewertungsgrundsätze des IDW S 1 i.d.F. 2008 in der Praxis, in: WPg 2008, S. 731-747;
Wangler, Clemens	Abfindungsregelungen in Gesellschaftsverträgen: Zum aktuellen Stand in Literatur, Rechtsprechung und Vertragspraxis, in: DB 2001, S. 1763-1768;
Wangler, Clemens	Steuerorientierte Gestaltung von Abfindungsklauseln – Ein kollektives Planungsproblem, in: DB 1994, S. 1432-1435;
Wiese, Jörg	Unternehmensbewertung und Abgeltungsteuer, in: WPg 2007, S. 368-375;

Wollny, Christoph — Der objektivierte Unternehmenswert: Unternehmensbewertung bei gesetzlichen und vertraglichen Bewertungsanlässen, 2. Aufl., Herne 2008 (Unternehmenswert);

XYZ

Zeidler, Gernot W./ Schöniger, Stefan/ Tschöpel, Andreas — Auswirkungen der Unternehmenssteuerreform 2008 auf Unternehmensbewertungskalküle, in: FB 2008, S. 276-288;

Zimmermann, Reimar/ Reyder, Ulrich/ Holtmann, Jürgen — Die Personengesellschaft im Steuerrecht, 2. Aufl., Achim 1987 (Die Personengesellschaft im Steuerrecht).

Rechnungslegung und Wirtschaftsprüfung

Herausgegeben von Prof. (em.) Dr. Dr. h. c. Jörg Baetge, Münster, Prof. Dr. Hans-Jürgen Kirsch, Münster, und Prof. Dr. Stefan Thiele, Wuppertal

Band 41
Yasmine Bassen
Internationale Rechnungslegung von Nonprofit-Organisationen
Lohmar – Köln 2012 • 276 S. • € 58,- (D) • ISBN 978-3-8441-0167-6

Band 42
Stephan G. Schön
Praxis der IFRS 7-Berichterstattung bei Nicht-Finanzdienstleistern
Lohmar – Köln 2012 • 540 S. • € 75,- (D) • ISBN 978-3-8441-0182-9

Band 43
Lena Schoo
Umsatzrealisierung nach IFRS – Entscheidungsnützlichkeit der Regelungen des Revenue-Recognition-Projektes versus der geltenden Regelungen
Lohmar – Köln 2013 • 288 S. • € 58,- (D) • ISBN 978-3-8441-0268-0

Band 44
Dirk Stöppel
Die kaufmännische Lageberichterstattung von Hochschulen
Lohmar – Köln 2013 • 324 S. • € 62,- (D) • ISBN 978-3-8441-0280-2

Band 45
Fabian Graupe
Die Bilanzierung von Leasingverhältnissen beim Leasinggeber in der Internationalen Rechnungslegung
Lohmar – Köln 2013 • 304 S. • € 59,- (D) • ISBN 978-3-8441-0281-9

Band 46
Irg Müller
Der Einfluss der Ergänzungsbilanz auf den Unternehmenswert der Personengesellschaft
Lohmar – Köln 2014 • 280 S. • € 58,- (D) • ISBN 978-3-8441-0297-0